高等职业教育测绘地理信息类规划教材

工程测量

主　编　李金生
副主编　鹿　罡　刘　皓
主　审　张　博

图书在版编目(CIP)数据

工程测量/李金生主编.—武汉：武汉大学出版社,2020.9(2024.1 重印)
“十四五”职业教育国家规划教材
高等职业教育测绘地理信息类规划教材
ISBN 978-7-307-21639-6

Ⅰ.工… Ⅱ.李… Ⅲ.工程测量—高等职业教育—教材 Ⅳ.TB22

中国版本图书馆 CIP 数据核字(2020)第 129000 号

责任编辑:杨晓露　　责任校对:李孟潇　　版式设计:马　佳

出版发行:**武汉大学出版社**　(430072　武昌　珞珈山)
(电子邮箱:cbs22@whu.edu.cn　网址:www.wdp.com.cn)
印刷:武汉金海印务有限公司
开本:787×1092　1/16　印张:16.25　字数:395 千字　插页:1
版次:2020 年 9 月第 1 版　2024 年 1 月第 3 次印刷
ISBN 978-7-307-21639-6　定价:40.00 元

前　　言

“工程测量”课程作为工程测量技术专业的一门专业核心课程，在人才培养体系中起着举足轻重的作用，为满足培养适应行业需求、面向测绘生产和管理一线的工程测量高素质技能型人才的需要，在分析以往所用教材使用情况的基础上，特编写本书。

《工程测量》教材是按照学院专业教学改革工作实施方案的总体要求，组织测绘专业群骨干教师编写的工程测量技术试点专业5门核心课程教材之一，也是试点专业建设的主要成果之一。本教材具有项目化、信息化、校企合作特色。教材的编写体现了高等职业教育职业性、实践性、开放性的要求。本教材的编写是按照试点专业建设的进程有序进行的。

《工程测量》教材采用“项目导向+任务驱动”编写体系，注重“教中学”和“学中做”的有机衔接。根据高职教育特点，从企业聘请了生产一线专家、高技能人才共同开发体现校企合作特色的项目化教材。本书共分为8个学习项目，各项目、任务基于生产一线工程测量项目工作过程和学生的认知规律编排组织教学内容，并根据具体工作过程，以项目导向、任务驱动的形式展开教学。教材编写强化了工作过程的完整性，淡化了知识的系统性，体现了学习过程与工作过程的融合。

本教材为数字立体化教材，依托现代教育技术，以能力培养为目标，以纸质教材为基础，以多媒介、多形态、多用途及多层次的教学资源和多种教学服务为内容。教材的表现形式主要有纸介质教科书和富媒体产品，包括PPT课件、试题库、网络课程、资源库等，通过课程资源库平台、微信公众号等方式提供给读者。

本书由辽宁生态工程职业学院副教授李金生担任主编，辽宁省交通规划设计院教授级高级工程师鹿罡、辽宁生态工程职业学院讲师刘皓担任副主编，武汉经纬时空数码科技有限公司张文绩、辽宁生态工程职业学院王旭参与编写工作。参加编写人员分工如下：项目1至项目3、项目5由李金生编写，项目4由王旭编写，项目6由张文绩编写，项目7由鹿罡编写，项目8由刘皓编写。全书由鹿罡审稿，李金生统稿，并对部分项目、任务予以补充、修改。最后由辽宁生态工程职业学院副教授张博统审全书。

本书在编写过程中引用了大量的规范、专业文献和其他相关资料，恕未在书中一一注明，在此向有关作者表示衷心感谢。另外辽宁省交通规划设计院教授级高级工程师鹿罡对本教材全部内容进行了详细的审阅并且提出了很多良好的建议，在此表示衷心感谢。

限于编者水平、经验，书中难免有疏漏和不足之处，恳请使用本教材的老师、同行专家和广大读者提出宝贵意见，以便日后进一步修正与完善。

目　　录

项目1　高程放样

【项目简介】

文字资料1：
工程术语——抄平

高程放样测量工作在土建工程施工领域通常称为“抄平”。高程放样的任务是根据已知点高程，通过引测或直接将设计高程测设在指定桩位上。在工程建筑施工中，例如在场地平整、基坑开挖、路线坡度标定和桥台桥墩的设计标高标定等场合，经常需要高程放样。高程放样主要采用水准测量的方法，有时也采用钢尺直接量取竖直距离、三角高程测量或GNSS-RTK测量的方法。高程放样时，首先需要在测区内布设一定密度的水准点(临时水准点)作为放样的起算点，然后根据设计高程在实地标定出放样点的高程位置。实际工作中，标定放样点的方法较多，可根据工程精度要求及现场条件来具体确定。为了便于操作，一般可标明正负高差。土石方工程一般用木桩来标定放样点高程，或标定在桩顶，或用记号笔画记号于木桩两侧，并标明高程值；混凝土工程一般用油漆标定在混凝土墙壁或模板上；当标定精度要求较高时，宜在待放样高程处埋设高度可调标志，放样时调节螺杆可使顶端精确地升降，一直到顶面高程达到设计标高时为止。

【教学目标】

1. 掌握各种不同情况下的高程放样方法。

2. 能够利用不同的方法对高程放样结果进行检查。

项目单元教学目标分解

目　标	内　容
知识目标	1. 理解施工放样基础知识(测绘、测设、放样要素、放样方法)； 2. 理解绝对标高和相对标高的概念及关系；理解建筑场地±0的概念； 3. 掌握视线高法、高差法的意义；掌握变换仪器高的意义及要求
技能目标	1. 能够在土建工程设计图纸上读取各部位的标高； 2. 能够使用水准仪和水准尺进行高程放样，并根据实地现场进行标高位置标记； 3. 掌握高程放样测量的几种常见情况对应的具体方法(普通标高放样、板顶高程测量、填挖高度测量、水平线及水平面放样、坡度线及斜坡面放样、深基坑及高桥墩高程传递)； 4. 能够熟练使用各类高程放样常用仪器设备(水准仪、水准尺、钢尺、激光扫平仪、坡度尺等)
态度及思政目标	1. 热爱所学专业，热爱工程测量工作，培养学生的行业精神即测绘精神(热爱祖国、忠诚事业、艰苦奋斗、无私奉献)； 2. 爱岗敬业、忠于职守、忠诚奉献、弘扬劳模精神和工匠精神(精益求精、敬业笃行、严守规范、质量至上)

任务1.1　普通高程放样

高程放样是把工程建筑物的设计标高(可以是相对高度，也可以是黄海高程系或假定高程系)放样到施工对象实体上，标出高度的具体位置。

高程放样是土建工程施工最常规的测量工作之一，就是使用已知高程的控制点将标高引测到待测点上去。在工业与民用建筑等土建工程施工过程中，高程放样时通常是将标高绘制在既有建筑物墙壁上、施工模板上、柱子上等，并用记号笔、喷漆、油漆等做标记。

高程放样工作主要采用几何水准的方法，有时采用三角高程测量、GNSS-RTK 测量来代替，在向高层建筑物和井下坑道放样高程时还要借助于钢尺和测绳来完成高程放样。应用水准测量放样高程时，首先在作业区域附近应有已知高程点，若没有，应从已知高程点处引测到作业区域，并埋设固定标志。该点应有利于保存和放样，且应满足只架一次仪器就能放出所需高程。

一、任务目标

根据已知高程的水准点 A，将高程引测到建筑物上 C 点附近的过渡点 B 上，在 C 点处的建筑物的墙壁上放样出已知高程的点，如图 1-1(a)所示。图 1-1(b)为点的高程放样基本原理示意图。

二、操作步骤

(1)以 A 点为已知点，其高程 $H_A=45.368\text{m}$，首先用四等水准测量的方法将高程引到 B 点上，要求 B 点到待放样点的距离大约为几十米，即小于普通水准测量的视距要求；

(2)以 B 点为后视点，在 B 点和 C 点之间安置水准仪，尽量使得前后视距相等，读取 B 点上的后视尺读数 a，则可求得视线高 $H_i=H_B+a$；

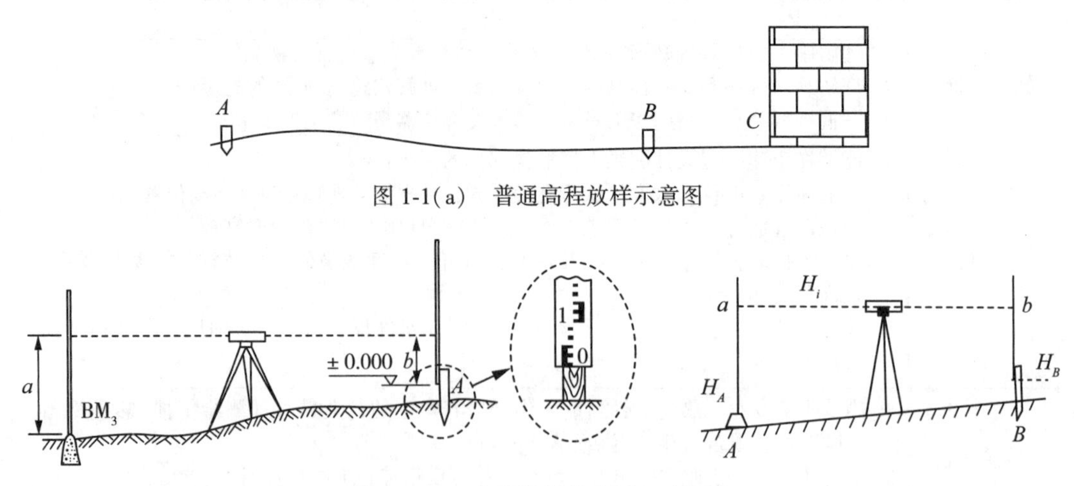

图 1-1(a)　普通高程放样示意图

图 1-1(b)　高程放样基本原理示意图

(3)计算 C 点上的前视尺的应读前视，$b_{应}=H_i-H_{设}$，在 C 点处的建筑物一侧的墙壁上竖立水准尺，上下移动水准尺，使得中丝读数为 $b_{应}$，则尺的底端即为高程为 $H_{设}$ 的位置，用记号笔或铅油在相应位置做标记；

(4)升高或降低三脚架，采用变换仪器高的方法放样两次，并取其平均位置作为最终的标高位置。

三、工程实例

某工地施工中，已知水准点 A 的高程 $H_A=24.376\text{m}$，要测设某设计地坪标高 $H_B=25.000\text{m}$，使用水准仪完成高程放样工作。

测设过程如下：

在 A、B 点间安置水准仪，在 A 点处竖立水准尺，在 B 点处设木桩；照准水准尺 A 并读数，读得 $a=1.534\text{m}$，则水平视线高：

$$H_i=H_A+a=24.376+1.534=25.910\text{m}$$

B 点应读数：

$$b_{应}=H_i-H_B=25.910-25.000=0.910\text{m}$$

调整 B 尺高度，当中丝读数 b 等于 0.910m 时，沿尺底做标记，即设计标高 H_B。

四、记录表格

1. 四等水准测量记录表格

表 1.1　**四等水准测量记录表格**

<table>
<tr><td rowspan="4">测站</td><td rowspan="2">后尺</td><td>上丝</td><td rowspan="2">前尺</td><td>上丝</td><td rowspan="4">方向及尺号</td><td colspan="2" rowspan="2">标尺读数</td><td rowspan="4">K+黑-红(mm)</td><td rowspan="4">高差中数(m)</td><td rowspan="4">备注</td></tr>
<tr><td>下丝</td><td>下丝</td></tr>
<tr><td colspan="2">后视距(m)</td><td colspan="2">前视距(m)</td><td rowspan="2">黑面</td><td rowspan="2">红面</td></tr>
<tr><td colspan="2">视距差 d(m)</td><td colspan="2">$\sum d$(m)</td></tr>
<tr><td rowspan="4"></td><td colspan="2"></td><td colspan="2"></td><td>后</td><td></td><td></td><td></td><td rowspan="4"></td><td rowspan="4">$K_{后}=$
$K_{前}=$</td></tr>
<tr><td colspan="2"></td><td colspan="2"></td><td>前</td><td></td><td></td><td></td></tr>
<tr><td colspan="2"></td><td colspan="2"></td><td>后-前</td><td></td><td></td><td></td></tr>
<tr><td colspan="2"></td><td colspan="2"></td><td colspan="4"></td></tr>
<tr><td rowspan="4"></td><td colspan="2"></td><td colspan="2"></td><td>后</td><td></td><td></td><td></td><td rowspan="4"></td><td rowspan="4">$K_{后}=$
$K_{前}=$</td></tr>
<tr><td colspan="2"></td><td colspan="2"></td><td>前</td><td></td><td></td><td></td></tr>
<tr><td colspan="2"></td><td colspan="2"></td><td>后-前</td><td></td><td></td><td></td></tr>
<tr><td colspan="2"></td><td colspan="2"></td><td colspan="4"></td></tr>
</table>

2. 高程放样数据记录表格

表 1.2　　高程放样数据记录表格

放样次数	视线高程 H_i	前视尺中丝读数 $b_{应}$
第一次放样		
第二次放样		

五、拓展学习

扫描以下二维码，学习“四等水准测量”。

微课视频 1：四等水准测量

六、注意事项

(1)若计算得到的 $b_{应}$ 为正值，则放样的标高位置在视线以下，尺正立找到位置，反之，若 $b_{应}$ 为负值，则放样的标高位置在视线以上，则应将尺倒立找到位置；

(2)若向下窜尺时尺底端已到达地面，而中丝读数仍然小于 $b_{应}$，则说明欲放样的位置低于地面，应读出该中丝读数，计算下挖值 $\Delta h_{挖}=b_{应}-b$，并写于墙上。

七、思维拓展

木匠在房屋室内装修时，是如何将地板铺设在同一水平面上的？

任务 1.2　顶板高程放样

在矿山巷道、隧道等工程施工测量中，为了能够更好地保护高程点标志，通常将高程点标志设置在顶板上，此时高程放样方法与普通高程放样有所不同，需要将水准尺倒立。

正常情况下水准测量及高程放样工作中水准尺是正立的，水准尺竖立在地面上的水准点上。顶板高程放样时，水准尺倒立并紧靠于标志上，上下移动水准尺直到找到正确的标高位置，此时需要注意如何保证标尺直立。

隧道工程测量。隧道工程测量是指在隧道工程的规划、勘测、设计、施工建造和运营管理的各个阶段进行的测量。隧道高程控制测量的任务是按规定的精度施测隧道洞口(包括隧道的进出口、竖井口、斜井口和平硐口)附近水准点的高程，作为高程引测进洞的依据。高程控制通常采用三、四等水准测量的方法施测。

腰线测设。在隧道施工中，为了控制施工的标高和隧道横断面的放样，在隧道岩壁上，每隔一定距离（5~10m）测设出比洞底设计地坪高出 1m 的标高线，称为腰线。腰线的高程由引入洞内的施工水准点进行测设。由于隧道的纵断面有一定的设计坡度，因此，腰线的高程按设计坡度随中线的里程而变化，它与隧道的设计地坪高程线是平行的。

一、任务目标

如图 1-2 所示，在矿山巷道施工测量中，需要将水准标高放样到巷道顶板上，使用水准仪和水准尺完成该项工作。

二、操作步骤

(1) A 点已知高程为 H_A，B 为待测设高程为 H_B 的位置，由 $H_B=H_A+a+b$，则 B 点应有的标尺读数：

$$b = H_B - (H_A + a)$$

(2) 测设方法：将水准尺倒立并紧靠 B 点木桩上下移动，直到尺上读数为 b 时，在尺底画出设计高程 H_B 的位置。

(3) 对于多个测站的情况，采用类似的分析和解决方法。如图 1-3 所示，A 为已知高程为 H_A 的点，C 为待测设高程为 H_C 的点，由于

$$H_C = H_A - a - b_1 + b_2 + c$$

则在 C 点应有的标尺读数为：

$$c = H_C - (H_A - a - b_1 + b_2)$$

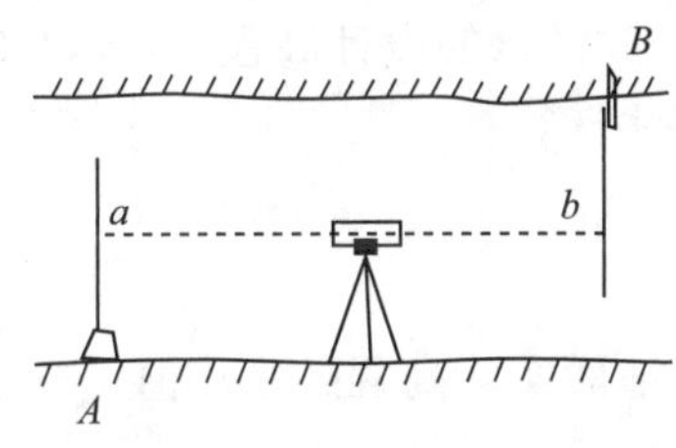

图 1-2　高程点在顶板的测设

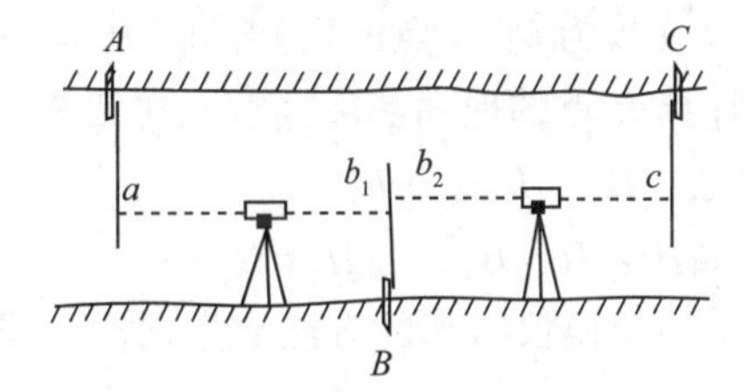

图 1-3　巷道中多测站测设高程点

(4) 测设方法：当尺上读数为 c 时，在尺底画出设计高程 H_C 的位置。

三、思维拓展

有些高程需要测量某些高大建筑物的高度，并且观测者无法到达其顶部，此时可以考虑采用全站仪的悬高测量功能和免棱镜测量功能。悬高测量的前提是能够在目标正下方设置棱镜并测量平距，再通过观测竖直角计算高度。免棱镜测量适合于有些难以到达的目标，可以通过免棱镜功能测量其高度。

文字资料 2：
全站仪悬高测量

任务1.3 填挖高度测量

实际工作中，当设计标高和当前施工地面标高相差很大，并且现场没有已经建好的墙柱等，无法将准确标高标定到既有建筑物上，通常是在地面上钉一木桩，将尺立于木桩顶上，实测木桩顶部的高程，并将计算得到的填挖高度用记号笔标注于木桩侧面，以供施工队伍施工时使用。在土建工程土方开挖施工测量中，经常需要根据设计要求测量并计算地面点的填挖高度，从而指导开挖深度或填筑高度。

在土建工程施工初期，高程放样时无法找到已有墙柱等做标记，经常需要在待放样位置设置木桩，测量并计算桩顶高程，从而计算填挖高度，指导开挖深度或填筑高度。

现代土方开挖工程基本使用挖掘机，所以填挖高度测量是需要随时进行的，但目前已研制成功了可以安装在挖掘机上的感应器，可以实时显示挖掘深度是否达到设计高度。

一、任务目标

根据已知高程的水准点 A，测量另一点 B 处的地面实际高程 $H_{实}$，现欲在 B 点处放样高程为 $H_B=45.368\text{m}$ 的位置，计算 B 点处的填挖高度。实际工作中通常是在地面上钉一木桩，将尺立于木桩顶上，实测木桩顶部的高程，并将计算得到的填挖高度用记号笔标注于木桩侧面，以供施工队伍施工时使用。

二、操作步骤

(1)以 A 点为后视点，B 点为前视点，在 A、B 两点之间安置水准仪，测得后视读数为 a，前视读数为 b；A 点的已知高程 $H_A=45.368\text{m}$，放样点的设计高程 $H_{设}=44.832\text{m}$；

(2)计算 B 点的地面实际高程，可以采用两种方法计算：

高差法：$H_B=H_A+(a-b)$； (1-1)

视线高法：$H_i=H_A+a$，$H_B=H_i-b$； (1-2)

(3)采用变换仪器高的方法测量两次，求得 B 点地面实际高程的平均值。

三、记录表格

表1.3 **填挖高度测量记录表格**

放样次数	后视读数 a(m)	前视读数 b(m)	视线高程 H_i(m)	B 点地面实际高程 $H_{实}$(m)	B 点地面实际高程的平均值(m)	填挖高度(m)
第一次测量						
第二次测量						
根据符号判断 B 点处应填高还是挖低______				该点应______(“填方”或“挖方”)		

四、注意事项

(1)“填方”或“挖方”的判定主要依据欲放样点地面实际高程和设计高程的关系，若实际高程大于设计高程则为“挖方”，反之则为“填方”。

(2)若用电子水准仪(数字水准仪)放样，则系统会提示类似于“FILL”或“CUT”的符号，其对应的意义为“填方”或“挖方”。

(3)现代土方开挖工程基本使用挖掘机，所以填挖高度测量是需要随时进行的，但目前已研制成功了可以安装在挖掘机上的感应器，可以实时显示挖掘深度是否达到设计高度。

任务 1.4　坡度线放样

坡度线放样是工程施工中常见的工作，通常分为水平方向放线、竖直方向放线、倾斜方向放线。水平方向放线即水平线放样，将在任务 1.5 中学习；竖直方向放线将在“建筑工程施工测量”中讲述，本任务主要学习倾斜坡度线放样。倾斜坡度线放样通常应用在市政道路和管线排水等领域，对高程要求精度较高。

坡度线放样可以采用经纬仪、水准仪、全站仪等设备进行。通常情况下当放样坡度很小时使用水准仪，放样坡度较大时使用经纬仪或全站仪。当距离较长时通常使用 RTK，但是需要精确解算七参数，并且需要使用水准测量进行检核。

根据某一坡段的纵坡度同时测定该坡段上各点标高位置的工作叫做坡度线的放样，在修建渠道、道路、隧洞工程中应用比较广泛。在倾斜场地施工测量中，坡度线放样也叫做斜坡放样。坡度(slope)是地表单元陡缓的程度，通常把坡面的垂直高度 h 和水平距离 D 的比叫做坡度(也叫做坡比)，用字母 i 表示，即坡角的正切值，也可写作 $i=\tan$ 坡角。

一、任务目标

如图 1-4 所示，某地计划修一条 50m 的水渠，每隔 5m 放样一个点，坡度比降 $i=2‰$，起点处的渠底高程为 15m，如图中的“水 5”，在每个 5m 点处测量其地面实际高程，再计算出该点的设计高程，标注该点处的填挖高度，并指出是填高还是挖低。

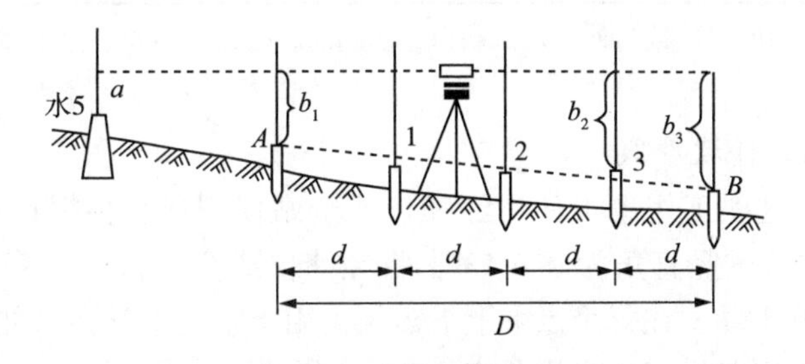

图 1-4　水准仪坡度线放样示意图

二、操作步骤

1. 使用水准仪放样坡度线

根据已知高程的水准点“水5”，在 AB 方向线上按照2‰的坡度进行高程放样，在 AB 方向线上每隔一定距离钉一根木桩，测量每根木桩的桩顶高程，根据每根桩位的设计高程和实际高程计算出填挖高度，并将填挖高度值标注在木桩侧面。如图1-4所示。

水准仪坡度线放样的前提是坡度较小，水准仪可以看见水准尺，当坡度较大时使用经纬仪或全站仪的倾斜视线放样坡度线。

需要计算视线高，公式与前面一样，视线高 H_i =后视点高程+后视尺读数。

$$b = H_i - H_{设} \tag{1-3}$$

$$H_{设} = H_{起} + D \cdot i \tag{1-4}$$

$$H_{实} = H_{起} + a - b \tag{1-5}$$

其中，H_i 为视线高度，$H_{起}$ 为起点高程，$H_{设}$ 为设计高程，D 为平距，i 为设计坡度。通过实地测量并计算，各点的填挖高度如表1.4所示。

表1.4 **填挖高度测量计算表**

点号	里程	后视读数	前视读数	实测高程（m）	设计高程（m）	填挖高度（m）	填高/挖低
起点	K0+000	1.544		15.000（已知）	15.000（起点）	0	
1	K0+005		1.557	14.987	14.99	−0.003	填
2	K0+010		1.632	14.912	14.98	−0.068	填
3	K0+015		1.578	14.966	14.97	−0.004	填
4	K0+020		1.489	15.055	14.96	0.095	挖
5	K0+025		1.536	15.008	14.95	0.058	挖
6	K0+030		1.554	14.99	14.94	0.05	挖
7	K0+035		1.612	14.932	14.93	0.002	挖
8	K0+040		1.469	15.075	14.92	0.155	挖
9	K0+045		1.521	15.023	14.91	0.113	挖
10	K0+050		1.465	15.079	14.9	0.179	挖

注：表中后视读数和前视读数为外业观测获得，实测高程、设计高程、填挖高度为计算所得。

2. 使用经纬仪放样坡度线

如图1-5所示，这项工作也可使用经纬仪或全站仪完成，根据设计坡度换算为竖直角，如2‰的坡度对应的竖直角为0°6′53″，将经纬仪或全站仪的竖直角设置为0°6′53″，竖直制动和微动螺旋不动，在每个点上上下窜尺，用十字丝中丝在水准尺上读取仪器高 i，并在木桩上做标记，则各标记连线为坡度为2‰的斜坡面。

在已知坡度线放样中，也可以用木条代替水准尺。量取仪器高 i 后，选择一根长度适当的木条，由木条底部向上量取仪器高 i 并在相应的位置画红线；把画有红线的木条立在 B 点(高程为 H_B)，调节仪器使得十字丝横丝瞄准红线，把画有红线的木条依次立在放样位置 1，2，3，…，上下移动木条，直到望远镜十字丝与木条上的红线重合为止，这时木条底部即在设计坡度线上。用木条代替水准尺放样不仅轻便，而且可减少放样出错的概率。

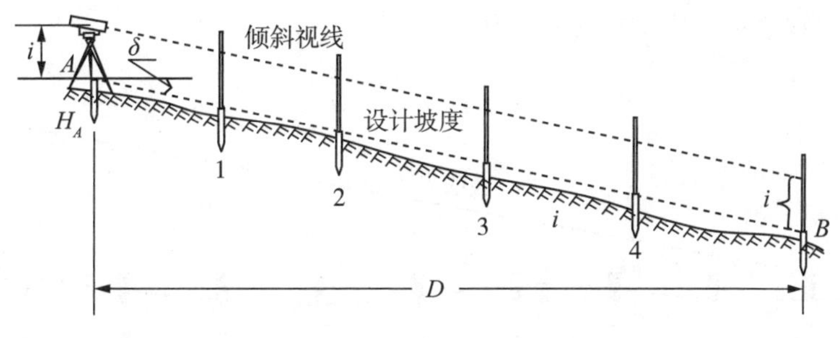

图 1-5　用经纬仪测设倾斜坡度线

3. 使用坡度尺

坡度尺也叫坡度测量仪，有度盘式坡度仪和数字式坡度仪，如图 1-6 所示。

实际坡度线放样工作中，可以在坡底和坡顶之间拉线绳，通过坡度尺读数，调整线绳坡度使其满足坡度要求，从而指导施工。

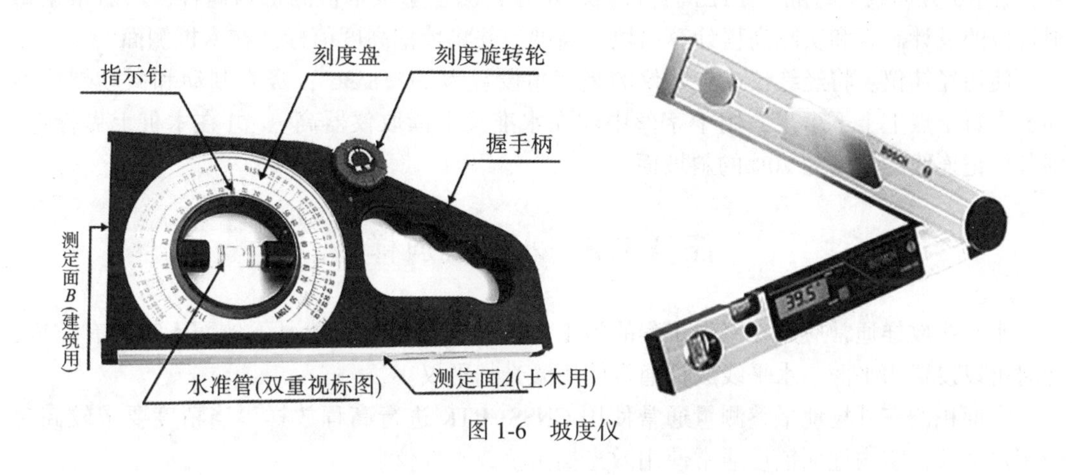

图 1-6　坡度仪

三、注意事项

(1)电子经纬仪或全站仪中，通过初始设置零基准(水平零和天顶零)，竖直角和天顶距是可以互相切换的，设置为水平零时显示竖直角，设置为天顶零时显示天顶距。

(2)电子经纬仪或全站仪中，通过初始设置，可以在角度和坡度之间进行切换，设置为角度状态时显示角度(竖直角或天顶距)，设置为百分度($V\%$)时显示坡度，当竖直角超过±45°时，百分度($V\%$)则显示超出。

(3)坡度地高差与平距的比值按照百分度来表示，比如20%的坡度换算为竖直角时，应求其反正切，即 arctan0.2＝11°18′36″。

四、具体案例

现欲在一驾校练车场地修建一段坡度为20%的上坡，供学员练习坡路停车及起车，如图1-7所示。现要求完成该项放样工作。

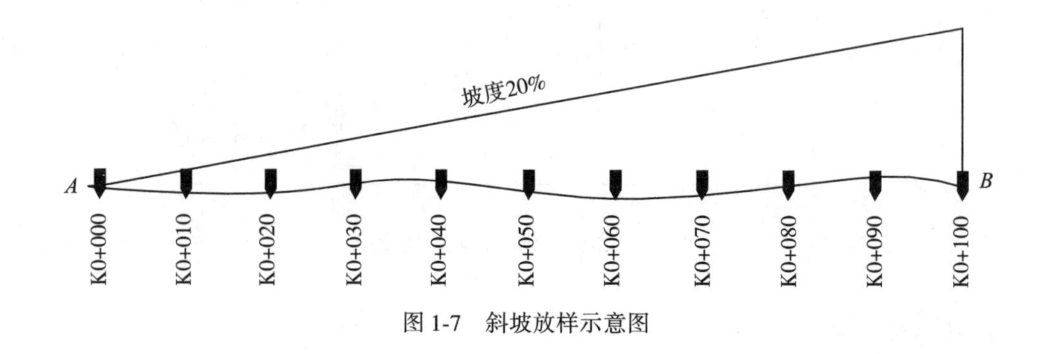

图1-7 斜坡放样示意图

步骤：

使用水准仪：根据已知高程的水准点 A，在 AB 方向线上按照20%的坡度进行高程放样，在 AB 方向线上每隔一定距离钉设一根木桩，测量每根木桩的桩顶高程，然后根据每根桩位的设计高程和实际高程计算出填挖高度，并将填挖高度值标注在木桩侧面。

使用经纬仪：将经纬仪或全站仪的竖直角设置为11°18′36″，竖直制动和微动螺旋不动，在每个点上上下窜尺，用十字丝中丝在水准尺上读取仪器高 i，并在木桩上做标记，则各标记连线为坡度为20%的斜坡面。

任务1.5 水平线放样

水平线放样通常应用在室内工程的施工中，不涉及排水的情况下地面不需要有坡度，此时可以设置为平面。水平线放样通常使用激光扫平仪。

大面积的室外场地平整测量通常使用GNSS-RTK进行高程放样，当精度要求较高时使用水准仪，室内地面铺设通常使用激光扫平仪或水准仪。

水平线放样即为抄平，在线状工程中叫做水平线放样，在场地平整测量中叫做水平面放样，常用水准仪或激光扫平仪完成。

一、任务目标

某建筑施工场地上需要进行场地平整测量，要求在场地上等间距钉设木桩组成方格网状，使用水准仪测设设计高程为 $H_{设}$ 的施工平面，在每个桩上标注填挖高度，以指导施工。

二、操作步骤

1. 使用水准仪

(1)在地面上按一定的间隔长度测设方格网，用木桩定出各方格网点。

(2)根据已知高程测设的基本原理，由已知水准点的高程 H_A 测设出高程为 $H_{设}$ 的木桩点。测设时，在场地与已知点之间安置水准仪，读取已知点尺上的后视读数 a，则仪器视线高程 H_i 为：$H_i=H_A+a$。

(3)依次在各木桩上立尺，使各木桩顶或木桩侧面的尺上读数 $b_{应}$ 为：$b_{应}=H_i-H_{设}$。

(4)在各桩顶或桩侧面标记，标记处构成的平面就是需测设的水平面。

(5)在实际工作中，按网格钉木桩工作量很大，通常是测量人员在场地架设水准仪随时跟测，指挥挖掘机操作者及相关人员完成场地平整工作。

2. 使用激光扫平仪

(1)激光扫平仪如图1-8所示。在地面已知高程的 A 点上，安置一台激光扫平仪，量取仪器高度 i，则视线高度 $H_i=H_A+i$。

(2)将激光扫平仪整平，启动开关，在地面各点处竖立水准标尺，标尺读数为 a，则地面点高程 $H_{地}=H_i-a$，填挖高度 $=H_{地}-H_{设}$。

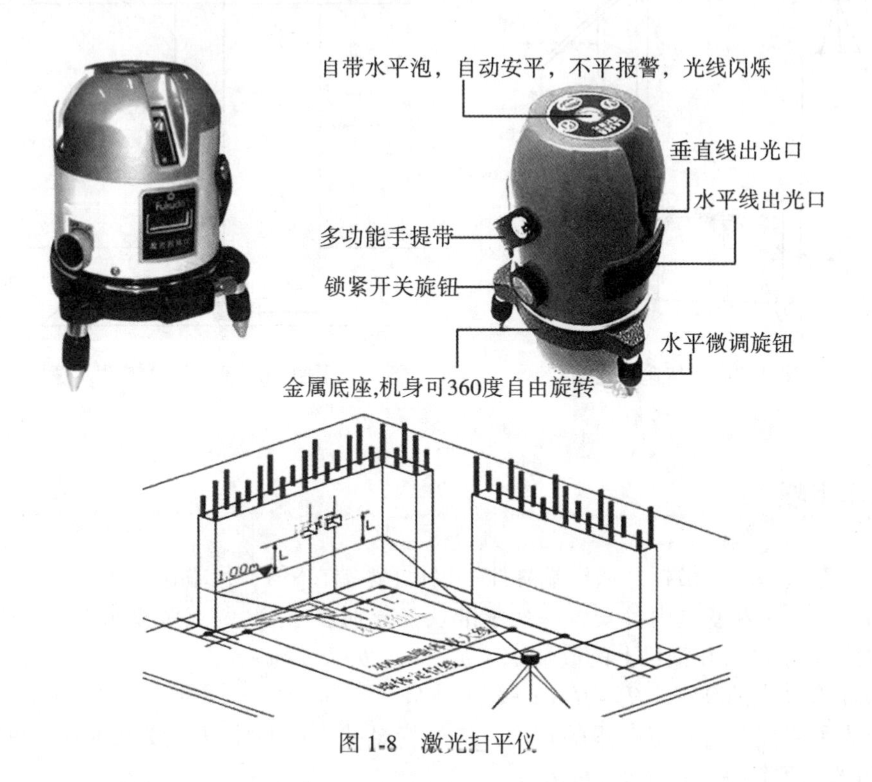

图1-8　激光扫平仪

(3)激光扫平仪发出的光斑在室外光照十分强烈时不清晰，所以在室外使用效果不佳，通常在室外夜间作业或室内抄平时使用。

任务1.6　深基坑高程传递

在建筑、地铁、矿山等领域，通常需要开挖较深的基坑，需要将高程传递到较深的地方，此时无法用普通水准标尺和塔尺传递高程，需要借助钢尺传递高程。

为保证地面向下开挖形成的地下空间在地下结构施工期间的安全稳定所需的挡土结构及地下水控制、环境保护等措施称为基坑工程。

向地下深基坑或矿井中传递高程时，通常需要悬挂钢尺或者钢丝导入高程。若高程精度要求较低且基坑中有GNSS信号，也可以使用GNSS-RTK导入。

一、任务目标

如图1-9所示，在一建筑工地基坑工程施工中，需要将地面高程传递到约20m深的基坑中，A为地面水准点，其高程已知，现欲测定基坑内水准点B的高程。图1-10为矿山竖井导入高程示意图。

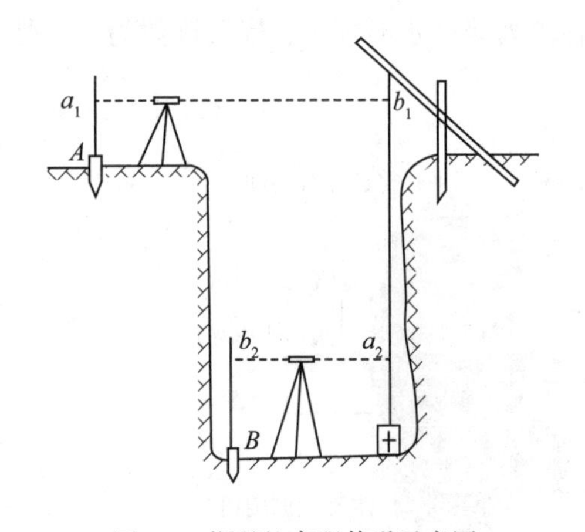

图1-9　深基坑高程传递示意图

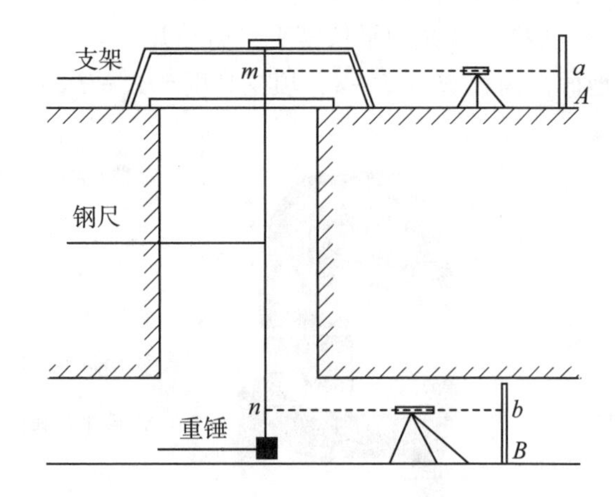

图1-10　竖井导入高程示意图

二、操作步骤

(1)在基坑边埋一吊杆，从杆端悬挂一钢尺(零端在下)，尺端吊一重锤。

(2)在地面上和基坑内各安置一架水准仪，分别在A、B两点竖立水准尺，由两架水准仪同时读取水准尺和钢尺上的读数a_1、b_1、a_2、b_2。

(3)计算B点的高程：$H_B=H_A+a_1-b_1+a_2-b_2$。

(4)为了保证引测B点高程的正确，应改变悬挂钢尺的位置，按上述方法重测一次，两次测得的高程较差不得大于3mm。

(5)在矿山竖井导入高程工作中，竖井深度通常会超过钢尺总长，此时可以采用细钢丝作为传递工具，施加一定拉力使其铅直且稳定，上下做好记号，然后再将钢丝拿到地面上，施加同样拉力再量取其长度。

任务 1.7　高墩台高程传递

在桥梁和楼房施工时，通常需要将高程传递到较高的地方，此时无法用普通水准标尺和塔尺传递高程，需要借助钢尺传递高程。

向高处传递高程时需要到达建筑物顶部并设置能够测量高程的标尺，如果难以到达建筑物顶部或者非常不便于设置测量标尺，则可以考虑使用全站仪三角高程进行测量。

导入高程测量指将地面高程系统传递到井下水准基点的测量工作。导入高程测量的常规方法有钢丝法和钢尺法。钢丝法，用分别安置在地面和井下的两台水准仪，对直立于地面和井下水准点上的标尺进行观测，并量取借助水准仪提供的水平视线在悬挂于井筒中的钢丝上标出两个记号之间的长度，经计算而获得井下水准点高程；钢尺法，利用分别安置在地面和井下的两台水准仪，对直立于地面和井下水准点上的水准标尺和悬挂在井筒中的特制钢尺进行观测，经计算而获得井下水准点高程。

一、任务目标

如图 1-11 所示，在一桥梁建筑工地桥墩施工中，需要将地面高程传递到高约 20m 的桥墩上，A 为地面已知水准点，桥台的侧面为斜面，墩、台顶面的设计高程在设计文件中已知，现欲测定桥墩顶面水准点 B 的高程，并判断是否已达到设计高程。图 1-12 为楼层间传递高程示意图。

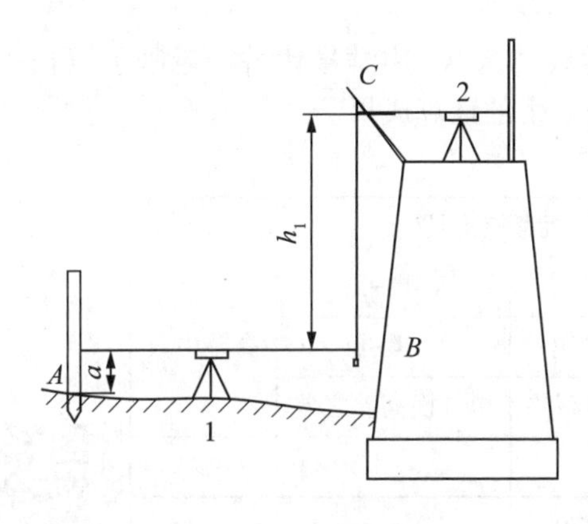

图 1-11　桥墩高程传递

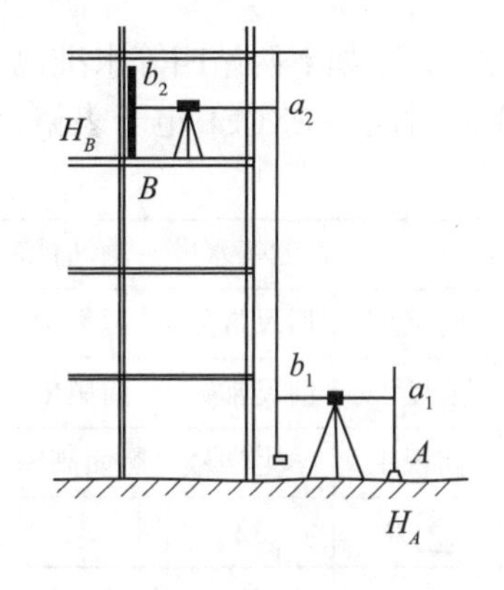

图 1-12　楼层高程传递

二、操作步骤

(1)施测前，先在墩、台上立一支架并悬挂钢尺，钢尺下悬挂重物；

(2)先在 1 处安置水准仪，后视 A 处水准尺读数 a 并记录，再前视钢尺读数并记录；

(3)把水准仪移至墩台顶 2 处，后视钢尺读数并记录；

(4)然后将水准尺放在检测点 B 上，瞄准水准尺并读数 b，则 B 处高程 $h_B=h_A+a+h_1-$

b，式中 h_1 为钢尺两次读数差的绝对值；

(5)将桥墩顶面设计高程与 B 点实测高程比较即可判定是否达到设计标高。

三、思维拓展

对一些高低起伏较大的工程放样，如大型体育馆的网架、桥梁构件、厂房及机场屋架等，用水准仪放样就比较困难，这时可用全站仪无仪器高作业法直接放样高程。如图1-13所示。

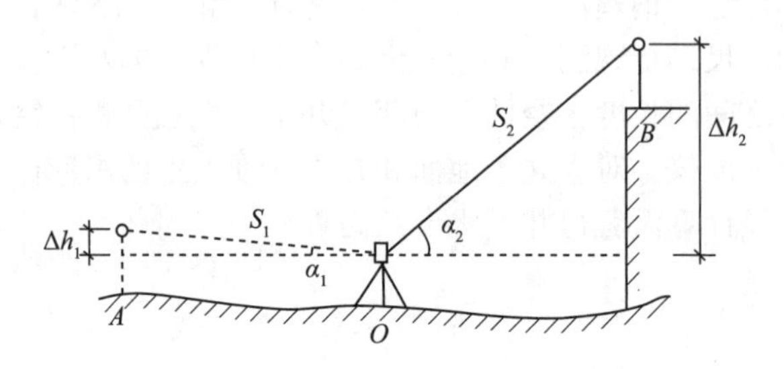

图1-13　全站仪无仪器高作业法放样

思考：其放样原理是什么？

四、强化训练

练习：完成如下两站四等水准测量计算，“××”用学号代替，老师可以扫描如下二维码，下载对应的EXCEL电子表格，检查学生的计算成果。

四等水准一测站计算课堂随机考核工具						
后黑上	前黑上	后尺常数	后黑中	后红中	K+黑-红	高差中数
后黑下	前黑下	前尺常数	前黑中	前红中	K+黑-红	
后视距	前视距	学生学号	黑面高差	红面高差	黑红面高差之差	
视距差	$\sum D$	32				
1653	1845	4687	1582	6270		
14××	16××	4787	17××	6485+××		
1653	1845	4687	1582	6270	-1	
1432	1632	4787	1732	6517	2	-0.1485
22.1	21.3		-0.150	-0.247	-3	
0.8	0.8					

数据资料1：四等水准测量考核用表

【项目小结】

测设的三项基本工作包括已知水平距离的测设、已知水平角测设、已知高程测设。施工放样主要包括平面位置放样、高程放样、竖直轴线放样、坡度线放样等。

高程放样常用水准测量方法，有时也用长钢尺代替水准尺测设高程，或用电磁波测距三角高程测量方法。放样竖直轴线可用吊锤、光学投点仪或激光铅垂仪等。

【课后习题】

一、名词解释

测绘、测设(放样)、直接放样、归化放样

二、填空题

1. 工程测量也要遵循__________、__________、__________的原则。

2. 放样要素由__________、__________、__________三部分组成。

3. 归化放样可总结为__________、__________、__________、__________四个步骤。

4. 放样工作总体来说可总结为__________、__________、高程放样。

5. 高程放样常用的方法有__________、__________。

6. 场地抄平测量常用__________。

7. 若某渠道设计坡度为5‰，则用经纬仪进行放样时，竖直角应设为__________。

8. 若设计坡度为5‰，需要隔10m钉一桩，则相邻两桩设计之差为__________。

9. 已知后视点A高程为100m，后视读数为1.2m，前视点设计高程为100.5m，前视读数为0.9m，则应__________(填高/挖低)__________ m。

三、判断题

1. 按建筑材料对施工放样的精度要求从高到低的顺序可为：金属结构，砖混结构，土木结构。(　　)

2. 装配式建(构)筑物施工放样精度要求低于整体式的。(　　)

3. 通常来说归化放样精度高于施工放样精度。(　　)

4. 已知坡度的测设，采用倾斜视线法时，不用考虑仪器的高度。(　　)

5. 已知坡度的测设，只能使用水准仪。(　　)

四、简答题

放样方法的选择应参考哪些因素？

课后习题1答案

【课堂测验】

请同学们扫描以下二维码，完成本项目课堂测验。

课堂测验1

项目2　平面点位放样

【项目简介】

平面点位放样在土建工程领域通常叫做“放线”。右侧二维码内容为“工程术语——放线”。放线的常用方法包括经纬仪极坐标法放样、经纬仪直角坐标法放样、全站仪坐标法放样、GNSS-RTK 坐标法放样。本项目主要介绍放样图纸的识读、放样数据的获取、放样数据的上传、各类放样方法及放样精度的检查。

文字资料3：
工程术语——放线

施工放样前的准备工作：为了实现预期的目的，在进行放样之前，测量人员首先要熟悉工程的总体布局和细部结构设计图，找出工程主要设计轴线和主要点位的位置以及各部分之间的几何关系，结合现场条件和已有控制点的布设情况，分析具体放样的方案，并作出最优化处理，使放样精度达到最高。

【教学目标】

1. 掌握不同仪器进行平面点位放样的方法。
2. 能够利用不同的方法对放样结果进行检查。

项目单元教学目标分解

目标	内容
知识目标	1. 理解施工放样基本方法(方向、角度、距离、水平线、坡度线、水平面)； 2. 初步识读常见工程设计图纸，了解工程设计图纸上的基本要素； 3. 掌握四参数、七参数、校正参数的意义、适用条件及解算方法； 4. 掌握经纬仪极坐标法放样、经纬仪直角坐标法放样、全站仪坐标法放样、GNSS-RTK、CAD放样、BIM放样各自的优缺点及适用条件
技能目标	1. 能够熟练地完成极坐标法放样数据的计算(普通计算器、可编程计算器、EXCEL、VB编程、CAD图解等多种方法)； 2. 能够从建筑设计图纸上提取施工放样需要的坐标数据文件； 3. 掌握经纬仪极坐标法放样、经纬仪直角坐标法放样的基本方法； 4. 熟练掌握全站仪坐标法放样的详细流程(测站设置、后视定向、定向检查、点位放样)； 5. 熟练掌握GNSS-RTK坐标法放样的详细流程(仪器设置、参数解算、点校正、放样数据导入、点放样、线放样)； 6. 能够熟练使用各类平面点位放样常用的仪器设备(经纬仪、全站仪、RTK、钢尺、棱镜、手簿)及软件(RTK手簿软件)； 7. 掌握将数据上传至全站仪及RTK手簿的方法(专业软件上传、CASS软件上传；USB传输、RS232线传输、蓝牙传输、SD卡传输)； 8. 能够进行平面点位放样精度的检查
态度及思政目标	1. 培养学生精心使用各种测量仪器的职业素养； 2. 培养学生反复核对工程图纸、放样数据及外业放样结果的职业素养

任务 2.1　极坐标法放样

现有一台经纬仪和一把钢尺，现场有两个以上的控制点，建筑总平面图上标有各建筑物主轴线交点坐标，要求使用极坐标法完成点位放样。此方法在全站仪出现之前被广泛使用，现在已不多用。

经纬仪极坐标法点位放样的基本条件和应用情况如下：

(1)已知条件：经纬仪极坐标法放样时，需要至少两个已知点以便完成后视定向和检查。

(2)放样数据：经纬仪极坐标法放样时，需要计算出放样角度(测站点到待放样点方位角与测站点到后视点的方位角之差)和放样距离(测站点到待放样点的距离)。

(3)适用情况：经纬仪极坐标法放样适用于场地较小并且地势相对平坦的工地，钢尺量距在一尺长内能够完成，不至于造成量距误差累积。

(4)优缺点：内业需要计算每个待放样点的放样角度和放样距离，计算量大。外业需要逐个点拨角量距，工作量大。

一、任务目标

如图 2-1 所示，已知在一个建筑工地上已有三个控制点 *A*、*B*、*C*，现需要以 *B* 点为测站点，以 *A* 点为后视定向点，用极坐标法放样出 1 号楼和 2 号楼的主轴线点，楼房主轴线交点坐标列于表 2.1 中。

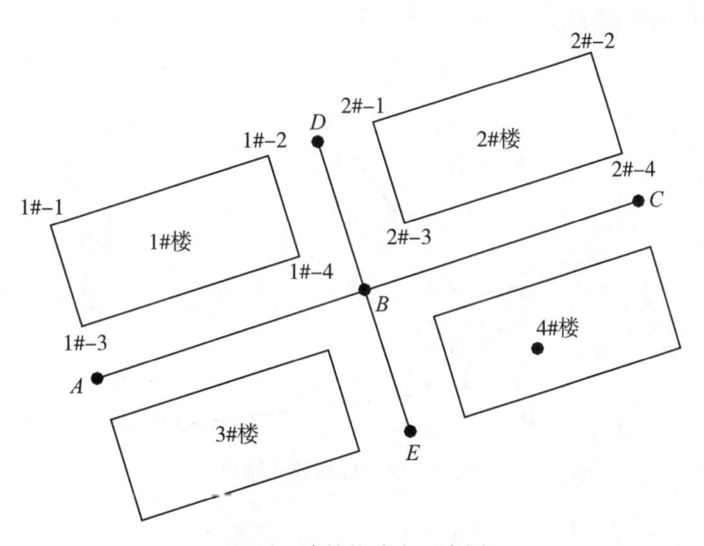

图 2-1　建筑物分布示意图

表2.1　控制点坐标及楼房主轴线交点坐标

点号	X坐标(m)	Y坐标(m)
A	4645311.865	542566.586
B	4645354.830	542699.670
C	4645397.743	542835.846
D	4645426.841	542676.705
E	4645285.872	542721.932
1#—1	4645386.383	542543.892
1#—2	4545420.037	542652.112
1#—3	4645337.334	542559.145
1#—4	4645370.988	542667.365
2#—1	4645436.239	542704.213
2#—2	4645469.893	542812.433
2#—3	4645387.190	542719.466
2#—4	4645420.844	542827.686

二、基本原理

如图2-2所示，在A点安置仪器，照准B点定向，放样P点，已知A、B、P点的坐标分别为$(x_A,\ y_A)$、$(x_B,\ y_B)$、$(x_P,\ y_P)$，计算出A点到B点和P点的方位角α_{AB}和α_{AP}，A点到P点的距离D_{AP}。

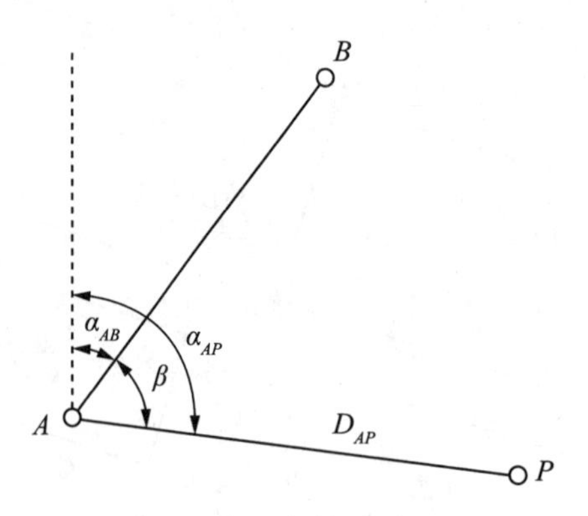

图2-2　极坐标法放样原理

$$AB\text{边的坐标方位角}\ \alpha_{AB} = \arctan\frac{\Delta y_{AB}}{\Delta x_{AB}} = \arctan\frac{y_B - y_A}{x_B - x_A} \tag{2-1}$$

$$AP\text{边的坐标方位角}\ \alpha_{AP} = \arctan\frac{\Delta y_{AP}}{\Delta x_{AP}} = \arctan\frac{y_P - y_A}{x_P - x_A} \tag{2-2}$$

$$PQ\text{边和}PA\text{边之间的夹角(放样角度)}\ \beta = \alpha_{AP} - \alpha_{AB} \tag{2-3}$$

$$PA\text{边的水平距离}\ D_{AP} = \sqrt{\Delta x_{AP}^2 + \Delta y_{AP}^2} = \sqrt{(x_P - x_A)^2 + (y_P - y_A)^2} \tag{2-4}$$

三、操作步骤

(1)根据已知的坐标，反算出极坐标放样所需的角度(∠*AB*1#-1)和距离(*B*1#-1)。

由后面计算结果可知，*B* 点到 1#-1 点的距离为 158.941m、方位角为 281°27′01″，*B* 点到 *A* 点的方位角为 252°06′28″，所以放样夹角(∠*AB*1#-1)为 29°20′33″。

(2)在测站点 *B* 上安置经纬仪，完成对中整平。在后视点 *A* 上设置定向标志。

(3)瞄准 *A* 点上的目标(测钎或其他照准标志)，配盘(置数)为 0°00′00″，若使用的是电子经纬仪，则可以直接置零为 0°00′00″，若使用的是光学经纬仪，则可能无法完全归零，而是大于零或小于零的数，如 0°05′36″；后视定向尽可能用远一点的目标，尽量避免定向距离短于放样距离的情况(即避免短边控制长边)。

(4)顺时针旋转经纬仪(顺时针为正拨，逆时针为反拨)，使得经纬仪转过的角度为 29°20′33″(若置数为零，则旋转到 29°20′33″，若置数为 0°05′36″，则应旋转到 29°26′09″)。

(5)固定经纬仪望远镜，顺着视线方向使用钢尺量取距离 158.941m。当放样距离大于整尺长时需要分段丈量，容易积累误差，若能使用测距仪或全站仪则可有效解决。

注意：理解配盘(置数)、置零(归零)等概念；理解光学经纬仪和电子经纬仪置数方法的不同点；理解正拨(顺时针)和反拨(逆时针)的区别。

四、能力训练

坐标反算是工程测量中的一项常见的计算，下面通过几种方法来实现。

方法一：使用计算器提供的计算程序完成计算。

1. 使用普通科学计算器

1)具有 [a]、[b] 和 [DEG] 键的计算器(如 TAKSUN TS-105)

先计算出坐标增量 Δ*X* 和 Δ*Y*，如 Δ*X*=31.553，Δ*Y*=-155.778。

计算过程：31.553 [a] -155.778 [b] [2ndf] [a] 158.941(即为距离) [b] -78.54959314 (方位角为负值时加 360°) [+] 360 [=] 281.4504069 [2ndf] [DEG] 281.2701 (即方位角为 281°27′01″)。

2)具有 [° ′ ″] 和 [Pol(] 键的计算器(如 OLIN AL-82MS)

计算过程：[Pol(] 31.553 [,] 155.778 [)] [=] 158.941 [RCL] [tan] -78.54959314 [° ′ ″] -78°32′59″(方位角为负值时加 360°)，再加 360°得到 281°27′01″。

2. 使用可编程计算器(以 CASIO fx-5800 为例)

坐标正算子程序 SUB1：

```
0.1739274226->A:0.3260725774->B:0.0694318442->K:0.3300094782->L:
1-L->F:1-K->M:
U+W(Acos(G+QEKW(C+KWD))+Bcos(G+QELW(C+LWD))+Bcos(G+QEFW(C+
FWD))+Acos(G+QEMW(C+MWD)))->X:
V+W(Asin(G+QEKW(C+KWD))+Bsin(G+QELW(C+LWD))+Bsin(G+QEFW(C+
FWD))+Asin(G+QEMW(C+MWD)))->Y:
G+QEW(C+WD)+90->F:X+Zcos(F)->X:Y+Zsin(F)->Y:
```

坐标反算子程序 SUB2:

```
G-90->T:Abs((Y-V)cos(T)-(X-U)sin(T))->W:0->Z:Lbl0:Prog"SUB1":T+
QEW(C+WD)->L:(J-Y)cos(L)-(I-X)sin(L)->Z:If Abs(Z)<10^(-3):Then Goto
1:Else W+Z->W:Goto 0:IfEnd:
Lbl 1:0->Z:Prog"SUB1":(J-Y)÷sin(F)->Z:
```

方法二：使用电子表格 EXCEL 编辑公式完成计算。

使用 EXCEL 完成坐标反算，如表 2.2 所示。

表 2.2　**使用 EXCEL 进行坐标反算**

点号	ΔX(m)	ΔY(m)	ΔY/ΔX	反正切(弧度)	角度(°)	方位角
	= B7-B $3	=C7-C $3	=F7/E7	=ATAN(G7)	= H7 * 180/π	
1#-1	31.553	-155.778	-4.93703	-1.370949026	-78.5495945	
1#-2	65.207	-47.558	-0.72934	-0.630146331	-36.1047258	
1#-3	-17.496	-140.525	8.031836	1.446929203	82.90293799	
1#-4	16.158	-32.305	-1.99932	-1.107012525	-63.4271466	
2#-1	81.409	4.543	0.055805	0.055746821	3.194057597	
2#-2	115.063	112.763	0.980011	0.775303083	44.42159524	
2#-3	32.360	19.796	0.611743	0.549009267	31.45591444	
2#-4	66.014	128.016	1.939225	1.094691515	62.72120472	

然后根据坐标增量的正负号自己判断所属象限，进而推求方位角，如表 2.3 所示。

表 2.3　**方位角读数化为度分秒**

边	方位角	方位角		
	°	°	′	″
B~1#-1	281.4504055	281	27	1
B~1#-2	323.8952742	323	53	42
B~1#-3	262.902938	262	54	10
B~1#-4	296.5728534	296	34	22
B~2#-1	3.194057597	3	11	38

续表

边	方位角	方位角		
	°	°	′	″
B~2#-2	44.42159524	44	25	17
B~2#-3	31.45591444	31	27	21
B~2#-4	62.72120472	62	43	16

在 EXCEL 的度分秒对应的单元格中输入如下公式并批量完成方位角的转换。

度=INT(L7)；分=INT((L7-M7)*60)；秒=INT(((L7-M7)*60-N7)*60)

方法三：使用 Visual Basic 编程语言编写程序完成计算。

```
    Function xyTOalfa(x1 As Single, y1 As Single, x2 As Single, y2 As Single) As Single
    Dim dx As Double, dy As Double;  Dim alfa As Single
    Const PI=3.1415926;  dx=x2-x1;  dy=y2-y1
    If (dx>0 And dy>0) Then
      alfa=Atn(dy/dx)
     ElseIf (dx>0 And dy<0) Then  alfa=2*PI-Atn(Abs(dy/dx))
     ElseIf (dx<0 And dy<0) Then  alfa=PI+Atn(Abs(dy/dx))
     ElseIf (dx<0 And dy>0) Then  alfa=PI-Atn(Abs(dy/dx))
     ElseIf (dy=0 And dx>0) Then  alfa=0
     ElseIf (dy=0 And dx<0) Then  alfa=PI
     ElseIf (dx=0 And dy > 0) Then  alfa =  PI/2#
     ElseIf (dx=0 And dy < 0) Then  alfa = 3 * PI/2#
     Else
       MsgBox ("输入数据有误!")
       End
   End If
 xyTOalfa=alfa
 End Function
```

五、注意事项

(1)理解配盘(置数)、置零(归零)等概念，理解光学经纬仪和电子经纬仪置数方法的不同点，理解正拨(顺时针)和反拨(逆时针)的区别。

(2)经纬仪极坐标法放样是全站仪出现之前的主要放样方法，内外业工作量都很大。对于大批量的点位(如成排连片的工程桩点位)，如果点位分布相对比较规律，则可以根据其相对关系放样其中的一部分点位，其余的则根据点位之间的相互关系采用钢尺量距方法进行内插。

六、拓展学习

考核工具1：
坐标反算考核工具

(1)已知 A、B 两点坐标分别为 A(4631577.970，41526661.920)、B(4631536.770，41526799.790)，计算 A、B 两点的方位角及距离。

(2)扫描右侧二维码，下载 EXCEL 坐标反算程序进行计算，老师可用来检验学生的计算数据是否正确。

任务2.2　经纬仪直角坐标法放样

经纬仪直角坐标法点位放样的基本原理：直角坐标法是根据直角坐标系原理进行点位放样的方法，当建筑场地有彼此垂直的主轴线或建筑方格网时，待放样建(构)筑物的轴线平行且又靠近建筑基线或方格网边线时，则可以采用直角坐标法放样点位。

经纬仪直角坐标法是全站仪坐标法广泛应用之前建筑场地施工放样的主要方法，特别是大面积的建筑基础桩位放样，首先使用经纬仪直角坐标法放样出建筑物主轴线控制桩，再利用轴网尺寸图放样出所有桩位。

经纬仪直角坐标法点位放样的基本条件和应用情况如下：

(1)已知条件：经纬仪极坐标法放样时，需要至少两个已知点以便完成后视定向和检查。

(2)放样数据：轴网图上的轴线间距即为放样数据，不需要计算放样角度和放样距离。

(3)适用情况：现场有控制基线，并且待测设的轴线与基线平行，如建筑场地已建立建筑基线或建筑方格网。

(4)优缺点：使用轴网图上的尺寸数据，内业计算量小，但外业工作量大，设站次数多，钢尺累计量距易产生累积误差。

现有一台经纬仪和一把钢尺，现场有两个以上的控制点，建筑总平面图上标有各建筑物轴网图和轴线尺寸数据，要求使用经纬仪直角坐标法完成点位放样。经纬仪直角坐标法是经纬仪极坐标法的特殊形式，其本质还是极坐标法。

一、任务目标

如图2-3所示，A、B 为已知的控制点，欲通过 C、D 两点放样出矩形建筑物的四个轴线点1、2、3、4，并检核其放样精度。适用条件为现场有控制基线，且待测设的轴线与基线平行。如：建筑场地已建立建筑基线，或建筑方格网。

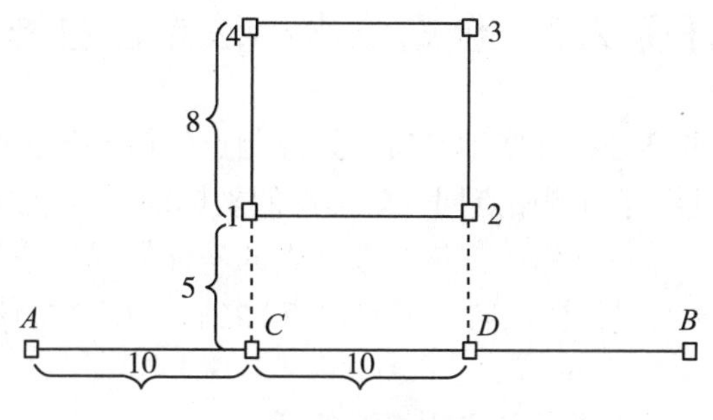

图 2-3　直角坐标法放样示意图

二、操作步骤

(1)首先在 A 点安置仪器，在 B 点竖立测钎，盘左(正镜)照准 B 点作为后视进行定向。

(2)精确照准 B 点后水平制动和水平微动螺旋不要再转动。

(3)司尺员将钢尺零点紧贴于 A 点，另一端在 AB 方向线上。

(4)观测者上下旋转望远镜和竖直微动螺旋，指挥司尺员让钢尺位于视线方向上，司尺员同时在此方向上找到钢尺读数为 10m 的位置钉木桩，并精确投点，得到 C 点。

(5)用同样的方法从 C 点开始量取 10m 并精确投点，得到 D 点。

(6)将仪器搬到 C 点，后视 A 点定向配盘，顺时针拨(正拨)90 度，在此方向上用相同方法得到 1、4 两点，距离分别为 5m 和 8m。(若照准 B 点进行定向，则应逆时针拨(反拨)90 度)

(7)将仪器搬到 D 点，后视 A 点定向配盘，顺时针拨(正拨)90 度，在此方向上用相同方法得到 2、3 两点，距离分别为 5m 和 8m。

在 C、D 两点上都可用倒镜放样以便检核，或者照准 B 点反拨 90 度以便检核。

三、检核方法

检核内容如下：

距离检核：量取 12、34 的距离，检核是否等于 10m，量取 13、24 的对角线距离，检核是否等于 9.434m。

角度检核：在任意一个角点上安置仪器，观测该角是否为 90 度。

四、注意事项

(1)理解正拨和反拨的概念和方法。

(2)配盘时如果不能正好配为 0°00′00″，则在拨角时应考虑该值。

(3)使用电子经纬仪时，置零键(0SET)可以直接将水平度盘显示为 0°00′00″。

(4)定向点应选择较远的点，利用长边控制短边，避免短边控制长边。

任务2.3 全站仪坐标法点位放样

全站仪坐标法点位放样是指在实地具有已知控制点的情况下，使用全站仪的坐标放样功能实地放样待定点(只需有与测站点同一坐标系的坐标即可)的位置的方法。

首先在具有正确坐标系的图纸上提取待放样点的坐标数据文件并导入全站仪，实地完成全站仪的设置(测站设置、后视定向、定向检查)之后，在全站仪中依次调取放样点点号并完成放样。

全站仪坐标法放样的基本条件和应用情况如下：

(1)已知条件：全站仪放样时，需要至少两个已知点以便完成后视定向和检查。

(2)放样数据：全站仪放样时，需要在电子版图纸上提取待放样点的坐标，并将坐标数据文件提前导入全站仪中，如果放样点位数量很少则可以现场输入而不必提前导入仪器。

(3)坐标系统转换：通常情况下规划院给定的控制点是国家大地坐标系统下的坐标，建筑设计总平面图上给定的也是国家大地坐标系统下的坐标，此时我们需要将建筑坐标系统下的图纸转换成国家大地坐标系统下的图纸。但如果控制点和放样点都采用同一套独立坐标，则用全站仪也可以完成放样，不必进行坐标系统转换。

全站仪自由设站测量原理：自由设站法是指在待定控制点设站或者临时设站，向多个已知控制点观测方向和距离，并按间接平差方法计算待定点坐标的一种控制测量方法。测站点的N、E坐标根据方向观测值和边长观测值建立方向误差方程和边长误差方程，然后根据最小二乘法原理计算待定点坐标平差值。传统的后方交会方法有一个前提：待定点不能位于由已知三点所决定的外接圆的圆周上，否则无法确定待定点的唯一性，而且越靠近该危险圆，待定点的可靠性越低。利用全站仪的自由设站功能无需过多地顾虑危险圆。

一、任务目标

使用全站仪放样图2-1中的建筑物轴线位置。全站仪放样时仅仅需要知道测站点、后视定向点、待放样点的坐标即可，不需要反算方位角和边长，仪器自身可以反算并显示，放样者仅需要设置测站、后视定向、定向检查、点位放样即可。

二、操作步骤

(一)放样数据获取

纸质版的施工图纸(蓝图)上通常只标明每个单体建筑物的四周主要轴线交点坐标或外轮廓线角点坐标。而其他细部轴线点的放样数据必须从电子版的图纸上获取，下面说明如何从CAD图纸上提取数据。

使用普通CAD(或CASS)软件打开建筑设计图纸(如建筑天正CAD)时，鼠标移动到某一个点上时，CAD状态栏里显示的当前坐标与图纸上注记的坐标不同。并且建筑设计图纸是以毫米为单位的，而测量图纸和数据通常以米做单位。另外，建筑设计图纸上的方位和测量图纸上真正的方位角不同。所以如果要从 CAD 图上提取放样数据，要对建筑设计图纸进行如下三个步骤的处理。

(1)缩小，目的是使图纸单位由毫米转为米。执行“缩放(SCALE)”命令，以任意一点为中心进行缩小，输入缩小倍数 0.001，点击回车确认。通常情况下建筑设计图纸上具有纵横两个方向的轴网和尺寸注记，在图纸缩小后无法看清，此时需要使用“标注更新”命令进行更新。注意尺寸更新之前需要看图纸是否一个整体(块)，如果是整体，则首先需要执行分解(EXPLODE)命令。

(2)旋转，目的是使建筑设计图纸(天正 CAD 图纸为横平竖直布局)上的方位旋转到测量的正确坐标方位角上。执行“旋转(ROTATE)”命令，指定一个旋转基点(通常选某个建筑物的主轴线交点，并且这个点的坐标在建筑总平面图上有坐标注记)，再指定一条旋转基线边，将图纸整体旋转一个角度，使之旋转到正确的方位上。

(3)平移，目的是使图纸上任何一点的坐标为正确坐标，从而在图纸上提取所有有用点的坐标。执行“移动(MOVE)”命令，指定一个建筑设计图纸上标注坐标的点作为平移基点，将整幅图纸移动到正确的位置上。

(二)全站仪坐标法放样方法

1. 安置仪器

在测站点上安置仪器，包括对中和整平。对中误差控制在 3mm 之内。全站仪开机，进行必要的设置(输入棱镜常数、温度、气压等)。选择放样功能，大部分全站仪放样功能是在菜单模式下选取的。如[菜单]→[放样]，或[MENU]→[SET OUT]。也可按[S.O]进入放样节目，如图 2-4 所示。

2. 建立或选择工作文件

工作文件是存储当前测量数据的文件，文件名要简洁、易懂、便于区分不同时间或地点的数据，一般可用测量时的日期作为工作文件的文件名，如图 2-5 所示。

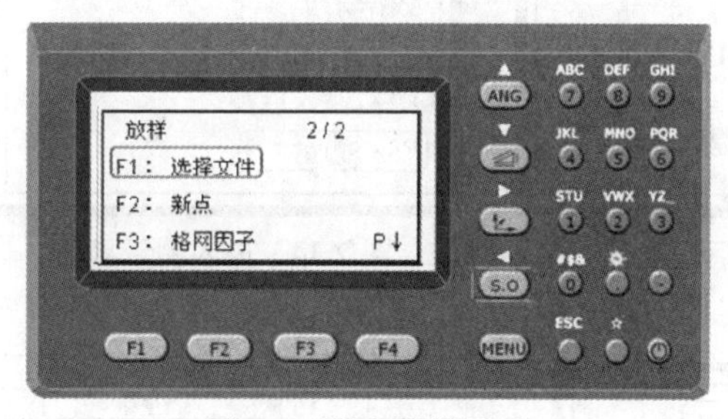

图 2-4　进入放样界面

图 2-5　选择或输入工作文件

3. 测站设置

选择“输入测站点”，如图 2-6 所示；输入或调取测站点点号，如图 2-7 所示；输入或调取测站点坐标，如图 2-8 所示(如果仪器中已上传数据文件则调取，否则需手工输入测站点坐标)；输入仪器高，如图 2-9 所示。

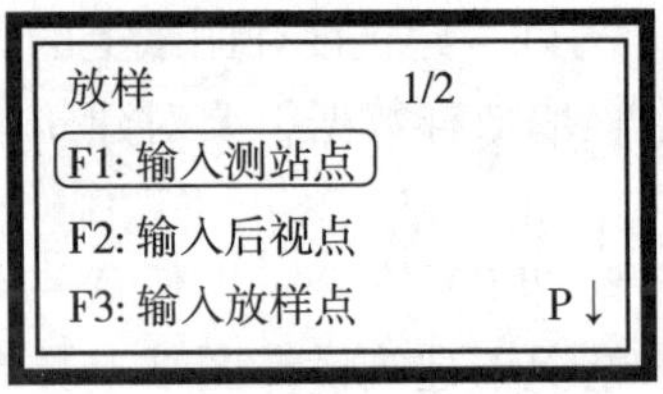

放样 1/2
F1: 输入测站点
F2: 输入后视点
F3: 输入放样点 P↓

图 2-6　选择“输入测站点”

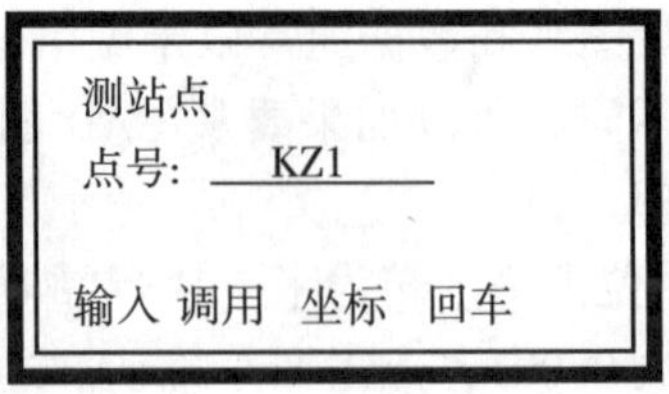

测站点
点号: KZ1
输入 调用 坐标 回车

图 2-7　输入或调取测站点点号

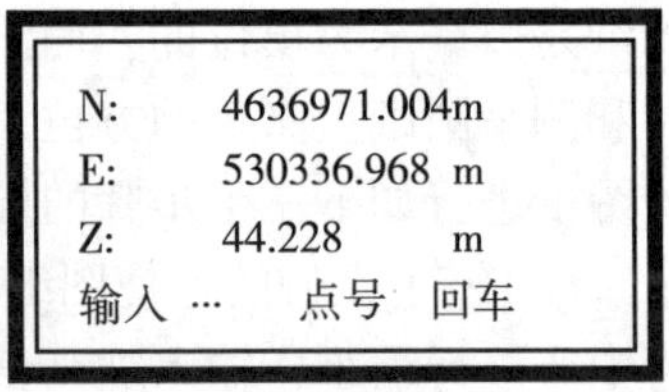

N: 4636971.004m
E: 530336.968 m
Z: 44.228 m
输入 … 点号 回车

图 2-8　输入或调取测站点坐标

4. 后视定向

后视定向可以选择后视点坐标定向和后视边方位角定向，通常已知坐标的情况下选择坐标定向。选择“输入后视点”，如图 2-10 所示；输入或调取后视点点号，如图 2-11 所示。

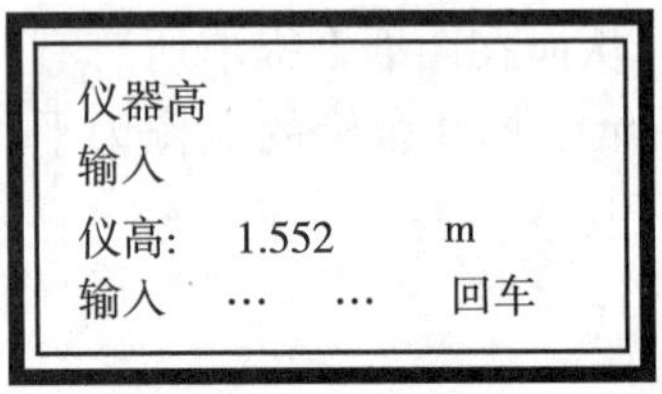

仪器高
输入
仪高: 1.552 m
输入 … … 回车

图 2-9　输入仪器高

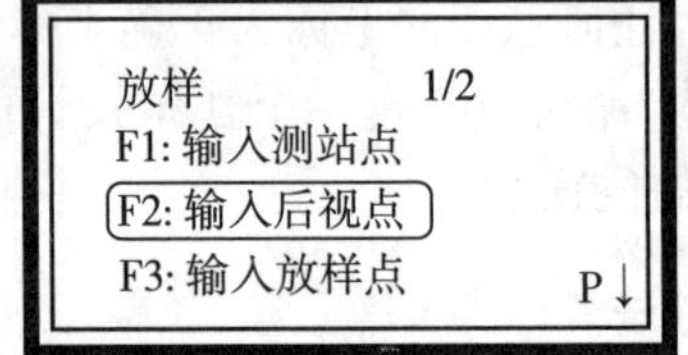

放样 1/2
F1: 输入测站点
F2: 输入后视点
F3: 输入放样点 P↓

图 2-10　选择输入后视点

后视
点号: KZ2
输入 调用 NE/AZ 回车

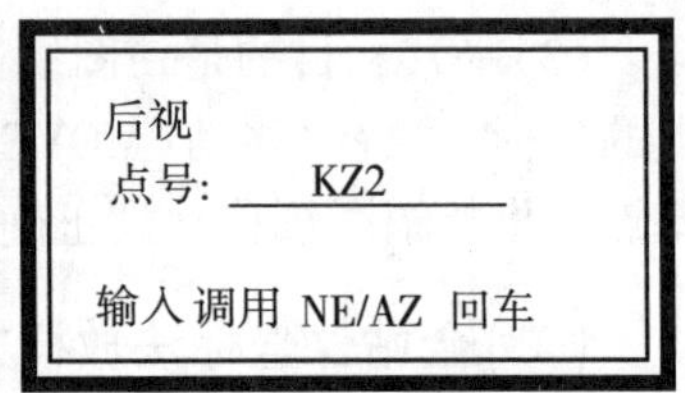

图 2-11　输入或调取后视点点号

输入或调取后视点坐标，如图 2-12 所示；仪器显示后视定向方位角，如图 2-13 所示，然后照准后视点，按确认键进行定向。

5. 定向检查

进入测量界面，如图 2-14 所示，瞄准另外一个已知控制点，输入棱镜高，如图 2-15 所示，测量其坐标并和已知坐标进行比较，如图 2-16 和图 2-17 所示。

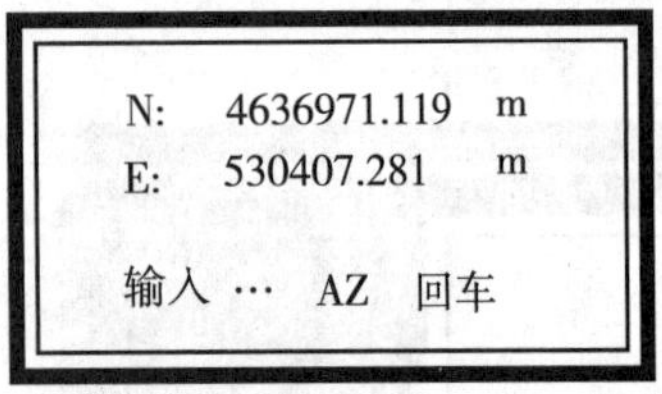

N: 4636971.119 m
E: 530407.281 m
输入 … AZ 回车

图 2-12　输入或调取后视点坐标

后视
H(B)= 89° 54′ 23″
>照准? [是] [否]

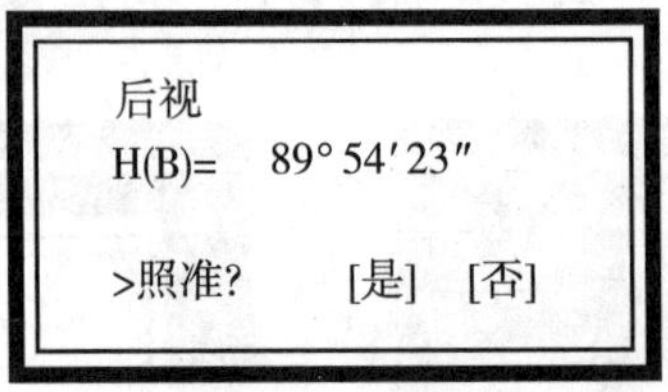

图 2-13　仪器显示后视定向方位角

数据采集 1/2
F1：测站点输入
F2：输入后视
F3：测量 P↓

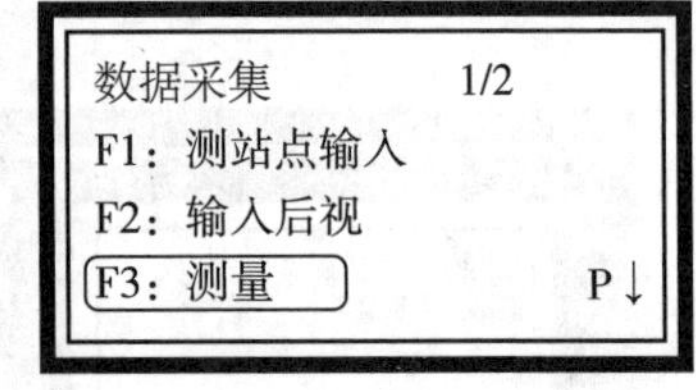

图 2-14　进入测量界面

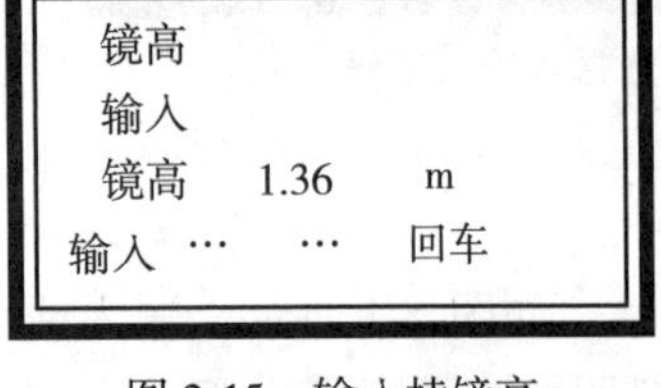

镜高
输入
镜高 1.36 m
输入 … … 回车

图 2-15　输入棱镜高

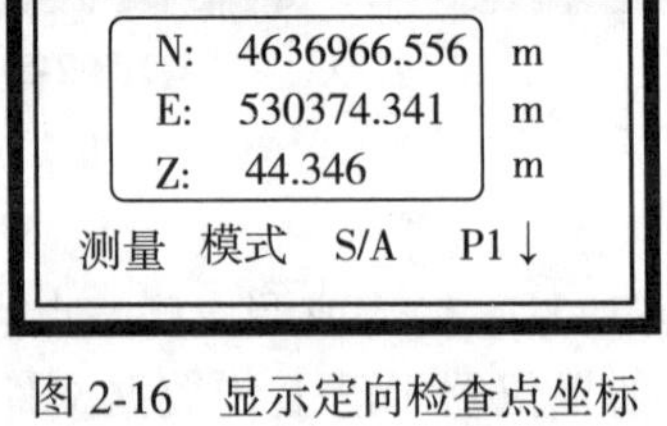

N: 4636966.556 m
E: 530374.341 m
Z: 44.346 m
测量 模式 S/A P1↓

图 2-16　显示定向检查点坐标

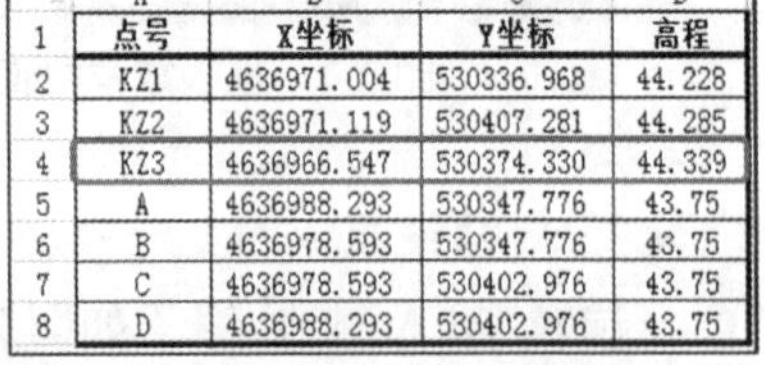

	A	B	C	D
1	点号	X坐标	Y坐标	高程
2	KZ1	4636971.004	530336.968	44.228
3	KZ2	4636971.119	530407.281	44.285
4	KZ3	4636966.547	530374.330	44.339
5	A	4636988.293	530347.776	43.75
6	B	4636978.593	530347.776	43.75
7	C	4636978.593	530402.976	43.75
8	D	4636988.293	530402.976	43.75

图 2-17　定向检查点已知坐标

定向检查是放样之前重要的工作，特别是对于初学者。在定向工作完成之后，找到第三个控制点并竖立棱镜，将测出来的坐标和已知坐标进行比较，通常 X、Y 坐标差都应该在 1cm 之内。RTK 加密的控制点应更加注意检查后视点坐标。通常要求每一测站开始观测和结束观测时都应做定向检查，确保数据无误。

6. 点位放样

定向检查结束之后，就可进行施工放样。

(1)选择“输入放样点”，如图 2-18 所示；输入或调取待放样点点号，如图 2-19 所示；输入或调取待放样点坐标，如图 2-20 所示。仪器会自动计算出放样角度 HR(待放样点方向和定向方向的夹角)和放样距离 HD(测站点到放样点的距离)，并显示出来，如图 2-21 所示；此时按确认键确认。

当放样点数量较多时通常预先上传坐标数据文件。

放样　1/2
F1: 输入测站点
F2: 输入后视点
F3: 输入放样点　P↓

图 2-18　选择“输入放样点”

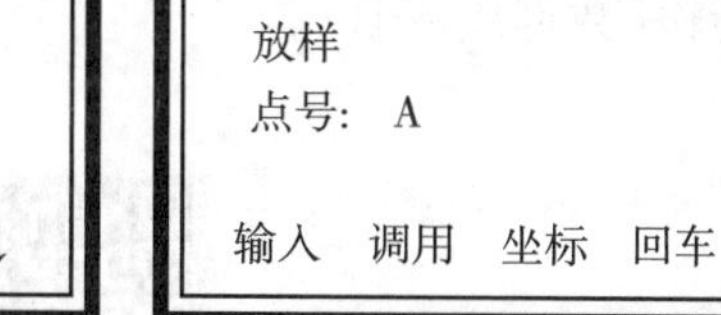

放样
点号：A
输入　调用　坐标　回车

图 2-19　输入或调取待放样点点号

N：4646988.293　m
E：530347.776　m
Z：43.750　m
模式　角度　…　继续

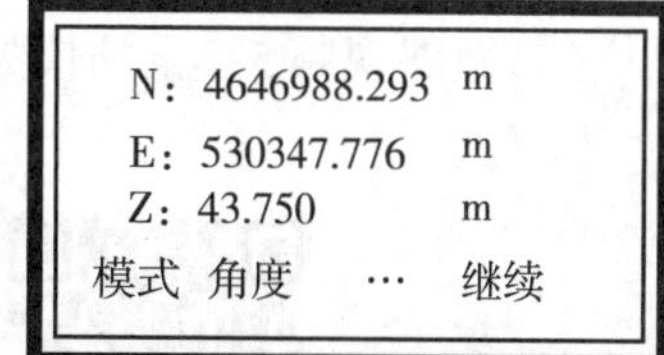

图 2-20　输入或调取待放样点坐标

(2)按“角度”对应的键，开始放样角度。屏幕显示仪器当前照准方向和正确方向之间的夹角 dHR，如图 2-22 所示，此时旋转照准部使得 dHR 为零(当差值很小时，制动照准部，用水平微动螺旋缓慢调节)，然后锁定水平制动，则正确方向已经找到，如图 2-23 所示。

计算
HR：32°00′40″
HD：20.389　m
角度　距离　…　…

图 2-21　显示放样角度和距离

点号：A
HR：　89°56′46″
dHR：57°56′06″
距离　…　坐标　…

图 2-22　显示需要旋转的角度

点号：A
HR：　32°00′40″
dHR：　0°00′00″
距离　…　坐标　…

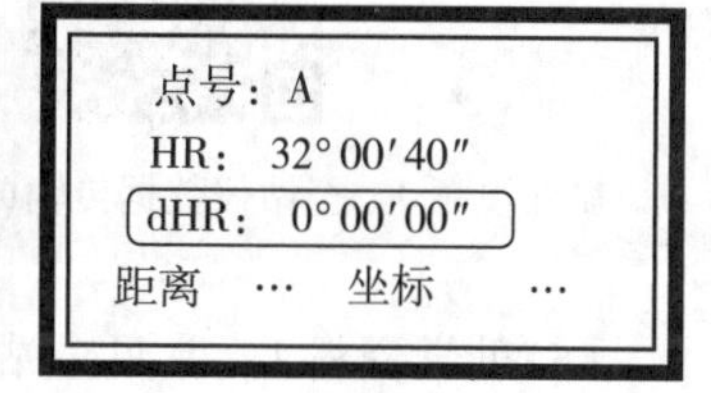

图 2-23　目标正确方向已找到

(3)按“角度”对应的键，开始在正确方向线上放样距离。在此方向线上指挥司镜员移动，并测距离，仪器会显示当前距离和正确距离的差值 dHD，如图 2-24 所示；当 dHD 为零时，放样目标点即找到，如图 2-25 所示。通常情况下，当 dHD 显示为 1m 以内的数后，用小钢尺配合棱镜找到点位，并钉木桩，然后精确投测小钉，如图 2-26 所示。

HD*　21.234m
dHD：　-0.845m
dZ：　+0.134m
模式　角度　坐标　继续

图 2-24　显示需要调整的距离

HD*　20.379m
dHD：　0.010m
dZ：　-0.010m
模式　角度　坐标　继续

图 2-25 正确的点位已找到

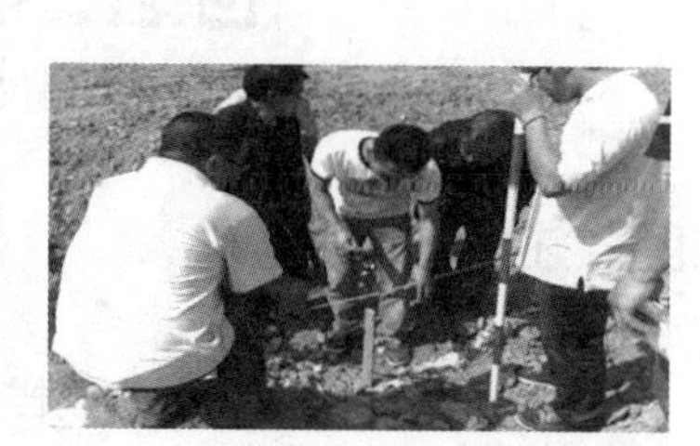

图 2-26　小钢尺配合棱镜精确投点

(4)将棱镜立于桩顶上同时测距，仪器会显示出棱镜当前高度和目标高度的高差，将该高差用记号笔标注于木桩侧面，即为该点填挖高度。

值得注意的是，后视定向和点位放样应该在同一个盘位进行，通常都用盘左。如果出现定向用盘左、观测用盘右的情况，则数据会产生旋转。这种错误在观测中更换观测员的情况下、或使用左手习惯的人中容易发生。

三、拓展学习

(1)微课视频2：全站仪坐标法点位放样。
(2)微课视频3：全站仪数据传输(USB线传输)。
(3)微课视频4：全站仪数据传输(内存卡传输)。
(4)微课视频5：全站仪数据传输(数据线传输)。

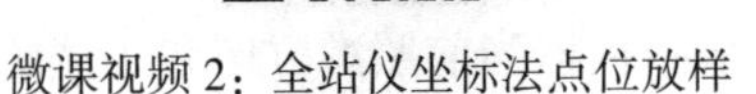

微课视频2：全站仪坐标法点位放样

微课视频3：全站仪数据传输(USB线传输)

微课视频4：全站仪数据传输(内存卡传输)

微课视频5：全站仪数据传输(数据线传输)

(5)助学资料1：常见全站仪使用说明书。
(6)助学资料2：完成如下电子地图上1#建筑物四个主轴线交点坐标的提取。

助学资料1：常见全站仪使用说明书

助学资料2：主轴线交点坐标的提取

四、注意事项

(1)全站仪坐标法点位放样时，只要控制点和放样点坐标系统相同就可以完成放样。
(2)全站仪坐标法点位放样时，每个点是独立进行的，这些待放样点之间并不存在误差累积，但是测站设置的精度影响到所有点的位置精度，通常要求仔细谨慎地完成后视定向和定向检查工作，并且每测站工作结束之后也要进行定向检查。

任务 2.4　GNSS-RTK 坐标法点位放样

GNSS-RTK 坐标法点位放样是指在在实地具有已知控制点的情况下，使用 GNSS-RTK 的坐标放样功能实地放样待定点(只需有与测站点同一坐标系的坐标即可)的位置的方法。

首先在具有正确坐标系的图纸上提取待放样点的坐标数据文件并导入 GNSS-RTK 手簿，然后实地完成 GNSS-RTK 的设置，再完成参数结算和点位校正，最后在手簿软件中依次调取放样点点号并完成放样。

GNSS-RTK 坐标法点位放样的基本条件和应用情况如下：

(1)已知条件：GNSS-RTK 放样时，需要至少两个已知点以便完成参数结算。

(2)放样数据：GNSS-RTK 放样时，需要在电子版图纸上提取待放样点的坐标，并将坐标数据文件提前导入 GNSS-RTK 手簿；如果放样点位数量很少，则可以现场输入而不必提前导入手簿。最新的 GNSS-RTK 手簿软件具备直接导入图纸进行 CAD 放样的功能，此时则不必提取坐标数据文件。

一、任务目标

使用 GNSS-RTK 放样图 2-1 中的建筑物轴线位置。GNSS-RTK 放样时仅仅需要知道测站点、后视定向点、待放样点的坐标即可，不需要反算方位角和边长，在设置好仪器，完成点校正和检查之后即可使用点放样功能或线放样功能完成点位放样。

二、操作步骤

GNSS-RTK 仪器设置及点位放样过程如下(以南方 S86T 为例)：

(一)启动基准站、流动站和手簿

将基准站架设在上空开阔、没有强电磁干扰、多路径误差影响小的控制点上，启动基准站、流动站及手簿，分别确认基准站和流动站处于正确的工作模式。如图 2-27、图 2-28 所示。

图 2-27　基准站

图 2-28　流动站

(二)手簿的蓝牙连接

(1)以S730手簿为例，点选"开始"→"设置"→"控制面板"，如图2-29所示，进入控制面板，双击"Bluetooth设备属性"，如图2-30所示。

图2-29　开始菜单

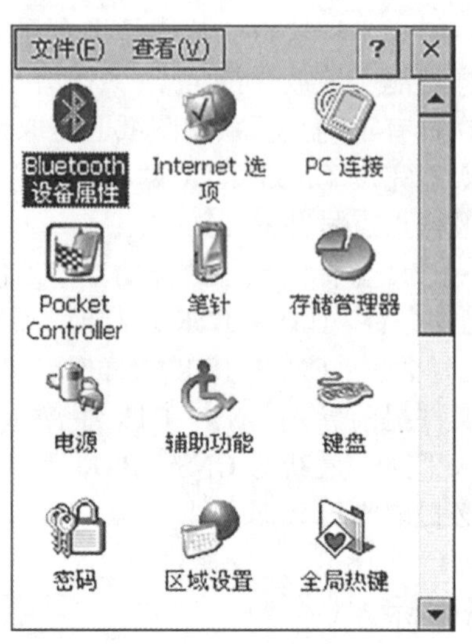

图2-30　文件菜单界面

(2)在蓝牙设备管理器中选择 设置 ，如图2-21所示，选择"启用蓝牙"，如图2-32所示。

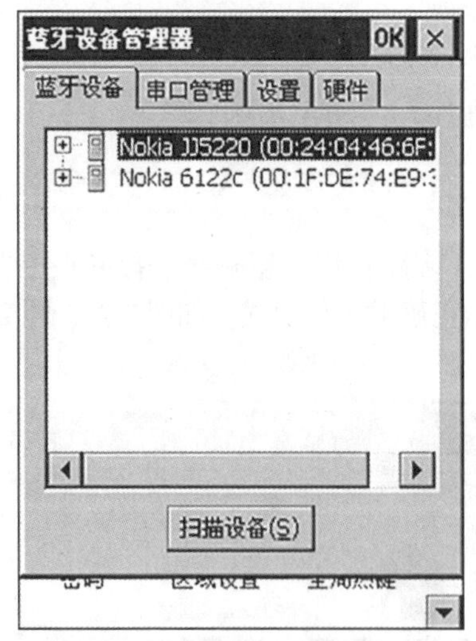

图2-31　蓝牙设备管理器

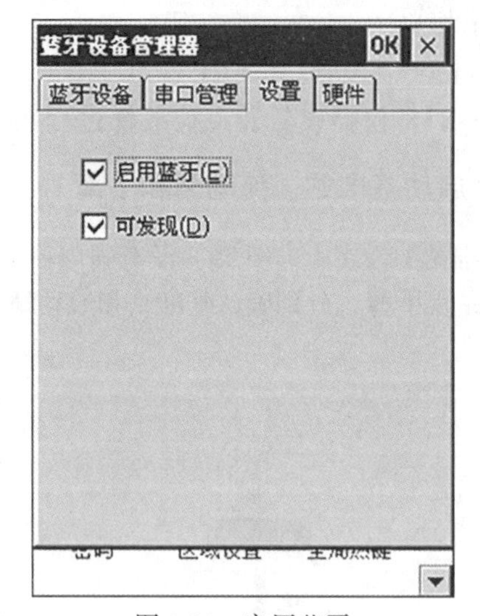

图2-32　启用蓝牙

(3)在蓝牙设备管理器界面选择 蓝牙设备 ，打开GNSS主机，点击 扫描设备(S) 后手簿会进行蓝牙搜索，几秒钟(附近蓝牙设备多的话时间会长一点)后会出现搜索结果。如图2-33

所示。

(4)根据自己主机的编号点击相应选项前面的⊞，例如点击“H1090830953”数据项前面的⊞，会出现几个子菜单选项，点击“串口服务”，进入“连接蓝牙串口服务”界面，如图 2-34 所示。

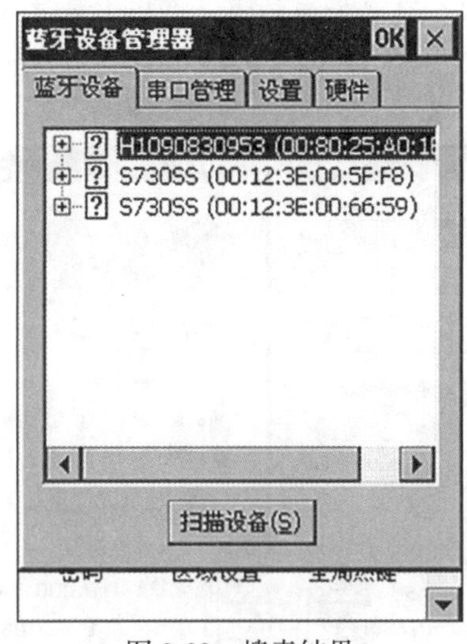

图 2-33　搜索结果

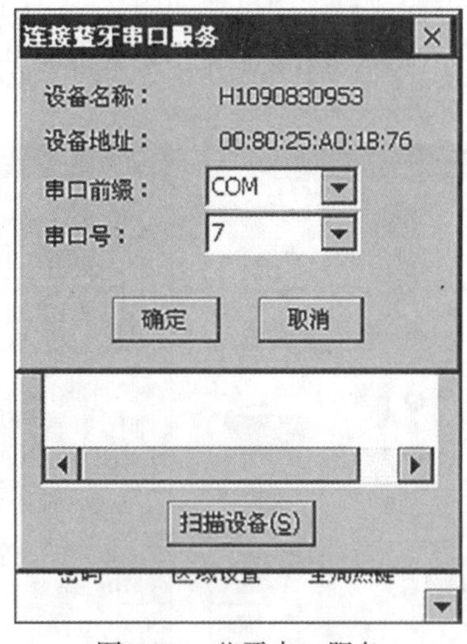

图 2-34　蓝牙串口服务

(5)进入串口服务界面，有两个选择项：串口前缀(选 com 口)和串口号。在串口号后面的选项框中选择端口，点击“确定”，进入串口管理界面，可以看到蓝牙的配置情况(此处可以删除蓝牙的连接，如果连接的选项太多，会占用很多的串口，可以在此处删除)，蓝牙配置完成。如图 2-35、图 2-36 所示。

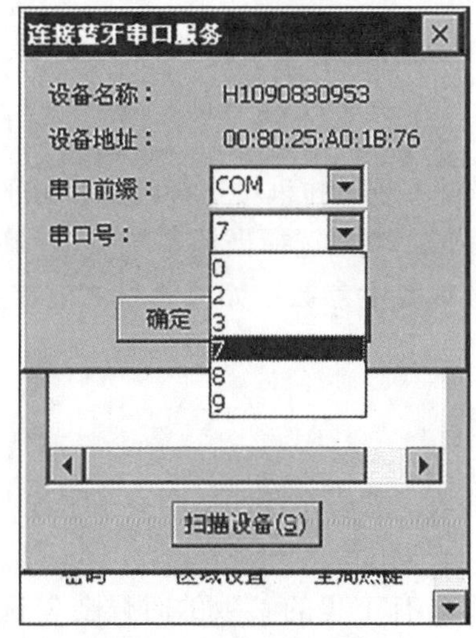

图 2-35　选择串口号

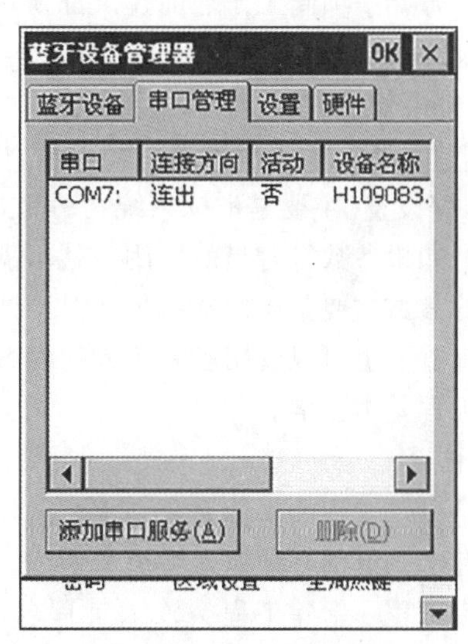

图 2-36　蓝牙设置完毕

(三)启动工程之星软件

(1)打开工程之星(若桌面无快捷图标，打开我的设备→EGStar)，如图2-37所示。

(2)点击“配置”→“端口配置”，在“端口配置”对话框中，端口选择COM7(输入的端口即图2-38中选择的端口)，点击“确定”。如果连接成功，状态栏中将显示相关数据。

(3)连接完成后，当出现如图2-39所示情况，状态栏有数据，时间开始走动，说明蓝牙已经连通，此时GNSS主机上的蓝牙灯也会变亮。

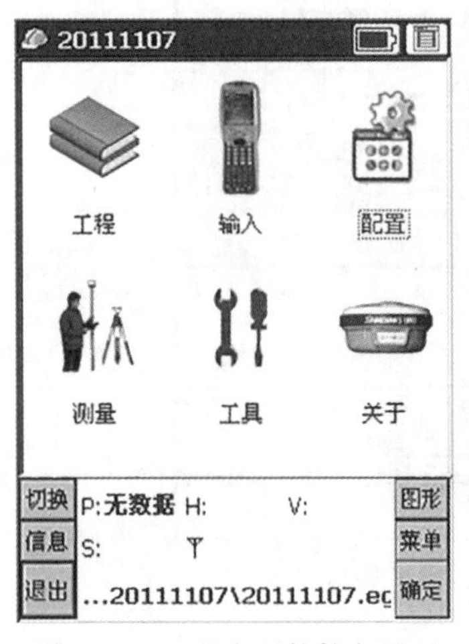

图2-37　工程之星软件主界面

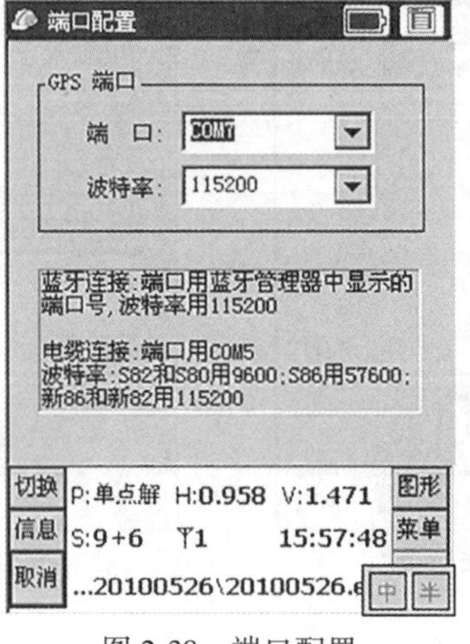

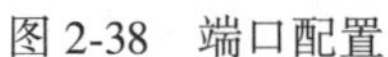

图2-38　端口配置

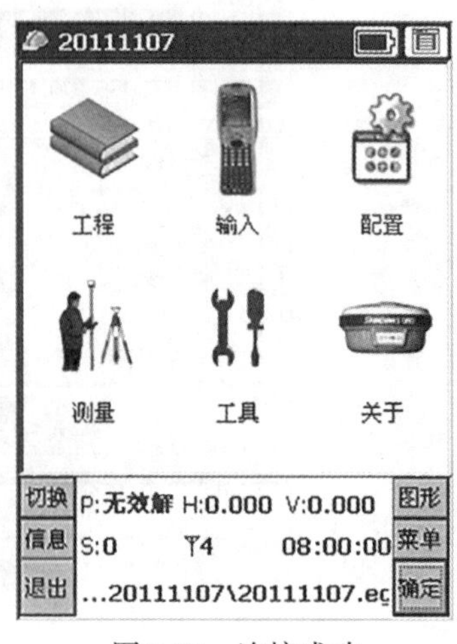

图2-39　连接成功

(四)新建工程

野外工作的第一步一般都是要新建工程，打开工程之星3.0时，软件会默认打开上一次的工程，开始一项新工作之前建议都新建一个工程，新建工程中最主要的工作就是坐标系参数的设置。

1. 基本操作步骤

(1)新建工程，输入工程名。

(2)工程设置(主要是坐标系统)，可以在坐标系统下拉框中选择已编辑好的坐标系统进行浏览，如果参数符合当前所用，就不需要编辑，直接选择坐标系统点击“确定”即可，这里所谓的参数主要是指椭球参数，对于四参数或是七参数，如果测量之前重新求的话，就不需要查看。也可以套用已有工程的参数。

新建工程基本完毕。

2. 坐标系

此处是设置工程的坐标系统，主要是投影参数，需要注意的是中央子午线，每个工程不管有没有已知点都必须输入中央子午线。

操作：工程→新建工程→输入工程名(套用已有工程的参数的时候要勾选上套用模式，然后选择套用工程)→选取坐标系统编辑→增加\编辑(如果是已经新建好了工程，需要对坐标系进行更改，操作：配置→坐标系统设置)，如图2-40所示。

单击“新建工程”，出现新建工程的界面，如图 2-41 所示。

首先在工程名称里面输入所要建立工程的名称，如图 2-41 所示。新建工程将保存在默认的工程路径“\EGJobs\”里面，如果需要套用已有工程的参数，把“套用模式”勾选上，然后点击“选择套用工程”，选择要套用的参数，然后单击“确定”，进入工程设置界面。

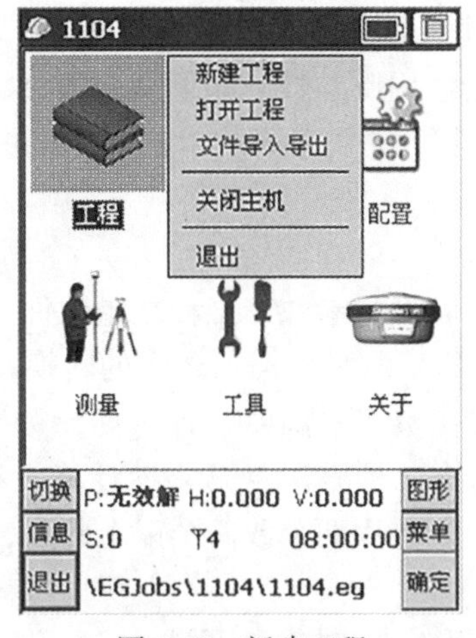

图 2-40　新建工程

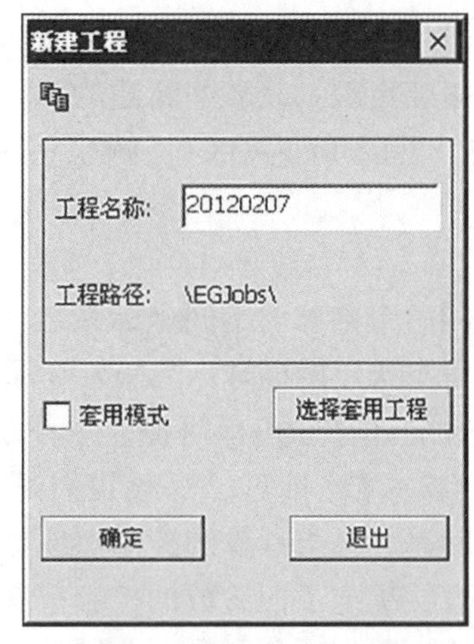

图 2-41　输入工程名

工程设置界面顶部有五个菜单：坐标系、天线高、存储、显示和其他。点击“坐标系”，如图 2-42 所示。

坐标系下有下拉选项框，可以在选项框中选择合适的坐标系统，也可以点击下边的“浏览”按钮，查看所选的坐标系统的各种参数。如果没有合适所建工程的坐标系统，可以新建或编辑坐标系统，单击“编辑”按钮，出现如图 2-43 所示界面。

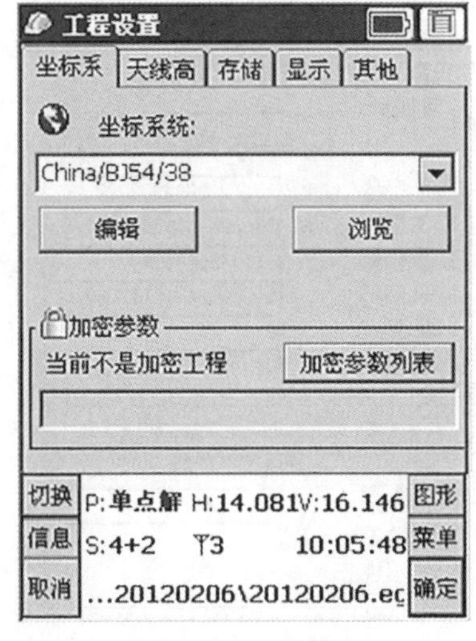

图 2-42　工程设置

图 2-43　坐标系统编辑界面

3. 投影参数

投影界面下面一般需要输入的有：椭球名称、投影方式、中央子午线，对于高程比较大的地方例如我国的西部地区，通常会有投影影响，一般都会有投影高。输入参考系统名，在椭球名称后面的下拉选项框中选择工程所用的椭球系统，输入中央子午线等投影参数。这里的投影参数一般都是已知量。如图2-44所示。

顶部的选择菜单(投影、水平、高程、七参、垂直)是所建工程的参数输入，如果有这些数据的话可以在此处输入。选择并输入所建工程的其他参数，点击“使用＊＊参数”前方框，方框里会出现✓，表明新建的工程中会使用此参数。如果没有四参数、七参数和高程拟合参数，可以单击“OK”，则坐标系统已经建立完毕。单击“OK”进入坐标系统界面。

1)四参数

四参数是同一个椭球内不同坐标系之间进行转换的参数。工程之星软件中的四参数指的是在投影设置下选定的椭球内GNSS坐标系和施工测量坐标系之间的转换参数。工程之星提供的四参数的计算方式有两种，一种是用“工具/坐标转换/计算四参数”来计算，另一种是用“求转换参数”计算。一般我们都是用第二种方法，第一种计算没有高程参与。需要特别注意的是，参与计算的控制点原则上至少要用两个或两个以上的点，控制点等级的高低和分布直接决定了四参数的控制范围。

四参数的四个基本项分别是：北平移、东平移、旋转角和比例。

2)校正参数

校正参数是工程之星软件很特别的一个设计，它是结合国内的具体测量工作而设计的。校正参数实际上就是只用同一个公共控制点来计算两套坐标系的差异。根据坐标转换的理论，一个公共控制点计算两个坐标系误差是比较大的，除非两套坐标系之间不存在旋转。因此，校正参数通常都是在已经使用了四参数或者七参数的基础上才使用的。如图2-45所示。

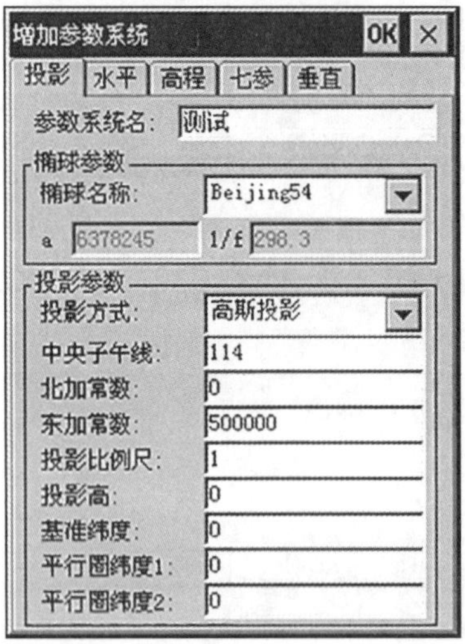

增加参数系统 OK ×
投影 水平 高程 七参 垂直
参数系统名: 测试
椭球参数
椭球名称: Beijing54
a 6378245 1/f 298.3
投影参数
投影方式: 高斯投影
中央子午线: 114
北加常数: 0
东加常数: 500000
投影比例尺: 1
投影高: 0
基准纬度: 0
平行圈纬度1: 0
平行圈纬度2: 0

图2-44　坐标系统编辑

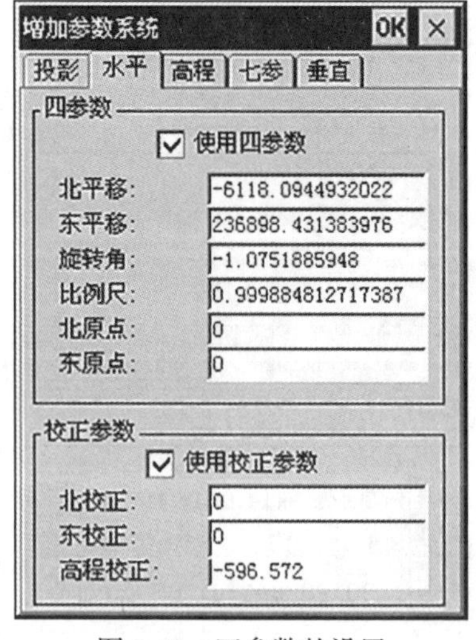

图2-45　四参数的设置

3）高程拟合参数

GNSS 的高程系统为大地高（椭球高），而测量中常用的高程为正常高。所以 GNSS 测得的高程需要改正才能使用，高程拟合参数就是完成这种拟合的参数。计算高程拟合参数时，参与计算的公共控制点数目不同时，计算拟合所采用的模型也不一样，达到的效果自然也不一样。高程拟合参数共有 8 个参数。如图 2-46 所示。

4）七参数

七参数是分别位于两个椭球内的两个坐标系之间的转换参数。工程之星软件中的七参数指的是 GNSS 测量坐标系和施工测量坐标系之间的转换参数。工程之星提供了一种七参数的计算方式，在“工具/坐标转换/计算七参数”中进行了具体的说明。七参数计算时至少需要三个公共的控制点，且七参数和四参数不能同时使用。七参数的控制范围可以达到 10km 左右。

七参数的基本项包括：三个平移参数、三个旋转参数和一个比例尺因子，需要三个已知点和其对应的大地坐标才能计算出。如图 2-47 所示。

4. 天线高

输入移动站的天线高，并勾选“直接显示实际高程”，这样在测量屏幕上显示的便是测量点的实际高程，如果不勾选的话，屏幕上显示的是天线相位中心即天线头的高程，这样就加入了对中杆的高了。在此设置了天线高以后，在进行测点存储时，当天线高不变的情况下不需要另外输入天线高。如图 2-48 所示。

天线高的量取方式有三种：直高、斜高和杆高。

直高：地面到主机底部的垂直高度+天线相位中心到主机底部的高度。

斜高：橡胶圈中部到地面点的高度。

杆高：主机下面的对中杆的高度。

我们一般选用的是“杆高”。

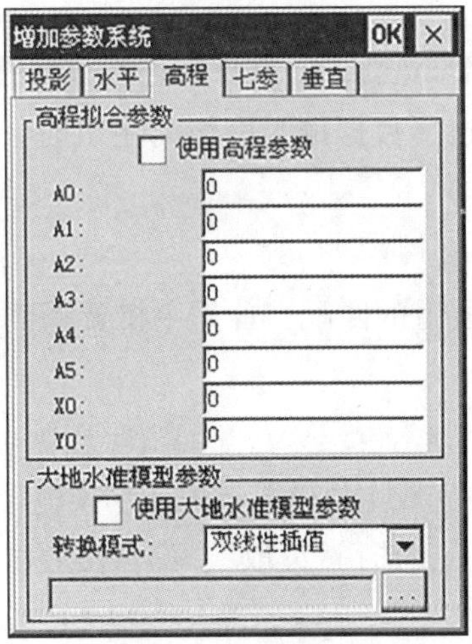

图 2-46　高程拟合参数

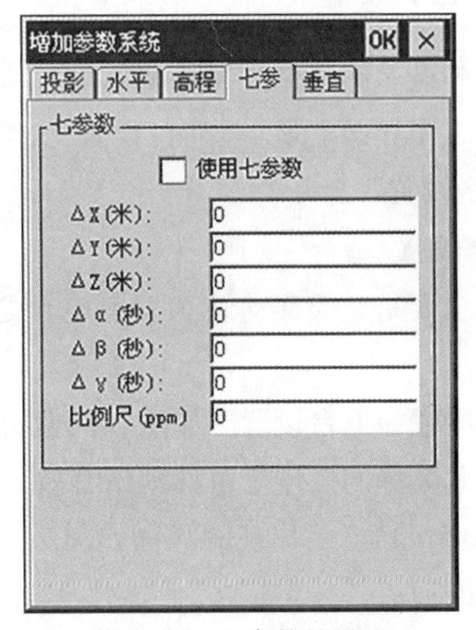

图 2-47　七参数的设置

(五)打开工程

蓝牙连接后需新建工程或打开一个先前的工程，软件默认的工程是上一次使用时的工程，新建工程已在前面讲完。

操作：工程→打开工程。

打开一个已经存在的工程，例如要打开工程 20100526，点击 EGJobs→20100526→20100526. eg，20100526. eg 是一个系统参数设置文件，每打开工程时都必须选择“工程名. eg”才可，如图 2-49 所示。

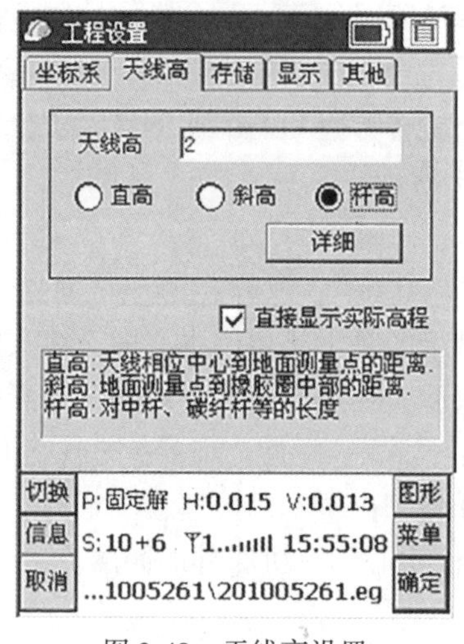

图 2-48　天线高设置

图 2-49　打开工程

(六)数据链设置

移动站和基站的数据传输是通过电台或网络来进行的，软件在连接数据链为电台的主机时，工程之星界面上显示“电台设置”，软件连接数据链为网络的主机时，工程之星界面显示“网络设置”。

1. 电台设置

此操作主要是完成移动站和发射电台之间通道的匹配。首先主机要调到移动站电台模式。

操作：配置→电台设置，如图 2-50 所示。

说明：此菜单的操作仅对移动站有效，主要完成主机电台读取或切换电台的通道。

选择“电台设置”后出现的界面如图 2-51 所示，选择“读取”，即从接收机中读取当前接收机电台的通道。

从切换通道号的下拉框中选取要切换的通道后点击“切换”，几秒钟后，当“当前通道号”出现要切换的通道号时，表示切换成功，否则出现“连接超时”提示。出现“连接超时”提示时再重复以上操作即可。这里切换的通道号即是大电台上面显示的通道号。

设好电台通道后，在主界面中的指示信号强弱的天线前方将出现通道号。

注：通道号的范围为 1~8，如果在一个地区的基准站数量比较多，经常收到其他基准站的数据，就需要使用软件对通道进行频点的设定，才能保证各基准站能正常工作。

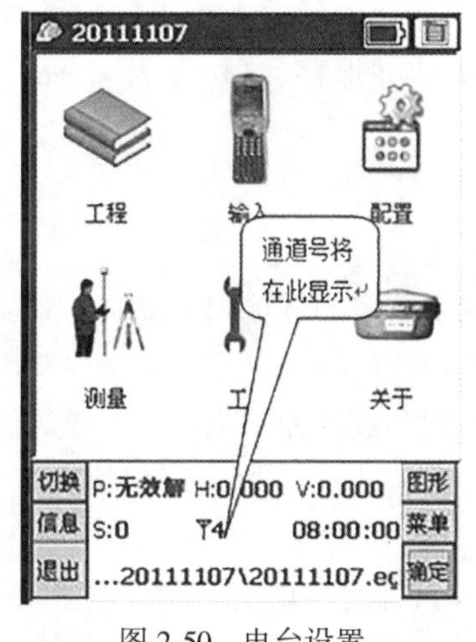

图 2-50　电台设置

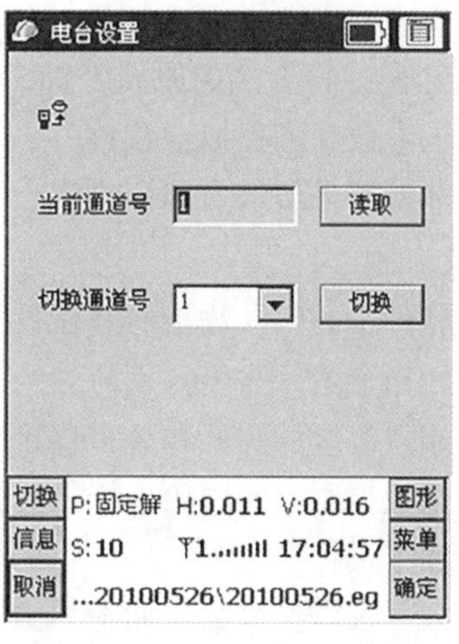

图 2-51　读取切换电台通道

2. 网络设置

随着 CORS 技术的普及，网络已普遍应用到 RTK 上了，这给野外测量带来了很大的方便，网络的使用是通过移动、联通或是电信的网络来传输数据的，需要手机卡的上网支持。网络连接方法请参考相关资料。

(七)参数求取

GNSS 接收机输出的原始数据是 WGS-84 坐标，我们一般在实际中用的是在施工坐标系下的投影坐标，因此我们需要把 GNSS 输出的原始数据转化到施工坐标系上，这里的求参数主要是计算四参数或七参数和高程拟合参数，在有工作区域的四参数或是七参数的情况下，只需要通过求取校正参数就可以来实现转换了。

对于参数的使用，四参数和七参数不能同时用，只能用一个，校正参数一般都是配合四参数或是七参数一起使用的。在第一次求取四参数或七参数之后，如果基站没有关过机可以直接工作，如果基站关过机，就必须求取校正参数，然后校正参数配合四参数或是七参数一起使用。

在进行四参数的计算时，至少需要两个控制点的两套坐标系坐标参与计算才能最低限度地满足控制要求。高程拟合时，使用 3 个点的高程进行计算时，高程拟合参数类型为加权平均；使用 4~6 个点的高程时，高程拟合参数类型为平面拟合；使用 7 个以上点的高程时，高程拟合参数类型为曲面拟合。控制点的选用和平面、高程拟合都有着密切而直接的关系，这些内容涉及大量的布设经典测量控制网的知识，在这里不多做介绍。

求转换参数的做法是：假设我们利用 A、B 这两个已知点来求转换参数，那么首先要有 A、B 两点的 GNSS 原始记录坐标和测量施工坐标。A、B 两点的 GNSS 原始记录坐标的获取有两种方式：一种是布设静态控制网，采用静态控制网布设时后处理软件的 GNSS 原始记录坐标；另一种是 GNSS 移动站在固定解状态下记录的 GNSS 原始坐标。其次在操作时，先在坐标库中输入 A 点的已知坐标，之后软件会提示输入 A 点的原始坐标，然后再输入 B 点的已知坐标和 B 点的原始坐标，录入完毕并保存后(保存为 *.cot 文件)自动计算出四参数或七参数和高程拟合参数。

下面以具体例子来演示求转换参数。

1. 四参数

工程之星软件中的四参数指的是在投影设置下选定的椭球内 GNSS 坐标系和施工测量坐标系之间的转换参数。需要特别注意的是参与计算的控制点原则上至少要用两个或两个以上的点，控制点等级的高低和分布直接决定了四参数的控制范围。一般的做法是在求取四参数之前先采取控制点的原始坐标，直接在控制点上、主机固定解状态下，对中采点。采完之后进行如下操作。

操作：输入→求转换参数，如图 2-52 所示。打开之后单击“增加”，出现图 2-53 所示界面。软件界面上有具体的操作说明和提示，根据提示输入或点击☰从坐标管理库中导入控制点的已知平面坐标(即施工坐标系下的坐标)。

控制点已知平面坐标输入完毕之后，单击右上角的“OK”或“确定”(点击“×”则退出)进入图 2-54 所示界面。根据提示输入控制点的大地坐标(这里即控制点的原始坐标)。原始坐标有三种输入方法(图 2-54)：

(1)从坐标管理库中调出记录的原始坐标(此原始坐标即是我们在求取四参数之前采取的坐标)。单击“从坐标管理库选点”，出现如图 2-55 所示界面。然后选择需要的坐标点(如果没有显示出来，就需要导入已有的原始坐标，导入操作详见坐标管理库章节)，单击“确定”，出现如图 2-56 所示界面。

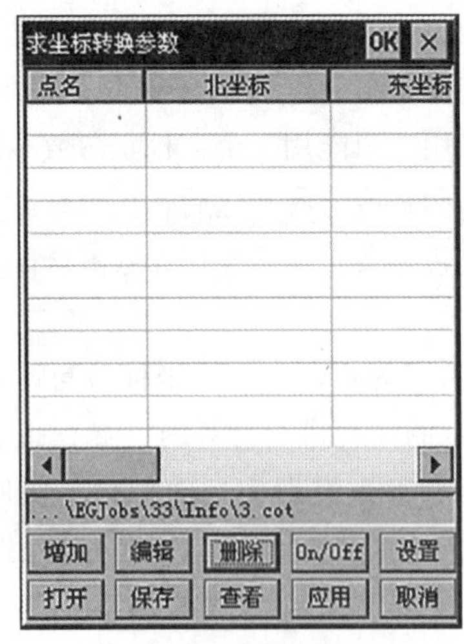

图 2-52　求转换参数

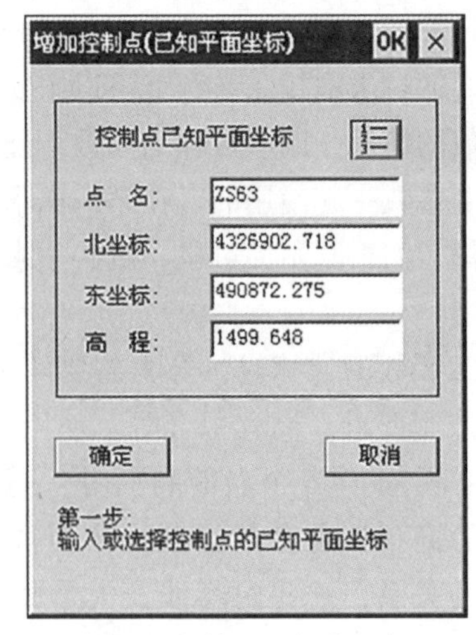

图 2-53　输入已知点坐标

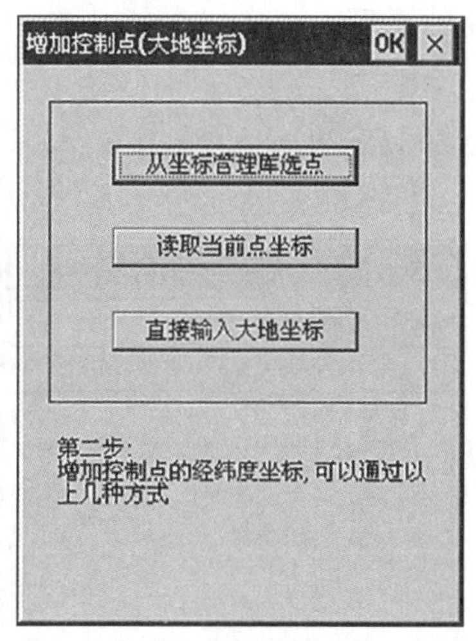

图 2-54　原始坐标的三种输入方法

图 2-55　增加点的原始坐标

(2)读取当前点坐标(即在该点对中整平时记录一个原始坐标，并录入对话框)。由于这种方法不能存储原始坐标，不便于以后的检查，所以不建议采取。

(3)输入大地坐标。直接输入控制点的大地坐标。

第一种输入方法是最简单、清晰的，建议采用这种方法。

查看调入的原始坐标是否正确，确定无误后单击右上角“OK”，出现如图 2-57 所示界面。这时第一个点增加完成，单击“增加”，重复上面的步骤，增加另外的点。

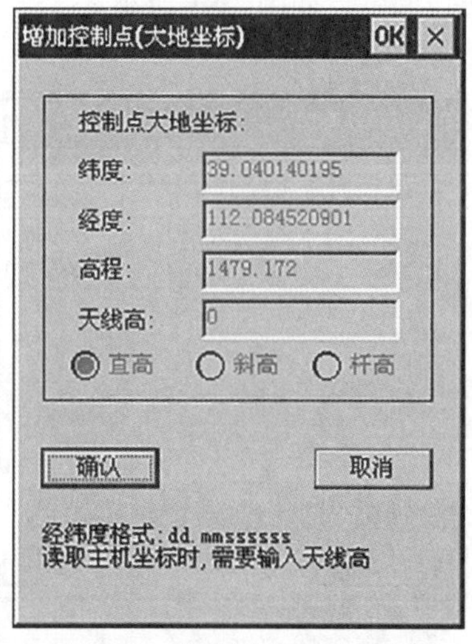

图 2-56　控制点的原始坐标

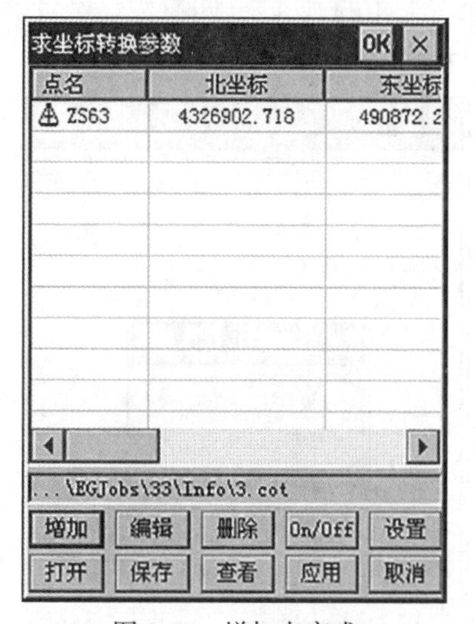

图 2-57　增加点完成

说明：一般平面转化最少需要 2 个点，高程转化最少需要 3 个点。若某水准点没有平面坐标，则先在点采集中采集该点，然后在调入该点地方坐标时，把高程改为已知高程。

文件进行保存前最好检查“水平精度”和“高程精度”是否满足精度要求。

所有的控制点都输入以后，向右拖动滚动条查看水平精度和高程精度，如图 2-58 所示。

查看确定无误后，单击“保存”，出现如图 2-59 所示界面。

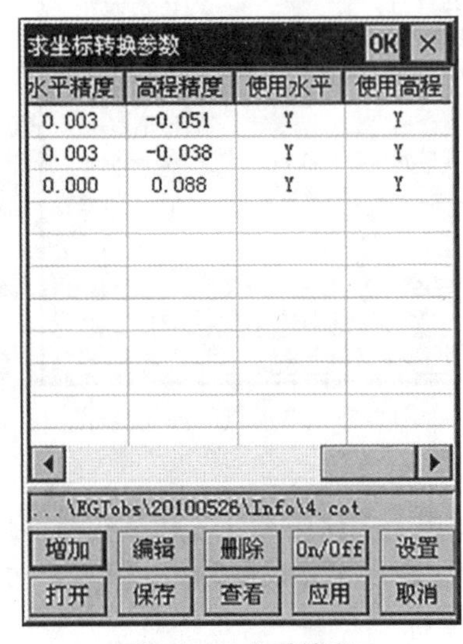

图 2-58　查看精度

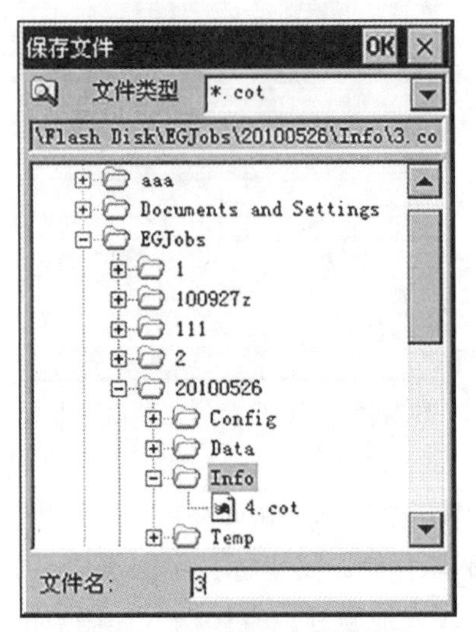

图 2-59　保存控制点参数文件

在这里选择参数文件的保存路径并输入文件名，建议将参数文件保存在当天工程下文件名 Info 文件夹里面。完成之后单击“确定”出现如图 2-60 所示界面。然后单击“保存成功”小界面右上角的“OK”，四参数已经计算并保存完毕，如图 2-61 所示。

图 2-60　保存成功

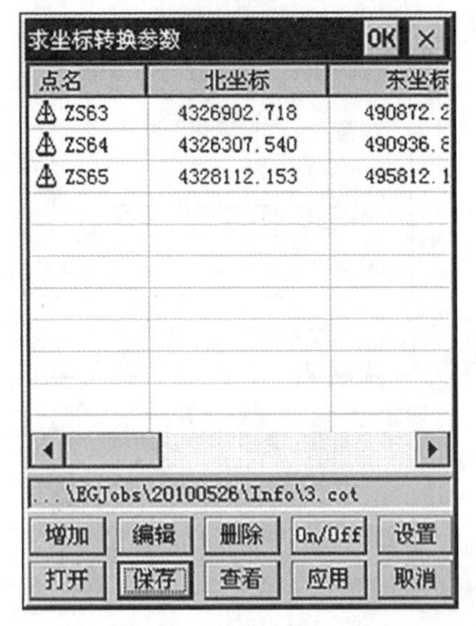

图 2-61　坐标录入完成

此时单击右下角的“应用”出现图 2-62 所示界面，点击“是”即可。这里如果不点击应用而点击右上角的“×”，表示计算了四参数，但是在工程中不使用四参数。点击下面的查看查看所求的四参数，在初始界面下可以点击右上角的查看四参数，如图 2-63 所示。水平参数查看如图 2-64 所示。

图 2-62　参数赋值

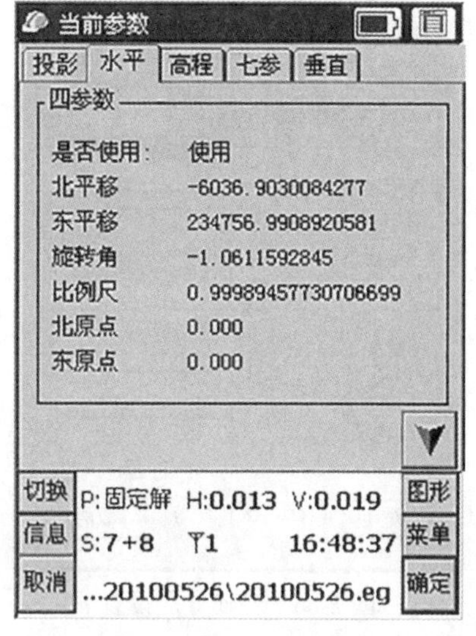

图 2-63　查看四参数

如果某一个点平面或是高程不确定不能参与计算，选中该点点击On/Off按钮，如图 2-65 所示。只勾选“使用平面”或是“使用高程”就可以了。在计算过程中，如果坐标输错，可以选中该坐标项之后点击“编辑”或是“删除”，以对此进行修改。

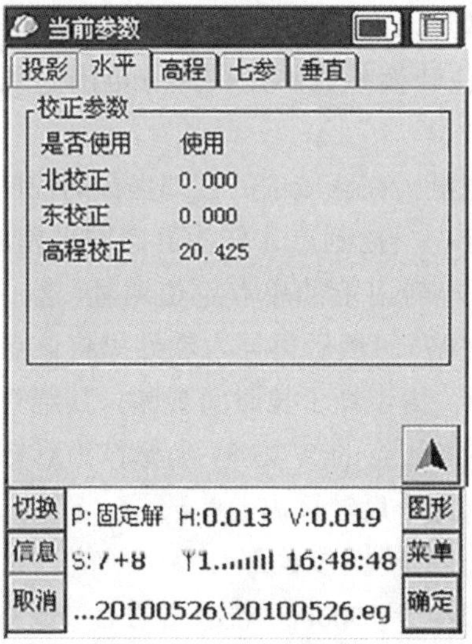

图 2-64　水平参数查看

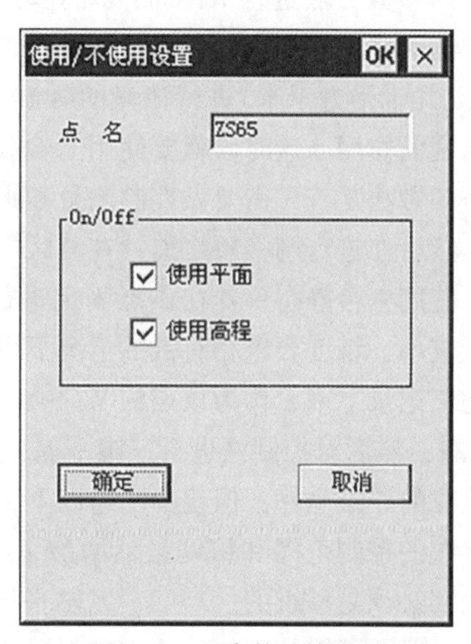

图 2-65　四参数计算设置

2. 七参数

计算七参数的操作和计算四参数的操作基本相同，如图2-66、图2-67所示，相关操作参见上一节。

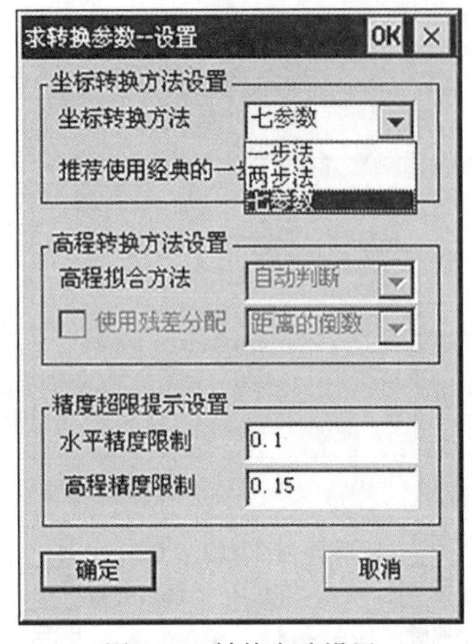

图2-66　转换方法设置

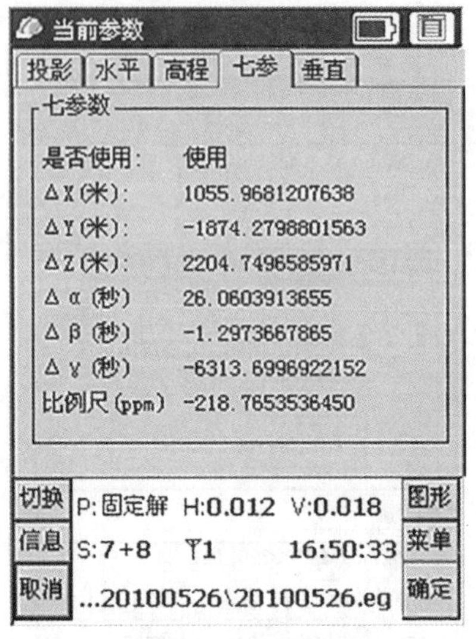

图2-67　七参数查看

计算时用户需要知道至少三个已知点的地方坐标和WGS-84坐标。

注意：三个点组成的区域最好能覆盖整个测区，这样效果较好。

七参数的格式是：X平移，Y平移，Z平移，X轴旋转，Y轴旋转，Z轴旋转，缩放比例(尺度比)。

使用四参数方法进行RTK的测量可在小范围内使测量点的平面坐标及高程的精度与已知的控制网之间配合很好，只要采集两点或两点以上的地方坐标点就可以了，但是在大范围(比如几十平方千米)进行测量的时候，往往转换参数不能在部分范围起到提高平面和高程精度的作用，这时候就要使用七参数方法。

严格的做法是首先需要做控制测量和水准测量，在区域中的已知坐标的控制点上做静态控制，然后在进行网平差之前，在测区中选定一个控制点A作为静态网平差的WGS-84参考站。使用一台静态仪器在该点固定进行24小时以上的单点定位测量(这一步在测区范围相对较小、精度要求相对低的情况下可以省略)，然后再导入软件里将该点单点定位坐标平均值记录下来，作为该点的WGS-84坐标，由于做了长时间观测，其绝对精度应该在2m左右，然后对控制网进行三维平差，需要将A点的WGS-84坐标作为已知坐标，算出其他点位的三维坐标，但至少三组以上，输入完毕后计算出七参数。

七参数的控制范围和精度虽然增加了，但七个转换参数都有参考限值，X、Y、Z轴旋转一般都必须是秒级的；X、Y、Z轴平移一般小于1000m。若求出的七参数不在这个限值以内，一般是不能使用的。这一限制还是比较苛刻的，因此在具体使用七参数还是四参数时要根据具体的施工情况而定。

操作：输入→求转换参数。

操作同上一节的四参数求法，先输入至少 3 个已知点的工程坐标和原始坐标，点击“设置”按钮，在坐标转换方法的下拉框中选择“七参数”，点击“确定”或是“OK”，返回到求参界面，点击“保存”“应用”即可，七参数计算完毕。

注：有一个三参数的概念实际上是从七参数延伸出来的，当七参数不考虑各轴旋转和尺度比的时候，就只有平移参数，多数用在范围小、要求不高的地方。

3. 校正参数

校正向导是灵活运用转换参数的一个工具。由于 GNSS 输出的是 WGS-84 坐标，而且 RTK 基准站的输入坐标也只认 WGS-84 坐标，所以大多数 GNSS 在使用转化参数时的普遍方式为：把基准站架设在已知点上，在基准站直接或间接地输入 WGS-84 坐标启动基准站。这种方式的缺点是每次都必须用控制器(手簿)与基准站连接后启动基准站，这种模式在测量外业作业时在操作上会有一定的麻烦。而使用校正向导可以避免用控制器启动基准站，可以选择基准站架设在任意点上自动启动，大大提高了使用的灵活性。

校正向导需要在已经打开转换参数的基础上进行。校正参数一般是用在求完转换参数而基准站进行过开关机操作，或是有工作区域的转换参数，可以直接输入的时候，校正向导有两种途径：基准站架在已知点上和架在未知点上。

1)第一种：基准站架在已知点上

当移动站收到基准站架设在已知点自动发射的差分信号后软件进行以下操作，步骤依次为：

(1)在参数浏览里先检查所要使用的转换参数(四参数或是七参数等)是否正确，当状态栏出现固定解后，进入“校正向导”，如图 2-68 所示。

(2)选择“基准站架设在已知点”，点击“下一步”，如图 2-69 所示。

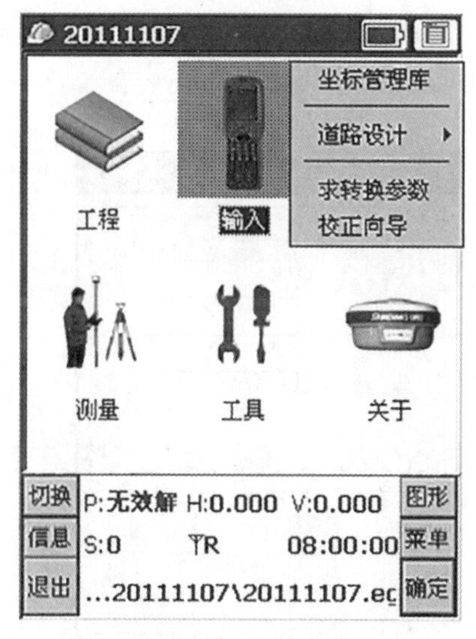

图 2-68　校正向导

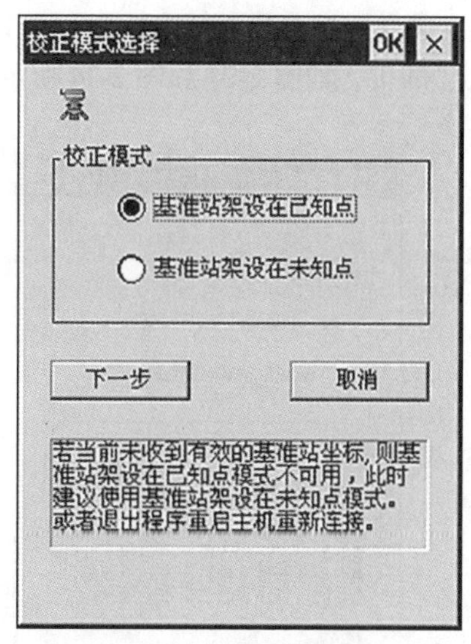

图 2-69　选择校正模式

(3)输入基准站架设点的已知坐标及天线高，选择天线高形式，输入完后即可点击“校正”，如图 2-70 所示。

(4)系统会提示用户是否校正，并且显示相关帮助信息，检查无误后移动站对中整平，然后点击“确定”，校正完毕，如图 2-71 所示。

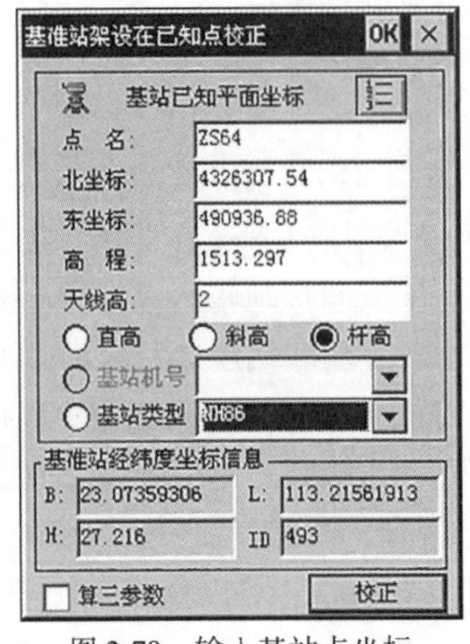

图 2-70　输入基站点坐标

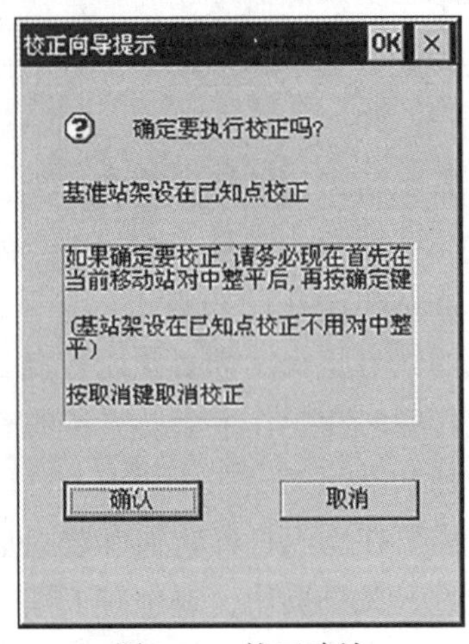

图 2-71　校正确认

2)第二种：基准站架在未知点上

基准站无须架设在已知点上，当移动站在已知点水平对中并达到固定解时，软件进行以下操作，步骤依次为：

(1)在参数浏览里先检查所要使用的转换参数是否正确，然后进入“校正向导”。

(2)在校正模式选择里选择“基准站架设在未知点”，再点击“下一步”，如图 2-72 所示。

(3)系统提示输入当前移动站的已知坐标，再将移动站对中立于已知点 *A* 上，输入 *A* 点的坐标、天线高和天线高的量取方式后点击“校正”，系统会提示是否校正，对中整平点击“确定”即可，如图 2-73 和图 2-74 所示。校正参数如图 2-75 所示。

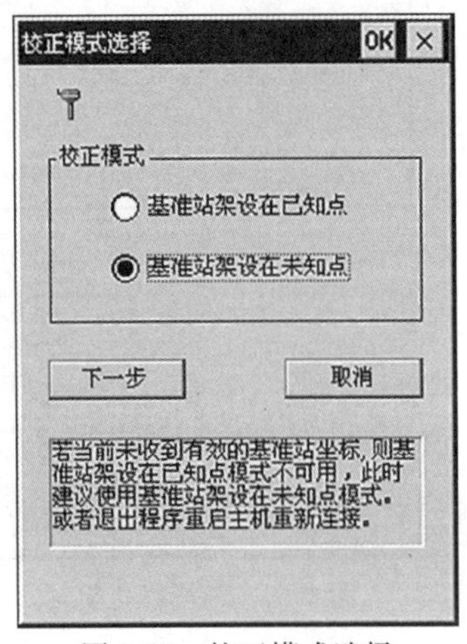

图 2-72　校正模式选择

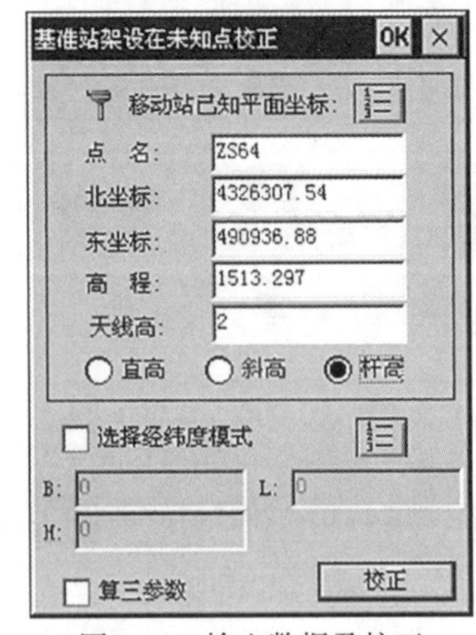

图 2-73　输入数据及校正

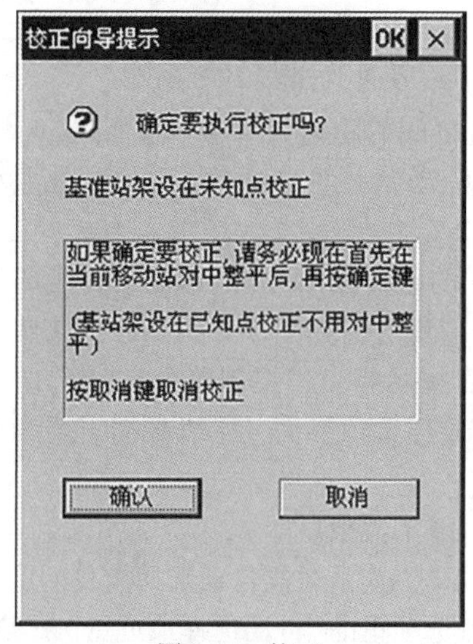

图 2-74　校正

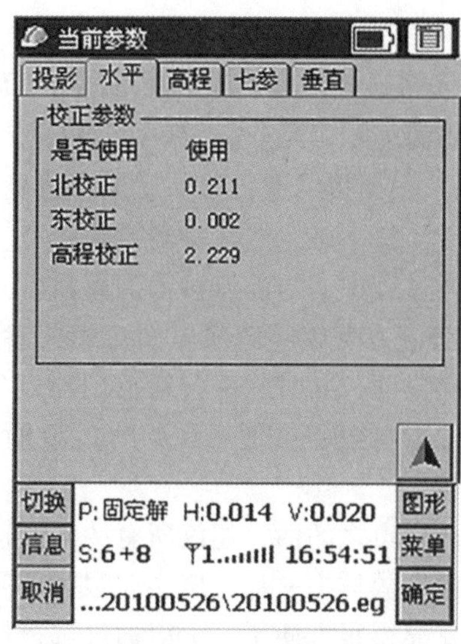

图 2-75　查看校正参数

(八)点放样

点放样一般情况下是需要输入已知点的，所以放样前，要做好相关的准备工作，新建工程，如果放样的点少的话可以通过坐标管理库输入，多的话可以编辑成工程之星识别的格式文件，然后复制导入工程里面。

放样操作：测量→点放样，进入放样屏幕，如图 2-76 所示。

点击文件选择按钮点击“目标”按钮，打开放样点坐标库，如图 2-77 所示。

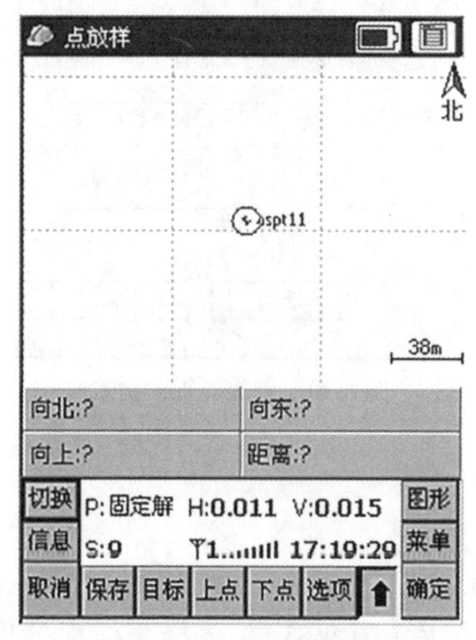

图 2-76　点放样屏幕

图 2-77　选取待放样点

在放样点坐标库中点击“文件”按钮导入需要放样的点坐标文件并选择放样点(如果坐标管理库中没有显示出坐标，点击“过滤”按钮看是否需要的点类型没有勾选上)或点击“增加”直接输入放样点坐标，确定后进入放样指示界面，如图 2-78 所示。

放样界面显示了当前点(⊗)与放样点(⚒)之间的距离为 0. 566m，向北 0. 566m，向东 0. 004m，根据提示进行移动放样。精确移动流动站，使得两个方向的距离差小于放样精度要求时，钉木桩，然后精确投测小钉。

在放样过程中，当前点移动到离目标点 1m 的距离以内时(提示范围的距离可以点击“选项”按钮进入点放样选项里面对相关参数进行设置，如图 2-79 所示)，软件会进入局部精确放样界面，同时软件会给控制器发出声音提示指令，控制器会有“嘟”的一声长鸣音提示，点击“选项“按钮出现如图 2-79 所示点放样选项界面，可以根据需要选择或输入相关的参数。

如果放样点多的话，建议所有放样点选项选择不显示。

有时候在放样中一片区域会有很多点需要放样，这个时候自动选择离我们所处的地方最近的点就显得很方便了，可以通过选择放样点选项里的“自动选择最近点”来实现。

在放样界面(图 2-78)下还可以同时进行测量，按下保存键按钮即可以存储当前点坐标。在点位放样时选择与当前点相连的点放样时，可以不用进入放样点库，点击“上点”或“下点”根据提示选择即可。

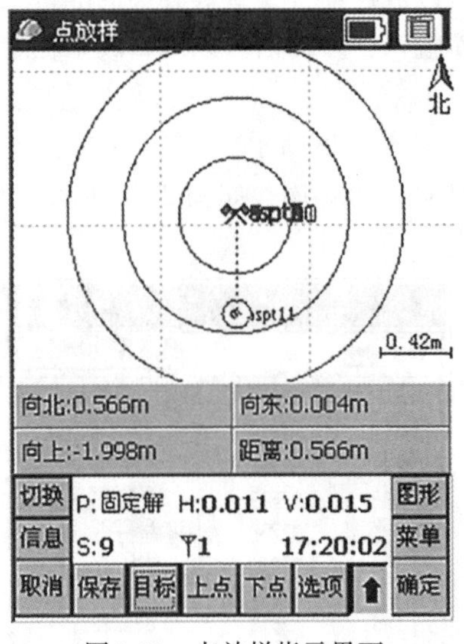

图 2-78　点放样指示界面

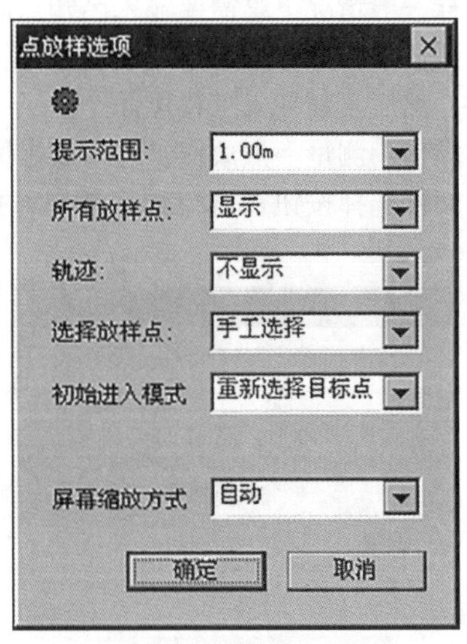

图 2-79　点放样提示设置

(九)直线放样

操作：测量→直线放样。

在图 2-80 中点击“目标”，打开线放样坐标库(图 2-81)，放样坐标库的库文件为 *. lnb，选择要放样的线即可(如果有已经编辑好的放样线文件)。

图 2-80　线放样屏幕

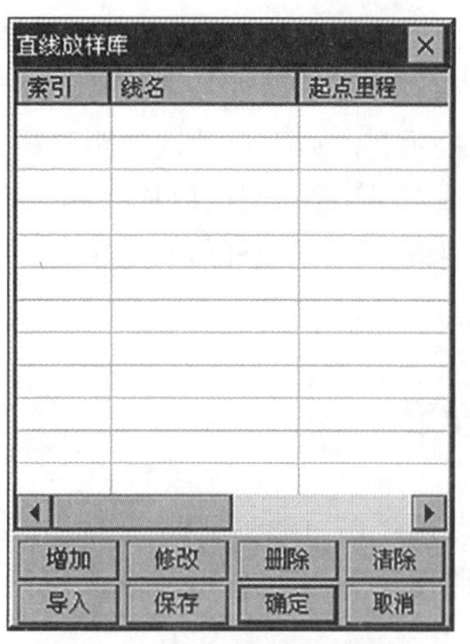

图 2-81　线放样坐标库

如果线放样坐标库中没有线放样文件，点击“增加”，输入线的起点和终点坐标就可以在线放样坐标库中生成线放样文件，如图 2-82 所示。

如果需要里程信息的话，在图 2-82 中可以输入起点里程，这样在放样时，就可以实时显示出当前位置的里程(这里里程的意思是从当前点向直线作垂线，垂足点的里程)。在线放样坐标库中增加线之后选择放样线，确定后出现线放样显示界面，如图 2-83 所示。

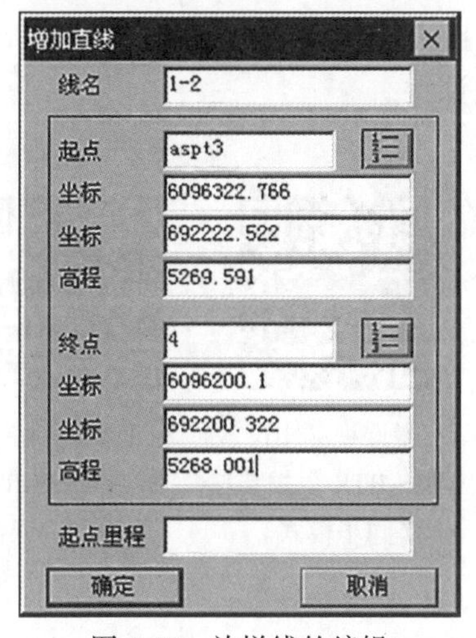

图 2-82　放样线的编辑

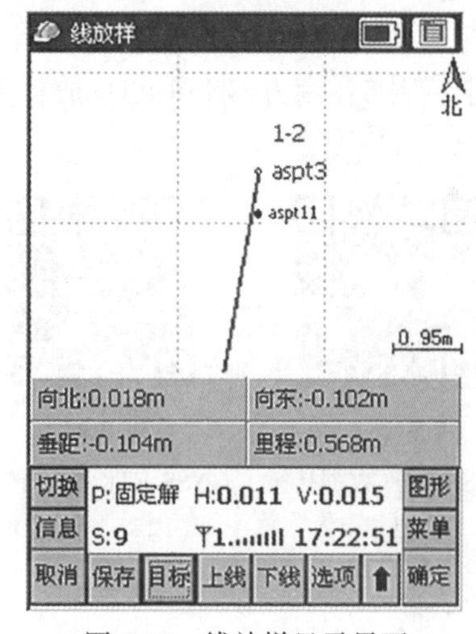

图 2-83　线放样显示界面

在线放样显示界面中，当前点偏离直线的距离、起点距、终点距和当前点的里程等信息(显示内容可以点击显示按钮，会出现很多可以显示的选项，选择需要显示的选项即可)，其中偏离距中的左、右方向依据是当人沿着从起点到终点的方向走时在前进方向的左边还是右边，偏离距的距离则是当前点到线上垂足的距离。起点距和终点距有两种显示方式，一种是当前点的垂足到起点或终点的距离，另一种是当前点到起点或终点的距离。当前点的垂足不在线段上时，显示当前点在直线外。

线放样界面中的虚线显示是可以设置的，点击“选项”按钮，进入线放样设置对话框，线放样设置和点放样的设置基本相似。整里程提示指的是当前点的垂足移动到所选择的整里程时会有提示音。如需自动选择距离最近的线的话，可以在选择放样线选项里选择“自动选择最近线”来实现。与点放样一样，直线放样也有上线和下线的快捷按钮，可以直接点击“上线”来放样当前放样线相邻的上一条直线，点击“下线”来放样当前放样线相邻的下一条直线。

三、拓展学习

(1)微课视频6：GNSS-RTK 连接与调试。

(2)微课视频7：GNSS-RTK 求参校正。

微课视频6：GNSS-RTK 连接与调试

微课视频7：GNSS-RTK 求参校正

(3)微课视频8：GNSS-RTK 数据传输(U 盘模式)。

(4)微课视频9：GNSS-RTK 数据传输(内存卡模式)。

(5)微课视频10：GNSS-RTK 数据传输(同步模式)。

(6)助学资料3：南方 GNSS-RTK 放样方法课件。

微课视频8：GNSS-RTK 数据传输(U 盘模式)

微课视频9：GNSS-RTK 数据传输(内存卡模式)

微课视频10：GNSS-RTK 数据传输(同步模式)

助学资料3：南方 GNSS-RTK 放样方法课件

四、注意事项

(1)GNSS-RTK 点位放样时，如果已知的控制点是假定坐标系或者地方坐标系，则需要解算正确的参数才能完成点位放样，这一点与全站仪放样不同，全站仪放样只要控制点和放样点坐标系统相同就可以完成放样。

(2)在较小的范围内可以使用单点校正，但是控制范围不宜过大，需要在其中一个点上单点校正完毕之后再去另一个点上做检核，精度符合要求时方能进行放样。

任务 2.5　其他放样方法

(一) 直线的放样

直线放样的适用条件：水渠、河堤、道路、管线、电力线路等直线形工程施工时，需要放样直线。

1. 正倒镜分中延线法

正倒镜分中延线法即使用望远镜挑线(挑直线)，固定水平制动微动螺旋不动，倒转望远镜，正倒镜放样两次取中，即为直线前进方向，可以使用光学经纬仪、电子经纬仪、全站仪等仪器。如图 2-84 所示。

2. 旋转 180°延线法

旋转 180°延线法即为望远镜拨角法，望远镜照准原方向，水平度盘置零，再旋转 180°，在此方向上钉设标志传递直线，为了提高精度可以采用盘左盘右分别放样两次取中，即为直线前进方向，如图 2-85 所示。需要注意光学经纬仪配盘不为 0°时，若为 0°05′24″，则照准部应旋转到 180°05′24″。

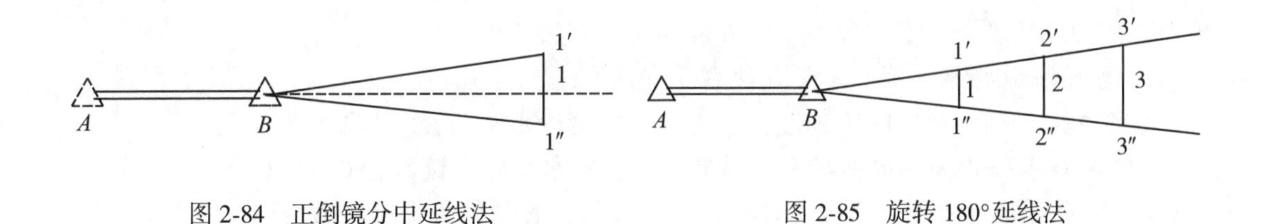

图 2-84　正倒镜分中延线法　　　　图 2-85　旋转 180°延线法

3. RTK 线放样

输水管线、电力线路等长距离线路放样工程中，普通仪器难以完成，需要使用 GNSS-RTK 的直线放样功能，具体方法见前一节。

(二) 距离的放样

距离放样是从地面已知点开始，沿已知方向放样设计平距的工作。根据测设采用的工具不同，可分为视距放样、尺放样、测距仪放样、RTK 放样等方法。根据测设精度要求不同，可分为一般测设方法和精确测设方法。如图 2-86 所示为常用的距离测量工具。

视距放样距离是指用经纬仪或水准仪的视距丝在水准尺上量取视距从而测距的方法，这种方法精度较低，通常为 1/200～1/300。尺放样距离工具包括钢尺、皮尺、测绳等，钢尺放样精度最高。皮尺、测绳及视距测量在精度较低的土方工程中经常用到。测距仪放样距离是指使用电磁波测距仪或全站仪放样距离的方法。GNSS-RTK 可以实现远距离、高精度的长度放样。

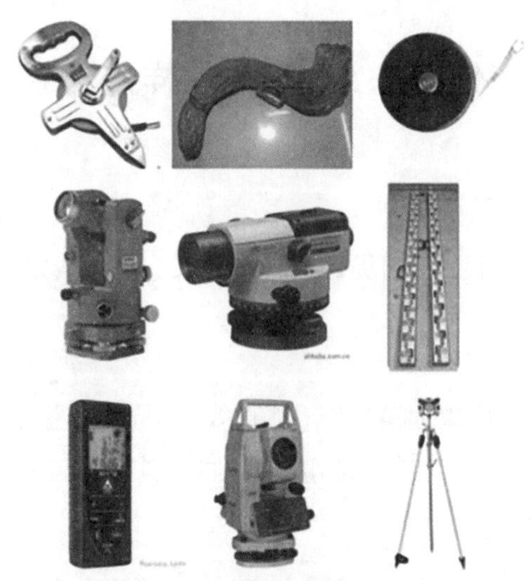

图 2-86　常用的距离测量工具

(三)角度的放样

角度放样也叫方向放样，采用的仪器为经纬仪或全站仪。测设已知水平角叫“拨角”，分为“正拨”和“反拨”。根据一已知方向测设出另一方向，使它们的夹角等于给定的设计角值。按测设精度要求不同分为一般方法和精确方法。

1. 直接法放样水平角(盘左、盘右分中法)

如图 2-87 所示，设 OA 为地面已有方向，欲测设水平角 β。步骤如下：

(1)在 O 点安置经纬仪；盘左，瞄准 A 点，置水平度盘读数为 $0°00'00''$。

(2)转动照准部，使水平度盘读数恰好为 β 值，在视线方向定出 C_1 点。

(3)盘右，重复上述步骤定出 C_2 点；取 C_1 和 C_2 的中点 C，则 $\angle AOC$ 即为测设角 β。

(4)检核：再测 $\angle AOC$ 一测回。

2. 归化法放样水平角(精确方法)

如图 2-88 所示，安置经纬仪于 O 点，按照上述一般方法测设出已知水平角 $\angle AOB'$，定出 B'点。精确地测量 $\angle AOB'$，一般采用多个测回取平均值，设平均角值为 β'，并测量出 OB'的距离。按下式计算 B'点处 OB'线段的垂距 $B'B$。

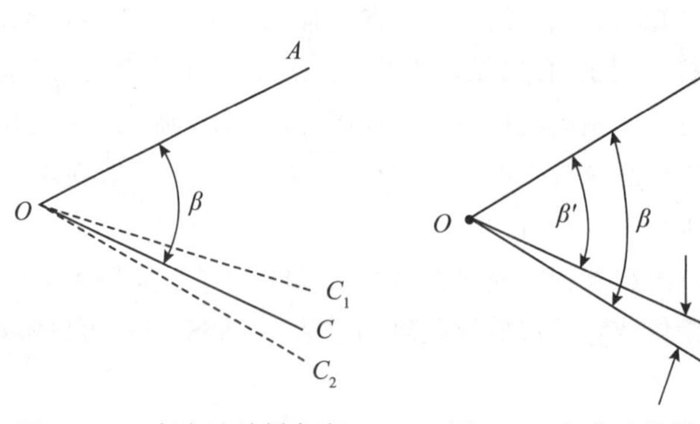

图 2-87　一般方法放样角度　　图 2-88　归化法放样水平角

$$B'B = \frac{\Delta\beta''}{\rho''} \cdot OB' = \frac{\beta - \beta'}{206265''} \cdot OB'$$

然后，从 B'点沿 OB'垂直方向调整垂距 $B'B$，则$\angle AOB$ 即为β角。

检核：重新仔细测$\angle AOB$。

注意：$B'B$ 的符号，即调整的方向。

【例】已知 $AB'=85.00$m，设计值$\beta=36°$，设测得$\beta'=35°59'42''$，计算修正值 $B'B$。

解：

$$\Delta\beta = \beta - \beta' = 18''$$

$$B'B = 85\times\tan(0°0'18'') = 0.0074\text{m} \approx 7\text{mm}$$

点位修正值为 7mm(向外)。

(四)交会法放样点位

交会法放样是指利用角度和距离的关系交会放样点位的方法，包括角度交会法、距离交会法、十字方向线交会法等。

1. 角度交会法

适用条件：当测设的点位离已知控制点较远或不便于量距时，可采用角度交会法。当使用角度交会法测设点位时，为了进行检核，应尽可能根据三个方向进行交会。

测设方法：如图 2-89 所示，根据控制点 A、B 和测设点 1、2 的坐标，反算测设数据 β_{A1}、β_{A2}、β_{B1}和 β_{B2}。

(1)将经纬仪安置在 A 点，瞄准 B 点，利用 β_{A1}、β_{A2}角值，按照盘左盘右分中法，定出 $A1$、$A2$ 方向线，并在其方向线上的 1、2 两点附近分别打上两个木桩(骑马桩)，桩上钉小钉以表示此方向，并用细线拉紧。

(2)在 B 点安置经纬仪，同法定出 $B1$、$B2$ 方向线。

(3)根据 $A1$ 和 $B1$、$A2$ 和 $B2$ 方向线分别交出 1、2 两点。也可以利用两台经纬仪分别在 A、B 两个控制点同时设站，交会出 1、2 两点。

检核：丈量实地 1、2 两点之间的水平边长，并与设计坐标反算出的边长比较。

2. 距离交会法

距离交会法是通过测设已知距离定出点的平面位置的一种方法。此法适用于场地平整、便于量距，且控制点到待测设点的距离不超过一整尺的地方。

适用条件：当建筑场地平坦且便于量距时，此法较为方便。

测设方法(以 1 点为例)：如图 2-90 所示，A、B 两点为控制点，1 点为待测设点。

(1)根据控制点和待测设点的坐标反算出测设数据 D_A 和 D_B。

(2)用钢尺从 A、B 两点分别测设两段水平距离 D_A 和 D_B，其交点即为所求 1 点的位置。

(3)同样，2 点的位置可以由附近的地形点 P、Q 交会出。

检核：实地丈量 1、2 两点之间的水平距离，并与 1、2 两点设计坐标反算出的水平距离进行比较。

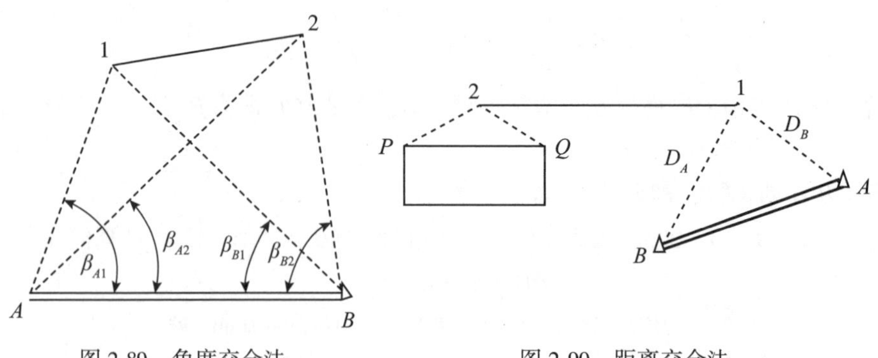

图 2-89　角度交会法　　　　图 2-90　距离交会法

3. 十字方向线交会法

适用条件：所测设点位容易遭到破坏，需要经常恢复的情况。

测设方法：如图 2-91 所示，设阴影范围为基坑，P 点为基坑中心点位。

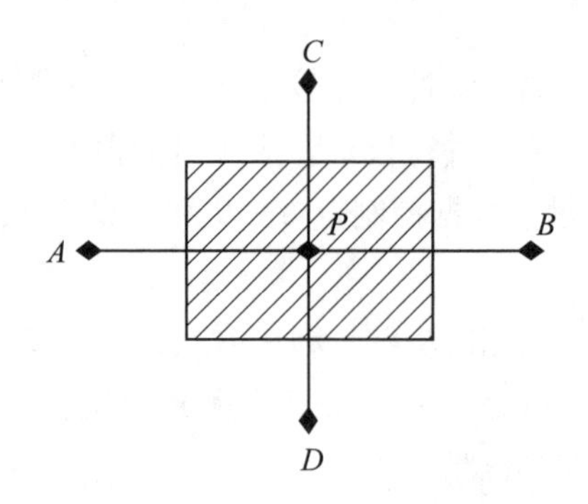

图 2-91　十字方向线交会放样法示意图

(1)在 P 点架设经纬仪，设置两条相互垂直的直线 AB 和 CD，并分别用桩固定。

(2)当 P 点被破坏后，恢复时，则利用桩点 AB 和 CD 拉出两条相互垂直的直线，其交点即可重新定出 P 点。

检核：为了防止由于桩点发生移动而导致 P 点测设误差，可以在每条直线的两端各设置两个桩点，以便能够发现错误。

【项目小结】

平面点位放样通常采用经纬仪极坐标法、经纬仪直角坐标法、交会法(距离交会法、角度交会法、边角交会法、方向线交会法)、全站仪坐标法、GNSS-RTK 坐标法等。其中全站仪坐标法和 GNSS-RTK 坐标法放样需要从图纸上提取待放样点的坐标，而其他方法则主要使用图纸上标注的建筑物(构造物)的尺寸进行放样，必要时反算其夹角。

【课后习题】

一、名词解释

极坐标法、正倒镜分中延线法、四参数、交会法放样

二、填空题

1. 平面放样常用的方法有________、________、________、________、________。

2. 角度放样又称________，距离放样又称________。

3. 影响工程建筑物最终位置的因素有________、________、________。

4. 高大的塔式建筑物如烟囱，常要用________来投测竖向轴线。

5. 在直线延长线上放样点的方法有________和________。

三、判断题

1. 全站仪坐标法放样时仪器会自动求出放样角度和距离。（　　）

2. RTK坐标法放样点位时，仪器可实时显示当前位置与目标点的距离。（　　）

3. RTK线放样常应用于电力线路放样中。（　　）

4. 直角坐标法是极坐标法的特殊形式。（　　）

5. 直角坐标法放样常用于具有矩形控制网的厂区。（　　）

四、简答题

试述全站仪坐标放样点位法与传统放样方法比较有何优点？

课后习题2答案

【课堂测验】

请同学们扫描以下二维码，完成本项目课堂测验。

课堂测验2

项目 3　断面测量及断面图绘制

【项目简介】

断面测量(section survey)是对某一方向剖面的地面起伏进行的测量工作。公路、铁路、河道、渠堤、管线等线状工程施工设计中通常都要进行断面测量工作。断面测量分为纵断面测量和横断面测量。纵断面测量是测量线路前进方向的地面起伏形态并绘制成纵断面图，通常用来进行线路竖向坡度设计。横断面测量是在垂直于线路前进方向每隔一定间距测设其地面起伏形态并绘制成横断面图，主要用来确定工程施工土石方量和征地边界。

本项目单元主要学习断面测量及断面图绘制方法。纵断面测量方法主要包括水准仪间视法、全站仪及 RTK 坐标法；横断面测量主要包括经纬仪视距法、全站仪及 RTK 坐标法、皮尺标杆法(也称抬杆法)等。断面图的绘制主要包括使用里程文件绘制断面图、使用坐标数据文件绘制断面图、根据等高线绘制断面图、根据三角网绘制断面图等。

纵断面图是采用直角坐标系，以横坐标表示里程桩号，纵坐标表示高程，能够明显地反映沿着中线地面起伏形态的图像，通常是指道路、管线剖面图。纵断面图还应包括转折点的桩号、沿线主要地物的位置和名称。对于河流纵断面图还应有河流左右岸居民地、厂矿企业名称、两岸地面最高与最低点高程、支流名称及入口位置、河底高程、水文站水尺位置及高程、工作水位和同时水位、横断面位置及编号、河段地形图名称和编号等。横断面图内容主要包括图名、水平与竖直比例尺、高程系统、地表线和地表性质、中心线桩编号和地面高程等。在同一张图上绘制几个横断面时，要按桩号顺序使中心桩位置位于同一垂线上。

【教学目标】

1. 掌握纵横断面测量的各种方法，能够使用各类仪器进行断面测量。
2. 掌握断面图绘制的基本要求及方法，能够使用软件绘制断面图。

项目单元教学目标分解

目　　标	内　　容
知识目标	1. 理解断面测量及断面图的基本概念、断面测量及断面图的主要作用及用途； 2. 了解断面测量常用的仪器设备(水准仪、经纬仪、全站仪、RTK、三维激光扫描仪等)； 3. 了解断面图绘制的常用软件

续表

技能目标	1. 掌握断面测量的常用方法(水准仪间视法、经纬仪视距法、全站仪及 RTK 法、三维激光扫描仪扫描法等); 2. 能够使用 CASS 软件绘制断面图(根据里程文件、根据坐标文件、根据等高线、根据三角网)
态度及思政目标	1. 培养学生在相对艰苦的条件下完成工程项目的素质，培养学生艰苦奋斗、吃苦耐劳的职业精神; 2. 培养学生勤于思考、乐于学习、善于总结的良好职业素养，使学生能够不断补充新知识、使用新仪器、掌握新技能、使用新规范

任务 3.1　纵断面测量

线路纵断面测量又称为中线高程测量，是在线路中线测定之后，测定中线上各里程桩(简称线路中桩)的地面高程，并绘制线路中线纵断面图，用于表示线路中线位置的地面起伏形态，为设计线路纵坡、计算中桩处的填挖高度提供依据。

线路纵断面测量通常分两步进行，首先是沿线路方向按一定间距设置若干个水准点，按等级水准测量(通常为四等)的精度要求进行高程控制测量，称为**基平测量**；然后以基平测量所得各水准点高程为基础，按等外水准测量的精度要求分段进行中线各里程桩地面高程的测量，称为**中平测量**。纵断面测量主要使用水准仪间视法、全站仪及 RTK 坐标法。本节主要介绍水准仪间视法，全站仪及 RTK 坐标法在横断面测量里进行介绍。

水准仪间视法是指用水准仪在线路纵断面线上采集地形特征点绘制断面图的方法，每测站上观测一个后视读数、若干个间视读数和一个前视读数。使用光学水准仪和电子水准仪均可，间视法主要使用在线路工程纵断面测量中。

水准仪间视法纵断面测量是在全站仪和 GNSS-RTK 法应用之前纵断面测量的常用方法，通常需要先沿着工程线路纵断面方向(如河堤顶)使用测绳量距并钉设木桩，确定纵断面点，然后测绘组再使用水准仪测量这些断面点的高程。

水准仪间视法纵断面测量受水准尺长度的限制，对于高差起伏较大的纵断面测量效率很低，现阶段主要采用全站仪或 GNSS-RTK 方法，或者使用摄影测量方法采集并获取线状工程纵断面方向的三维模型，再生成断面图和断面数据。

一、任务目标

如图 3-1 所示，某地修建水渠，场地现有两个已知水准点 BM_4 和 BM_6，高程分别为 66.525m 和 66.249m。使用水准仪测量大约 1km 长的线路纵断面图，供设计水渠坡度使用。

粗线表示的是自然地表面，双线尺位置是转点(立前、后视尺)，单线尺位置是间视点。BM_4 和 BM_6 为两已知水准点，现欲使用水准仪间视法在选定的路线 K0+000 和 K0+850 之间进行纵断面测量。

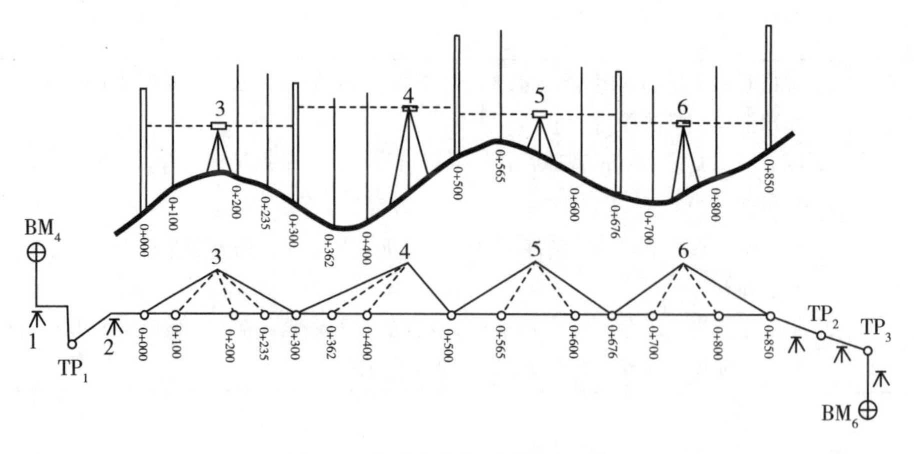

图 3-1　水准仪间视法纵断面测量

二、操作步骤

(1)如图 3-1 所示，从 BM$_4$ 开始，按照普通水准测量的方法经过转点 TP$_1$ 测量两站到线路起点 K0+000 桩上。

(2)将水准仪安置于 3 号测站上，后视 K0+000，间视 K0+100、K0+200、K0+235，再前视 K0+300，完成第 3 站。

(3)依次完成后面各站的观测，最终附合到已知水准点 BM$_6$ 上。

三、记录计算表格

如表 3.1 所示为本次间视法水准测量的记录表，使用如下公式完成计算：

$$\left.\begin{aligned}\text{视线高}&=\text{后视点高程}+\text{后视尺读数}\\\text{前视点高程}&=\text{视线高}-\text{前视点读数}\\\text{间视点高程}&=\text{视线高}-\text{间视点读数}\end{aligned}\right\}\qquad(3.1)$$

表 3.1　　**间视法水准测量记录表**

点号	后视(m)	视线高程(m)	间视点(m)	前视(m)	高程(m)
BM$_4$	1.547	*66.072*			64.525(已知)
TP$_1$	1.346	*66.192*		1.226	*64.846*
K0+000	2.546	*67.340*		1.398	*64.794*
K0+100			1.88		*65.46*
K0+200			1.35		*65.99*
K0+235			1.73		*65.61*
K0+300	2.429	*67.457*		2.312	*65.028*
K0+362			2.75		*64.71*

续表

点号	后视(m)	视线高程(m)	间视点(m)	前视(m)	高程(m)
K0+400			2.55		*64.91*
K0+500	0.895	*66.889*		1.463	*65.994*
K0+565			0.65		*66.24*
K0+600			1.40		*65.49*
K0+676	2.002	*67.045*		1.846	*65.043*
K0+700			2.37		*64.68*
K0+800			1.99		*65.06*
K0+850	1.235	*67.622*		0.658	*66.387*
TP_2	1.329	*67.269*		1.682	*65.94*
TP_3	1.625	*67.407*		1.487	*65.782*
BM_6				1.158	66.249(推算)

检核：fh=66.249(推算)−66.278(已知)=−0.019m，$fh_{允}=\pm40\sqrt{L}=\pm40\sqrt{1.154}=0.046$m，达到了等外水准测量要求。表中正体字为外业观测记录数据，斜体字为计算结果。

四、注意事项

(1)线路纵断面测量通常分为基平测量和中平测量，中平测量通常按照等外水准测量的要求。中平测量中，前后视读数要求读到毫米位，而间视读数读至厘米位即可。

(2)间视点的密度选择可以依据工程要求，通常在坡度变化点、与其他地物交叉点都要测点，在平坦地面也要求按比例尺图上2~3cm要测一个点。

(3)纵断面线的选择主要考虑线路竖向设计的要求，公路铁路线路纵断面通常选线路中线，河道及沟渠选择其深泓线，堤坝选择其堤顶中线，管道和电力线路选择其中线。河道纵断面测量通常要测河流深泓线、水边线、左右堤顶等多条纵断面线。

(4)纵断面的测量方向通常按照里程标定方向，对于河流、沟渠和管道等有流向的线路工程，通常顺水流方向自上而下。

五、拓展学习

(1)扫描二维码“数据资料 2”，计算表格中未完成的部分。

(2)扫描二维码“数据资料 3”，查看正确答案。

数据资料 2：水准仪间视法纵断面测量计算表

数据资料 3：水准仪间视法纵断面测量计算表答案

任务 3.2　横断面测量

横断面测量的任务是测定中桩两侧垂直于中线方向的地面起伏，然后绘制横断面图，供路基设计、土石方量计算和施工放边桩之用。横断面测量的宽度由路基宽度及地形情况确定，一般在中线两侧各侧 15~50m。进行横断面测量首先要确定横断面的方向，然后在此方向上测定中线两侧地面坡度变化点的距离和高差。

横断面测量的方法有很多种，最早使用的有花杆皮尺法、手持水准仪法、经纬仪视距法，现阶段主要使用全站仪和 RTK 坐标法。其本质区别是传统方法直接得到断面点的起点距和高程，现代方法直接得到断面点的三维坐标，所以绘图方法也不同。

在线路中线各里程桩(包括整桩和加桩)处，测定垂直于中线的方向线，观测该方向线上里程桩两侧一定范围内各坡度变化特征点的高程及特征点与该里程桩的距离，根据观测结果绘制断面图，这项工作称为横断面测量。横断面图反映了管线两侧的地面起伏情况，供设计时计算土石方量和施工时确定开挖边界用。

子任务 3.2.1　经纬仪视距法横断面测量

一、任务目标

某条河道要进行整治规划，现要求沿着河道左岸的公路布设纵断面线，然后按照 50m 的间距测量横断面，绘制横断面图，供河道整治规划设计使用。

二、操作步骤

(1)如图 3-2 所示，在线路的某个里程桩上(如图中的断面 K0+000 处)安置经纬仪，量取仪器高 i，找准另一个相邻纵断面里程桩定向，水平旋转 90°，得到横断面方向。

(2)在横断面方向各个地形特征点处依次竖立水准尺，依次读取上丝、下丝、中丝读数、天顶距。断面特征点是指地形有变化的地方，或者和其他地物的交界处。如果一测站无法测完，则需要搬站，如图 3-2 中搬到了右岸的公路边上。

(3)用如下公式计算各横断面点的起点距及高程。

$$\left.\begin{aligned}&\text{平距：} D = Kl\,(\sin Z)^2 = Kl\,(\cos\alpha)^2\\&\text{高差：} \Delta h = \frac{D}{\tan Z} + i - v = D\tan\alpha + i - v\\&\text{高程：} H_{断} = H_{站} + \Delta h\end{aligned}\right\}\qquad(3.2)$$

式中 D 为平距，K 为视距乘常数(通常为 100)，l 为上下丝读数差(以 m 为单位)，Z 为天顶距，α 为竖直角，Δh 为测站点和断面点间的高差，i 为仪器高，v 为中丝读数，$H_{断}$ 为断面点高程，$H_{站}$ 为测站点高差。

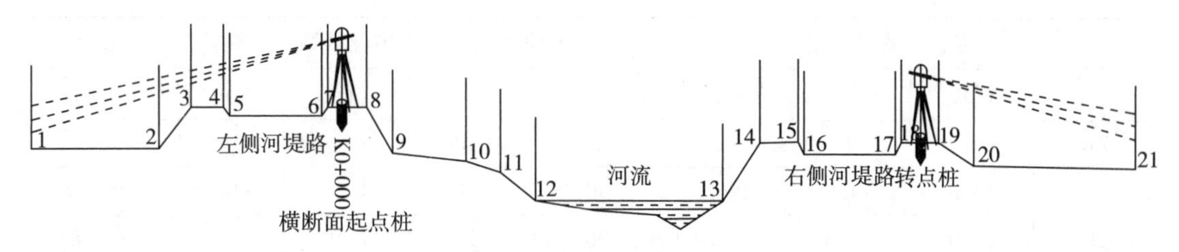

图 3-2　经纬仪视距法测量横断面

三、记录计算表格

使用式(3.2)完成表格计算，如表 3.2 所示。

表 3.2　**经纬仪视距法横断面测量计算表**

点号	距离(m)			天顶距		中丝读数	高差	高程
	视距	平距	左起点距	°	′	(m)	(m)	(m)
K0+000			64.9	*i*	1.72			**158.88**
左 1	65.1	64.9	0.0	93	6	2.50	−4.30	154.58
2	40.6	40.3	24.6	95	10	2.50	−4.42	154.46
3	31.6	31.6	33.3	90	45	1.52	−0.21	158.67
4	25.4	25.4	39.5	90	35	1.52	−0.06	158.82
5	24.8	24.8	40.1	91	30	1.52	−0.45	158.43
6	10.8	10.5	54.4	98	50	1.52	−1.44	157.44
7	8.6	8.6	56.3	92	12	1.52	−0.13	158.75
右 8	9.4	9.4	74.3	91	12	1.50	0.02	158.90
9	20.0	16.2	81.1	115	43	1.52	−7.62	151.26
10	31.2	29.9	94.8	101	42	1.52	−6.00	152.88
11	38.1	36.4	101.3	102	10	1.52	−7.65	151.23
12	47.2	44.9	109.9	102	38	1.52	−9.87	149.01
13	81.4	80.4	145.3	96	30	1.52	−8.96	149.92
14	85.6	85.5	150.4	92	5	1.52	−2.91	155.97
15	93.1	93.0	157.9	91	55	1.52	−2.91	155.97
16	94.7	94.6	159.5	92	2	1.52	−3.16	155.72
17	112.9	112.8	177.7	91	44	1.52	−3.21	155.67
18	113.8	113.7	178.6	91	30	1.52	−2.78	156.10
ZD	117.8	117.7	182.6	91	25	1.52	−2.71	156.17

续表

点号	距离(m)			天顶距		中丝读数	高差	高程
	视距	平距	左起点距	°	′	(m)	(m)	(m)
ZD				*i*	1.46			
19	14.0	14.0	196.6	90	10	1.50	-0.08	156.09
20	21.0	20.8	203.4	96	9	1.50	-2.28	153.85
21	28.0	27.8	210.4	94	34	1.50	-2.26	153.87

四、注意事项

(1)经纬仪视距法横断面测量需要每个断面上有一个已知高程的点，这个点就是纵断面测量中选择的中桩点，通常是在纵断面测量之前沿着中线使用测绳设置中桩，钉木桩并标注横断面序号及里程桩号。

(2)经纬仪视距法横断面测量首先在已知点上设站，如果一站无法测完整个断面则需转站，转站通常需要往返测(即直返觇)。

五、拓展学习

扫描二维码，使用 EXCEL 计算表格 3.2 中未完成的部分。

数据资料 4：经纬仪视距法横断面测量计算表

数据资料 5：经纬仪视距法横断面测量计算表答案

子任务 3.2.2　全站仪及 RTK 坐标法横断面测量

传统的断面测量工作中，纵断面通常使用水准仪间视法，横断面通常采用经纬仪视距法，而使用全站仪和 GNSS-RTK 进行断面测量时，可以同步进行纵横断面测量。按照横断面间隔设计要求完成横断面测量，并在需要绘制纵断面图的关键位置采集足够数量的断面点，内业工作中将各横断面上对应属性的点连接起来便形成了纵断面线(如堤顶线、深泓线)。

全站仪和 GNSS-RTK 两种方法各有优点，在障碍物较多通视不佳时主要使用 GNSS-RTK，而在树木繁茂等 GNSS 信号较差的地方使用全站仪，所以现阶段横断面测量主要使用 GNSS-RTK 结合全站仪测量的方法。全站仪相对于经纬仪测量横断面的一个主要优点是在一个测站上可以测多个横断面，减少了设站的次数，而经纬仪一站只能测一个断面。

一、任务目标

如图 3-3 所示，要测量某条沟渠的横断面，此沟渠两侧障碍物较多，通视条件较差，现要求使用全站仪结合 GNSS-RTK 进行测量，并绘制其横断面图。

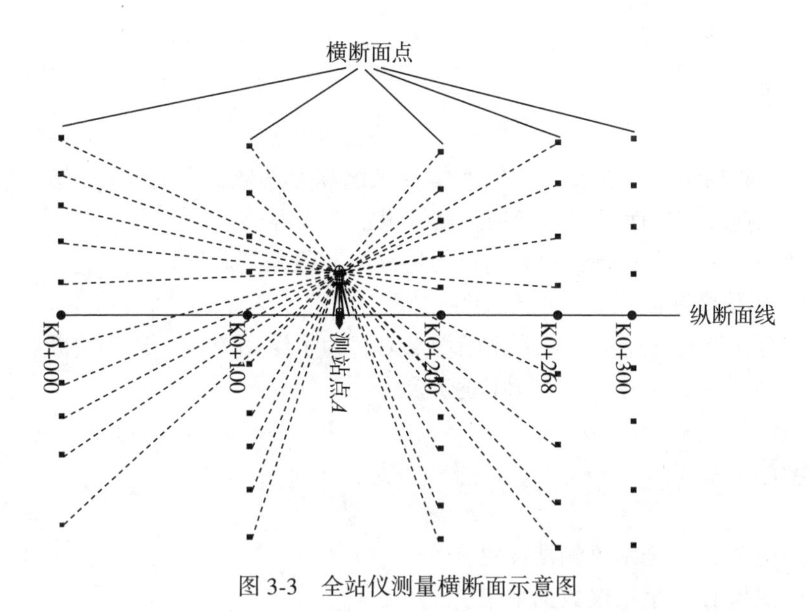

图 3-3　全站仪测量横断面示意图

二、操作步骤

(1)完成 GNSS-RTK 的仪器设置，建立工作文件夹，首先选择测区内能够控制整个测区的控制点解算参数(七参数)。

(2)点校正完成并检验之后开始横断面测量，进入点测量菜单，使用 GNSS-RTK 逐个在横断面上打点，并适当绘制草图；碎部点的选择依据地形条件。

(3)对于卫星信号良好的地段，使用 GNSS-RTK 测量其横断面，对于卫星信号不好的地段，使用 GNSS-RTK 在地面设置一对控制点，供全站仪设站和定向使用。

(4)将全站仪设置在测站点上，完成测站设置，后视定向和检查，然后逐点测量横断面，在一测站完成视距范围内多个横断面的测量，再迁站继续测量。

(5)横断面测量时，应使同一个横断面上的各断面点尽可能在一条直线上。外业使用全站仪采集横断面点时，通常在纵断面线两侧设立两根花杆，司镜员在此方向线上立镜。外业使用 GNSS-RTK 时，可以在纵断面线两侧采集两个点，然后在手簿软件中用这两点建立一条横断面线，移动站采集点时沿着这条断面线采点。在实际工作中，若纵断面线事先已经测量或设计完毕，则为了方便外业采集横断面，可以事先在纵断面线上按设计要求绘制好横断面，并将电子版图纸(dwg 或 dxf 格式)导入 RTK 手簿软件底图中，实际现场测量时调入此底图，外业测量人员沿着图上的横断面线采点就很方便了。

(6)横断面线的间距通常按设计要求确定，但是在实际测量过程中要根据现场实际地形地貌情况，在一些特殊位置加测断面，如桥梁上下游、河道支流交叉口、河道流向转弯处等。

(7)横断面线的方向应与纵断面线垂直，当纵断面线为曲线时，横断面方向应与该点的切线方向垂直；而当纵断面线为折线时，在折线顶点处，横断面线应该位于角平分线上。

三、注意事项

(1)线状工程通常长度较长，所以通常要求解算七参数(通常选择能够控制整个测区的四个以上控制点)，从而得到正确的测量结果；

(2)当使用全站仪或GNSS-RTK测量的过程中，跟踪杆高度产生变化时，务必在手簿中完成修改，确保横断面点高程的正确性；

(3)使用全站仪或GNSS-RTK测量断面点时，为了绘图方便，适当给断面点进行有意义的编号，以便绘图过程中方便准确快速地绘图。

四、拓展学习

(1)微课视频11：全站仪测站设置；
(2)微课视频12：全站仪数据采集；
(3)微课视频13：GNSS-RTK基本设置；
(4)微课视频14：GNSS-RTK数据采集；
(5)助学资料4：断面测量成果图。

微课视频11：全站仪测站设置

微课视频12：全站仪数据采集

微课视频13：GNSS-RTK基本设置

微课视频14：GNSS-RTK数据采集

助学资料4：断面测量成果图

子任务3.2.3　标杆皮尺测量横断面

如图3-4所示，A、B、C为横断面方向上所选定的变坡点，施测时，将标杆立于A点，皮尺靠中桩地面拉平，量出至A点的平距，皮尺截取标杆的高度即为两点的高差，同法可测出A至B、B至C……测段的距离和高差，此法简便，但精度较低。

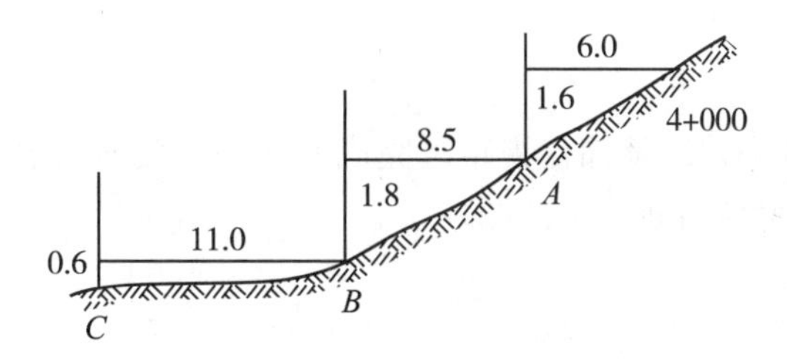

图 3-4　标杆皮尺法

当横断面测量精度要求较高，横断面方向高差变化不大时，采用水准仪皮尺法。施测时用钢尺(或皮尺)量距，水准仪后视中桩标尺，求得视线高程后，再分别在横断面方向的坡度变化点上立标尺，视线高程减去诸前视点读数，即得各测点高程。

任务 3.3　断面图的绘制

纵断面图是采用直角坐标系，以横坐标表示里程桩号，纵坐标表示高程，能够明显地反映沿着中线地面起伏形态的图像，通常是指道路、管线剖面图。纵断面图还应包括转折点的桩号、建筑物的位置和名称。对于河流纵断面图还应有河流左右岸居民地、厂矿企业名称、两岸地面最高与最低点高程、支流名称及入口位置、河底高程、水文站水尺位置及高程、工作水位和同时水位、横断面位置及编号、河段地形图名称和编号等。

横断面图指的是中桩处垂直于线路工程中线方向的剖面图。横断面图内容主要包括图名、水平与竖直比例尺、高程系统、地表线和地表性质、中心线桩编号和地面高程等。在同一张图上绘制几个横断面时，要按桩号顺序使中心桩位置位于同一垂线上。

断面图的绘制最早使用毫米方格纸手工绘制，现在使用软件绘制断面图，本节以CASS 软件为例讲述断面图的绘制方法。断面图的内容主要包括图名、水平与竖直比例尺、高程系统、必要的地物注记、中心线桩编号和地面高程等。在同一张图上绘制多个横断面时，要按桩号顺序使中心桩位置位于同一垂线上。

因土石方量计算的精确性而产生的纠纷是工程中经常遇到的问题，如何利用测量单位现场实测的地表数据准确地计算出土石方量是工程施工预算与造价中的一项重要工作。应该根据现场地形地貌条件选择合适的方法，尽可能多地采集数据，从而提高土石方量计算的精度。然而工程领域的土石方量计算并没有完全准确、唯一的答案，其最终数据与土石方测量所使用的仪器设备、计算使用的方法都有关系，所以通常需要在工程合同中约定土石方量测量使用的仪器和计算使用的方法，否则容易产生分歧。

子任务 3.3.1　使用 EXCEL 绘制断面示意图

使用 EXCEL 可以绘制简单的断面示意图，在精度要求较低的断面测量中较为实用。经纬仪视距法测量横断面，外业观测得到的每个细部点的数据有：上丝读数、下丝读数、中丝读数、天顶距。如表 3.3 所示，表中带有底色的为观测数据，其他为计算数据。

一、任务目标

某横断面测量项目是采用经纬仪视距法完成的，外业数据采集结果如表 3.3 所示，现要求使用 EXCEL 绘制简易的断面示意图。

二、操作步骤

1. 经纬仪视距法使用 EXCEL 计算步骤

(1)视距 $D = Kl$，单元格 D4 对应的函数为 fx=(B4-C4)*100。

(2)EXCEL 中三角函数默认为弧度数，因此首先将天顶距的角度值化为十进制度数，再化为弧度值。单元格 G4 对应的函数为 fx=E4+F4/60，单元格 H4 对应的函数为 fx=G4*3.1415926/180。

(3)平距 $D = Kl(\sin Z)^2$，单元格 J4 对应的函数为 fx=D4*(SIN(H4))^2。

(4)高差 $\Delta h = D/\tan Z + i - v$，单元格 K4 对应的函数为 fx=J4/(TAN(H4))+1.668-I4。

(5)高程 $H_{断} = H_{站} + \Delta h$，单元格 L4 对应的函数为 fx=75.586+K4。

其他各个断面点对应的各项数据都可使用 EXCEL 的链接计算原理得到。

表 3.3　**经纬仪视距法 EXCEL 计算表**

1	经纬仪视距法计算表												
2		视距读数(m)			天顶距及中丝读数					距离及高程(m)		
3	点号	上丝	下丝	视距	度	分	十进制度	弧度	中丝(m)	平距	高差	高程
4	左1	1.637	1.154	48.3	93	25	93.416667	1.630428	1.398	48.1	-2.60	72.98
5	左2	1.545	1.195	35.0	91	54	91.900000	1.603958	1.369	35.0	-0.86	74.73
6	左3	1.426	1.234	19.2	90	42	90.700000	1.583014	1.228	19.2	0.21	75.79
7	左4	1.575	1.448	12.7	90	33	90.550000	1.580396	1.535	12.7	0.01	75.60
8	右1	0.976	0.823	15.3	91	37	91.616667	1.599012	0.901	15.3	0.34	75.92
9	右2	1.223	0.987	23.6	92	45	92.750000	1.618793	1.107	23.5	-0.57	75.02
10	右3	1.234	0.824	41.0	89	45	89.750000	1.566433	1.031	41.0	0.82	76.40
11	右4	1.335	0.787	54.8	88	21	88.350000	1.541998	1.063	54.8	2.18	77.77
12	备注	仪器高 i=1.668m，测站点高程 H=75.586m										

2. 使用 EXCEL 生成断面示意图

可以使用 EXCEL 生成对应表 3.3 数据的简易断面图，如图 3-5 所示。

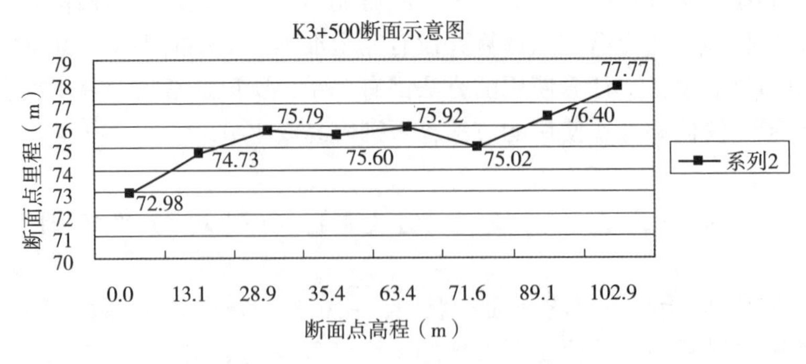

图 3-5　使用 EXCEL 生成断面示意图

三、注意事项

(1)纵断面测量通常是从断面起点开始的，计算各断面点到起点的距离，称为起点距。

(2)横断面测量通常位于纵断面线的两侧，若以中点作为起点，则分为左起点距和右起点距，若要以某侧端点为起点，则应统一换算成起点距。

四、拓展学习

(1)扫描右侧二维码，将表格中的横断面测量外业观测数据使用 EXCEL 进行计算，计算出其平距和高程。(要求学生自己编辑 EXCEL 公式进行计算)

(2)扫描二维码“数据资料 7”，依据表格中的横断面测量数据计算结果，使用 EXCEL 表格绘制成简易的断面图。(要求学生自己使用 EXCEL 图表功能再次完成绘图)

数据资料 6：经纬仪视距法 EXCEL 计算表

数据资料 7：EXCEL 绘制断面示意图

子任务 3.3.2　使用 CASS 软件绘制断面图

使用 CASS 软件绘制断面图的方法有四种：①由图面生成；②根据里程文件；③根据等高线；④根据三角网。

一、使用断面里程文件(*. HDM)绘制断面图

传统的断面测量方法外业观测得到的是断面点的起点距和高程，并没有断面点的坐标，所以断面里程文件适合于使用传统方法得到的断面数据绘制断面图。

一个里程文件可包含多个断面的信息，此时绘断面图就可一次绘出多个断面。里程文件的一个断面信息内允许有该断面不同时期的断面数据，这样绘制这个断面时就可以同时绘出实际断面线和设计断面线。

(一)断面里程文件的编写方法及要求

1. 断面里程文件的格式

CASS 9.0 的断面里程文件扩展名是“ *. HDM”，总体格式如下：

BEGIN，断面里程：断面序号

第一点里程，第一点高程
第二点里程，第二点高程
……
NEXT
另一期第一点里程，第一点高程
另一期第二点里程，第二点高程
……
下一个断面
……

2. 断面里程文件的要求

(1)每个断面第一行以“BEGIN”开始；“断面里程”参数多用在道路土方计算方面，表示当前横断面中桩在整条道路上的里程，如果里程文件只用来画断面图，可以不要这个参数；“断面序号”参数和下面要讲的道路设计参数文件的“断面序号”参数相对应，以确定当前断面的设计参数，同样在只画断面图时可省略。

(2)各点应按断面上的顺序表示，里程依次从小到大。每个断面从“NEXT”往下的部分可以省略，这部分表示同一断面另一个时期的断面数据，例如设计断面数据，绘断面图时可将两期断面线同时画出来，如同时画出实际线和设计线。

(二)依据断面里程文件绘制断面图的方法

1. 具体步骤

(1)【工程应用】→【绘断面图】→【根据里程文件】；
(2)选择预先编制好的断面里程文件“ *. hdm”；
(3)选择并填写断面图的横向和纵向比例尺；
(4)填写或鼠标指定绘制断面图的位置；
(5)选择距离标注方式为“里程标注”或“数字标注”；
(6)选择高程标注和里程标注的数据取位数；
(7)选择里程和高程注记的文字大小和最小注记距离；
(8)选择方格线“仅在节点画”或“横向、纵向指定距离(默认 10mm)”；
(9)一次绘制多个断面图时，规定每列个数；多图间距指定，即行间距和列间距的指定；以上参数设置完毕之后，点击“确定”，即可绘出图形。

2. 具体实例

某断面数据文件如下(注意逗号需要英文逗号)，图 3-6 为批量绘制的断面图。

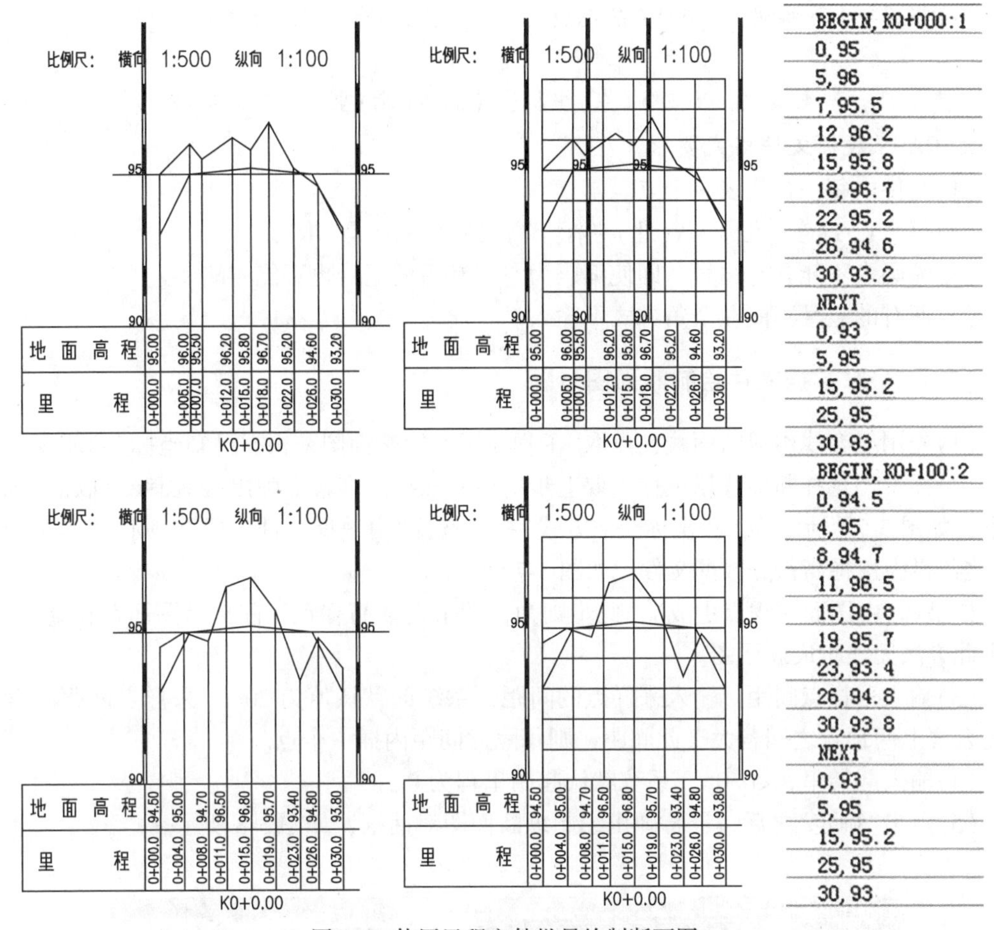

图 3-6　使用里程文件批量绘制断面图

(三)拓展学习

(1)扫描右侧二维码，将记事本文件中存储的断面里程文件(＊.hdm)使用 CASS 软件生成断面图。

(2)课后思考：记事本文件(＊.txt)、word 文档(＊.doc)、断面里程文件(＊.hdm)、CASS 坐标数据文件(＊.dat)、EXCEL 数据文件(＊.xls)各自有什么不同，相互间如何转化？

数据资料 8：
横断面数据里程文件

二、用坐标数据文件(＊.dat)绘制断面图

(一)CASS 数据文件格式及要求

1. CASS 数据文件格式

坐标数据文件是 CASS 最基础的数据文件，扩展名是"＊.dat"，无论是从电子手簿传输到计算机还是用电子平板在野外直接记录数据，都生成一个坐标数据文件，其格式为：

1 点点名，1 点编码，1 点 Y(东)坐标，1 点 X(北)坐标，1 点高程
……
N 点点名，N 点编码，N 点 Y(东)坐标，N 点 X(北)坐标，N 点高程

2. CASS 数据文件格式要求

(1)文件内每一行代表一个点。

(2)每个点 *Y*(东)坐标、*X*(北)坐标、高程的单位均是“米”。

(3)编码内不能含有逗号，即使编码为空，其后的逗号也不能省略。

(4)所有的逗号不能在全角方式下输入。

(二)CASS 数据文件绘制断面图步骤

(1)先用复合线生成断面线，点取“工程应用＼绘断面图＼根据已知坐标”功能。

(2)提示：选择断面线用鼠标点取上步所绘断面线。屏幕上弹出“断面线上取值”的对话框，如图 3-7 所示，如果“坐标获取方式”栏中选择“由数据文件生成”，则在“坐标数据文件名”栏中选择高程点数据文件。如图 3-7 所示。

如果选“由图面高程点生成”，此步则为在图上选取高程点，前提是图面存在高程点，否则此方法无法生成断面图。

(3)输入采样点间距：输入采样点的间距，系统的默认值为 20m。采样点间距的含义是复合线上两顶点之间若大于此间距，则每隔此间距内插一个点。

(4)输入起始里程<0. 0>，系统默认起始里程为 0。

(5)点击“确定”之后，屏幕弹出绘制纵断面图对话框，如图 3-8 所示。

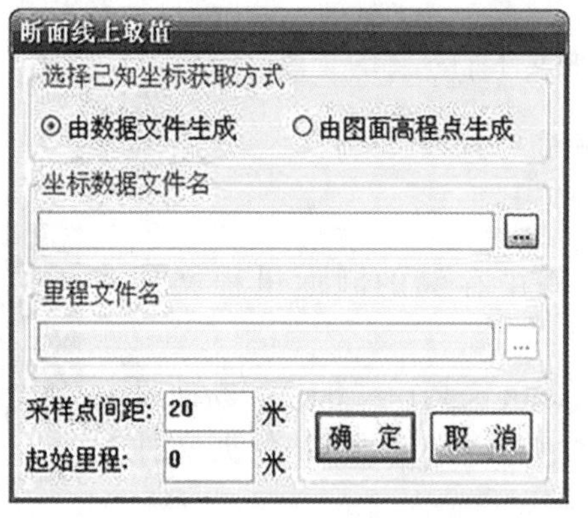

图 3-7　根据已知坐标绘断面图

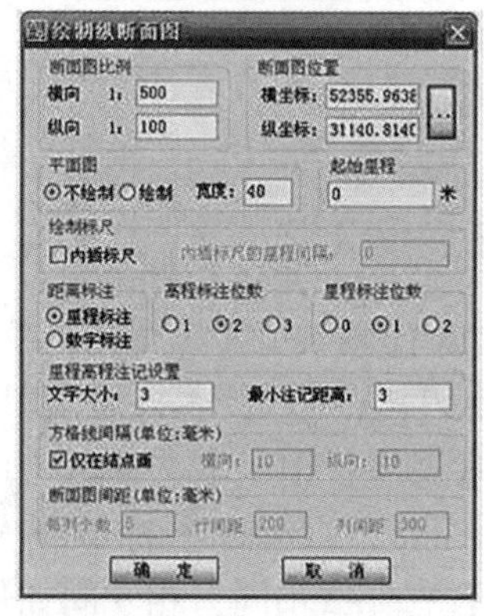

图 3-8　绘制纵断面图对话框

输入相关参数，如：

横向比例为 1∶<500>输入横向比例，系统的默认值为 1∶500。

纵向比例为 1∶<100>输入纵向比例，系统的默认值为 1∶100。

断面图位置：可以手工输入，亦可在图面上拾取。

可以选择是否绘制平面图、标尺、标注；还有一些关于注记的设置。

(6)点击“确定”之后，在屏幕上出现所选断面线的断面图。如图 3-9 所示。

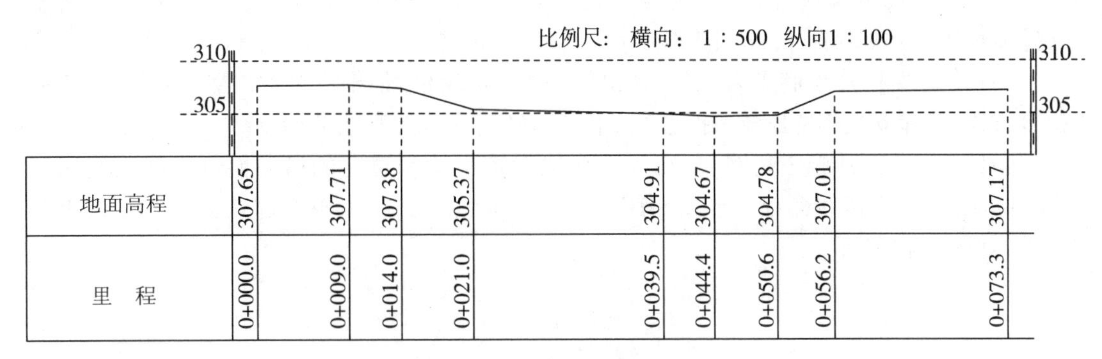

M27断面里程K2+600

图 3-9　横断面图示意图

(三)拓展学习

数据资料 9：
横断面测量原始数据表

(1)扫描右侧二维码，将 EXCEL 表格中的数据按照 CASS 软件的数据文件格式，生成“＊.dat”数据文件；

(2)检查第(1)题中生成的“＊.dat”数据文件的格式是否正确，是否符合 CASS 软件的数据文件要求，并使用 CASS 软件生成断面图。

(3)难点提示：EXCEL 中的数据生成“＊.dat”数据文件时，需要首先按照 CASS 数据文件格式将 EXCEL 表格中的数据列依次设置为点号、空格、Y 坐标、X 坐标、高程 H，然后选择“另存为”，并选择存储格式为“csv”格式，选择存储路径，并将文件名用半角双引号存为“＊.dat”的格式即可。

(4)课后思考：使用 CASS 软件生成多幅横断面图时，如何给横断面进行顺序编号、如何标注每个横断面的里程、如何设置断面图的间距、如何按桩号顺序使中心桩位置位于同一垂线上？

三、根据等高线绘制断面图

等高线法原理为两条等高线所围面积可求，两条等高线之间的高差已知，从而可求出这两条等高线之间的土石方量。

等高线法适用于用户将白纸图扫描矢量化后得到的图形，因为这样的图形没有高程数据文件，所以无法用前面的几种方法计算土石方量。用等高线法可计算任意两条等高线之间的土石方量，但所选等高线必须闭合。

在 CASS 环境中，展出坐标数据文件 SHICE.dat 的测点点号，并绘制等高线。基本操作如下：

(1)【绘图处理】→【展野外测点点号】，弹出【输入坐标数据文件名】对话框，打开 SHICE.dat 文件，展绘出测点点号。

(2)【等高线】→【建立 DTM】，弹出【建立 DTM】对话框，在【选择建立 DTM 方式】中单选【用数据文件生成】，在【坐标数据文件名】中打开 SHICE. dat 文件，在【结果显示】中单选【显示建三角网结果】，单击【确定】完成 DTM 的建立。

(3)【等高线】→【绘制等高线】，弹出【绘制等高线】对话框，修改“等高距”为 0. 5m；“拟合方式”中单选“三次 B 样条拟合”，单击【确定】完成等高线的绘制。

(4)【等高线】→【删三角网】。在等高线地形图中绘制道路的横断面剖面线：使用复合线(pline)绘制多段线命令，连接 SHICE. dat 中测点点号 34 和 88，起点测点 34，终点测点 88。如图 3-10 所示。

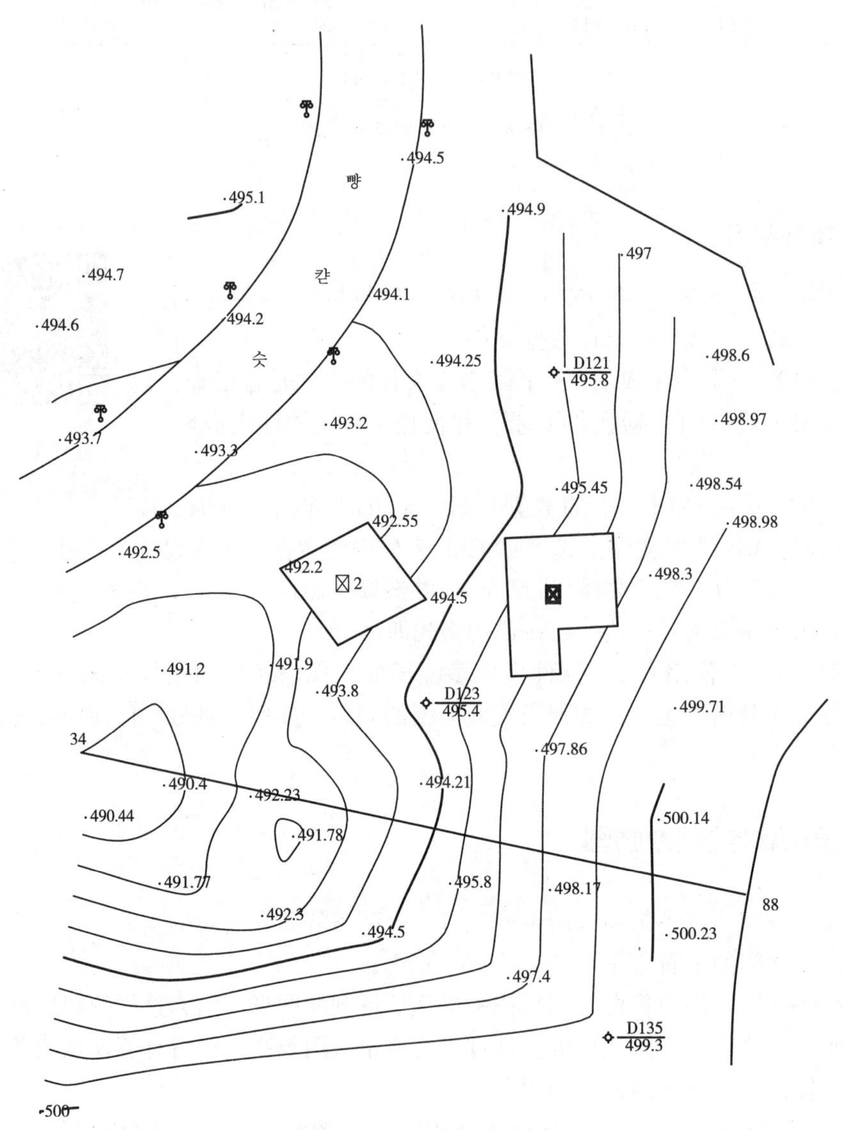

图 3-10　横断面剖面线

选择菜单命令中的【工程应用】→【绘制断面图】→【根据等高线】命令，用鼠标选择图 3-10 中横断面位置线，就弹出绘制断面图的窗口，窗口中输入横断面图的纵横方向比例、断面图位置(在屏幕任意位置上用鼠标点击)等参数后按【确定】，并绘制纵断面图，如图3-11 所示。

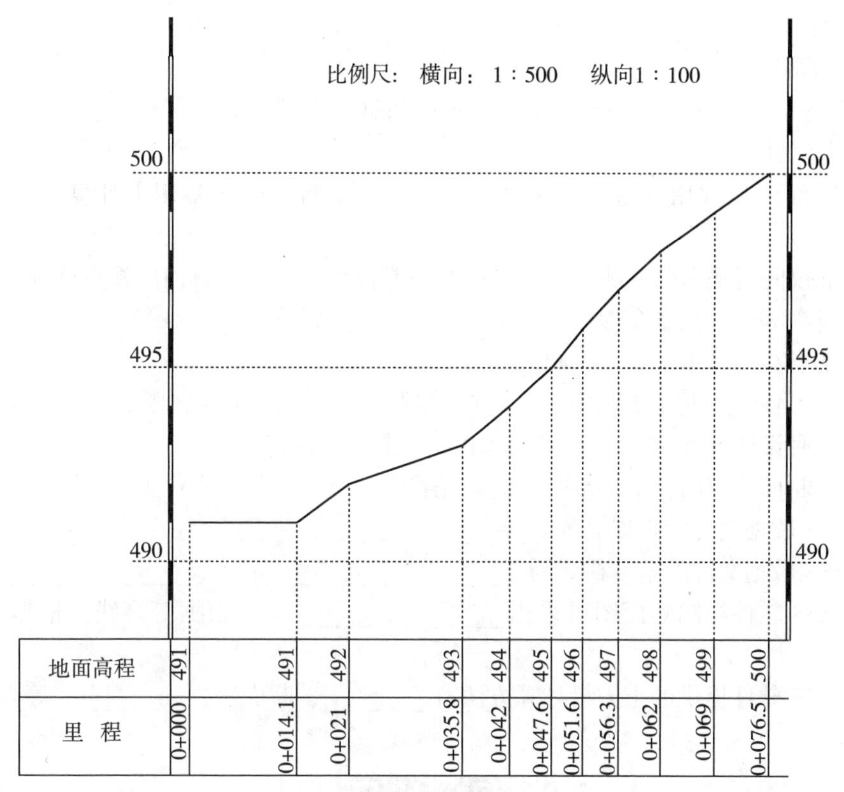

图 3-11　根据等高线绘制的纵断面图

四、断面法绘制断面图

断面法具体分为 4 种：道路断面法、场地断面法、任意断面法、二断面线间土石方量计算法。断面法的工作原理为根据纵断面上各个里程处实际测量的地面横断面线与设计横断面线，获得各个里程处的横断面的填挖面积，并由相邻两横段面的间距计算出土石方量，最终汇总出纵断面上所有两相邻横断面间的土石方量，并绘出土石方量计算表。

断面法土石方量计算步骤如下：

(1)生成里程文件(纵断面、复合线、等高线、三角网、手工输入和编辑等方法实现)。

(2)选择断面土石方量计算类型。

(3)指定横断面设计线参数，生成各个里程处的横断面图。

(4)选中所有里程处的横断面图，生成土石方量计算表。

【项目小结】

本项目单元主要学习纵横断面测量及其绘图的基本方法，主要包括水准仪间视法纵断面测量，经纬仪视距法横断面测量，全站仪及 GNSS-RTK 坐标法纵横断面测量。断面图的绘制主要使用专业软件，本单元以 CASS 软件为例说明了断面图的绘制方法。

【课后习题】

一、名词解释

中线测量、里程桩、纵横断面测量、基平测量、中平测量

二、填空题

1. 纵断面图通常用来进行线路的________，横断面图通常用来计算________和确定________。

2. 水准仪间视法纵断面测量时，前后视通常读到________，而间视点读到________。

3. 视线高等于后视点高程加________。

4. 间视点高程等于________减________。

5. 使用 CASS 软件生成断面图时，首先需要用________命令将断面点接起来。

6. 若渠底设计坡度为 1‰，则每隔 100m，渠底设计高程增加________。

7. 相邻断面填挖面积不一致时，应首先找出________的零点位置。

8. CASS 数据文件的扩展名为________。

9. CASS 数据文件的基本格式为______、______、______、______、______。

10. CASS 软件绘制断面图可采用________、________、根据等高线、根据三角网四种方法。

11. CASS 软件提供的土方量计算方法有________、断面法、________、等高线法。

课后习题 3 答案

【课堂测验】

请同学们扫描以下二维码，完成本项目课堂测验。

课堂测验 3

项目4　土石方量的计算

【项目简介】

土石方量计算是工程测量里的一项常规工作，在公路、铁路、河道、渠道、大坝、市政管沟、园林土建、广场农田、矿山湖泊等各类土石方工程中，都会遇到算量与绘图的问题。

土石方量的计算是在纵横断面测量和场地地形测量的基础上进行的，是工程成本预算的重要依据。土石方量计算的传统方法主要包括平均断面法和方格网法，目前土方量计算主要采用计算机软件，很多工程测量软件都具有土方计算的功能。计算机软件进行土方量计算主要有数字地面模型(DTM)法、断面法、等高线法、方格网法等几种方法，本项目中以南方测绘 CASS 软件为例说明土方量计算的基本方法。

【教学目标】

1. 了解使用传统方法计算土石方量的基本思路。
2. 能够使用计算机软件进行土石方量计算。

项目单元教学目标分解

目　标	内　容
知识目标	1. 理解土石方量测量的基本概念、土石方量计算的主要作用及用途； 2. 了解土石方量测量常用的仪器设备(水准仪、经纬仪、全站仪、RTK、三维激光扫描仪、无人机等)； 3. 了解土石方量计算的常用软件
技能目标	1. 掌握土石方量测量的常用方法(水准仪十字格网法、全站仪及 RTK 坐标法、无人机摄影测量法、三维激光扫描法)； 2. 掌握土石方量计算的常用软件及使用方法；土石方量计算的主要方法(方格网法、DTM 法、等高线法、断面法)
态度及思政目标	1. 实事求是，尊重科学，严谨细致完成测绘成果和数据的处理，特别是在土石方量计算等工作中； 2. 能够对每一次工程测量成果举一反三，使用不同方法验证计算的正确性，确保成果高质量

任务4.1　传统计算方法

土石方量的传统计算方法(手算方法)包括方格网法和平均断面法。方格网法主要适合于计算场地平整土方量。测量土方量是将场地分成方格网，使用每个方格四个角落处的高程和设计高程之差取平均值，再乘以面积，得到填挖方量。平均断面法用于线状工程的土方量计算，即将相邻两断面间所夹土方视为一柱体，柱体高为相邻断面间距，柱体底面积采取两断面面积的平均值，底乘高即为两断面间的土石方量。

土建工程施工过程中通常需要计算土石方量，从而进行工程施工造价和预算。土石方量的计算是建筑工程施工的一个重要步骤。工程施工前的设计阶段必须对土石方量进行预算，它直接关系到工程的费用概算及方案优化。在现实中的一些工程项目中，因土石方量计算的精确性而产生的纠纷也是经常遇到的。如何利用测量单位现场测出的地表数据或原有的数字地形数据快速准确地计算出土石方量就成了人们日益关心的问题。常用的几种计算土石方量的方法有：方格网法、等高线法、断面法、DTM 法、区域土方量平衡法和平均高程法等。

当地形复杂、起伏变化较大，或在地狭长、挖填量大且不规则的地段，宜选择横断面法进行土石方量计算。土石方量精度与纵、横向取点间距 L 的长度有关，L 越小，精度就越高。但是这种方法工作量大，尤其是在范围较大、精度要求高的情况下更为明显。若是为了减少工作量而增大取点间隔，就会降低计算结果的精度。所以断面法存在着计算精度和工作强度的矛盾。

对于大面积的土石方估算以及一些地形起伏较小、坡度变化平缓的场地适宜用格网法。这种方法是将场地划分成若干个正方形格网，然后计算每个四棱柱的体积，从而将所有四棱柱的体积汇总得到总的土石方量。在传统的方格网计算中，土石方量的计算精度不高。

子任务 4.1.1　断面法计算土石方量

断面法适合于线状工程土石方量计算，传统断面法(手算方法)计算土石方量过程较为复杂，现阶段已经被软件计算方法代替。

一、基本原理

断面法计算土石方量是根据纵断面上各个里程处实际测量的地面横断面线与设计横断面线，获得各个里程处的横断面的填挖面积，并由相邻两横断面的间距计算出土石方量，最终汇总出纵断面上所有两相邻横断面间的土石方量，并绘出土石方量计算表。

二、基本步骤

断面法计算土方工程量的步骤：

(1)确定各个断面面积(包括填方面积和挖方面积)；

(2)确定相邻断面的平均断面面积(包括填方和挖方)；

(3)依据各个断面间距确定每个断面体的体积(包括填方和挖方);

(4)统计总的填方体积和挖方体积。

三、工程实例

如表 4.1 所示为某工程使用断面法进行土石方量计算的结果。

四、常用软件

土方量计算的软件非常多，南方 CASS、天正、易算土方、纬地、HTCAD、飞时达 FASTTFT、鸿业(道路)、同望(道路)，这些软件各有特色，其中 CASS、纬地、HTCAD、飞时达都是基于 CAD 平台的软件，易算土方是一款不依赖 CAD 的独立土方计算系统，其“戴帽”功能尤其适合道路、铁路、河道、渠道、大坝、绿化带这类狭长带状类工程。

表 4.1　　断面法土石方量计算表

里程	中心高(m)		横断面积(m^2)		平均面积(m^2)		距离(m)	总数量(m^2)	
	填	挖	填	挖	填	挖		填	挖
K0+0.00	0.44		9.77	0.23					
					9.14	0.53	20.00	182.82	10.69
K0+20.00	0.42		8.51	0.84					
					7.97	0.91	20.00	159.34	18.19
K0+40.00	0.37		7.43	0.98					
					7.88	0.90	20.00	157.69	18.02
K0+80.00	0.44		8.34	0.82					
					7.93	0.97	20.00	158.59	19.32
K0+80.00	0.37		7.52	1.11					
					7.40	1.13	20.00	148.10	22.68
K0+100.00	0.37		7.28	1.16					
					5.55	1.43	20.00	131.03	28.58
K0+120.00	0.28		5.81	1.70					
					3.51	2.57	20.00	70.19	53.37
K0+140.00	0.08		1.21	3.64					
					0.60	6.47	20.00	12.09	129.36
K0+160.00		0.23	0.00	9.30					
					0.00	17.46	20.00	0.00	349.15
K0+180.00		0.63	0.00	25.62					
					0.00	28.53	20.00	0.00	570.68
K0+200.00		1.04	0.00	31.45					
					0.00	32.14	20.00	0.00	642.61
K0+220.00		1.04	0.00	32.83					
					0.00	33.08	20.00	0.00	661.67
K0+240.00		1.07	0.00	33.34					
					0.00	38.97	20.00	0.00	739.40
K0+260.00		1.21	0.00	40.60					
					0.00	49.06	20.00	0.00	981.28
K0+280.00		1.76	0.00	57.52					
					0.00	52.46	20.00	0.00	1049.18
K0+300.00		1.50	0.00	47.39					
					0.00	48.53	20.00	0.00	970.62
K0+320.00		1.57	0.00	49.67					
					0.00	53.56	20.00	0.00	1071.22
K0+340.00		1.95	0.00	57.45					
					0.00	59.02	20.00	0.00	1180.43
K0+360.00		2.11	0.00	60.59					
					0.00	59.52	16.39	0.00	975.54
K0+378.39		2.01	0.00	58.45					
合计								1019.8	9492.2

子任务4.1.2　方格网法计算土石方量

方格网法适合于面状场地工程土石方量计算，传统方格网法(手算方法)计算土石方量过程较为复杂，现阶段已经被软件计算方法代替。本节内容主要讲述使用手工方格网法计算土石方量的基本原理和过程。

一、基本原理

将场地划分为边长10~40m的正方形方格网，通常以20m居多。再将场地设计标高和自然地面标高分别标注在方格角上，场地设计标高与自然地面标高的差值即为各角点的施工高度(挖或填)，习惯以“+”表示填方，“-”表示挖方。将施工高度标注于角点上，然后分别计算每一方格的填挖土石方量，并算出场地边坡的土石方量。将挖方区(或填方区)所有方格计算的土石方量和边坡土石方量汇总，即得场地挖方量和填方量的总土石方量。

为了解整个场地的挖填区域分布状态，计算前应先确定“零线”的位置。零线即挖方区与填方区的分界线，在该线上的施工高度为零。零线的确定方法是：在相邻角点施工高度为一挖一填的方格边线上，用插入法求出零点的位置，将各相邻的零点连接起来即为零线。零线确定后，便可进行土石方量计算。方格网中土石方量的计算有两种方法，即四角棱柱体和三角棱柱体法。

二、操作步骤

方格网计算土石方工程量有8个步骤：

(1)划分方格网，并确定其边长；

(2)确定方格网各角点的自然标高(通过测量确定)；

(3)计算方格网的平整标高(也称设计标高)；

(4)计算方格网各角点的施工高度；

(5)计算零点位置并绘出零线；

(6)计算方格网的土石方工程量；

(7)汇总挖方量和填方量并进行比较；

(8)调整平整标高。

三、计算实例

(一)划分方格网，并确定其边长

根据要平整场地的地形变化、复杂程度和要求的计算精度确定方格的边长 a，一般 a 为10m、20m、30m、40m等，若地形变化比较复杂或平整要求的精度又比较高时，a 取小些，否则可取大些甚至可达 100m，以减少土石方的计算工作量。如图 4-1 所示。

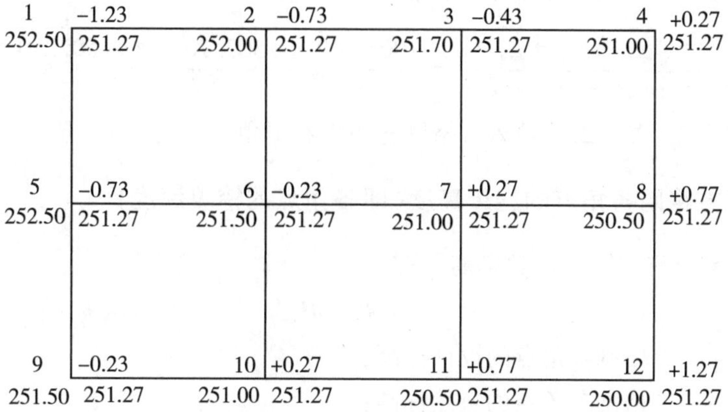

1　-1.23　2　-0.73　3　-0.43　4　+0.27
252.50　251.27　252.00　251.27　251.70　251.27　251.00　251.27

5　-0.73　6　-0.23　7　+0.27　8　+0.77
252.50　251.27　251.50　251.27　251.00　251.27　250.50　251.27

9　-0.23　10　+0.27　11　+0.77　12　+1.27
251.50　251.27　251.00　251.27　250.50　251.27　250.00　251.27

图 4-1　划分方格网示意图

(二)确定方格网各角点的自然标高(通过测量确定)

通过测量将测出的自然标高标注在方格网各角点的左下角，为了避免标注混乱，建议标注时采用下述方法表示，如图 4-2 所示。

角点编号	施工高度
自然标高	平整高度

图 4-2　确定方格角点标高示意图

(三)计算方格网各角点的平整高度(或设计标高)

平整标高的计算方法，目前较多采用挖填平衡法，即理想的平整标高应使场地内的土石方在平整前和平整后相等。

$$H_0 = \frac{\sum H_{①} + 2\sum H_{②} + 4\sum H_{④}}{4 \times m} \tag{4-1}$$

式中，H_0——为场地的平整标高，单位为 m；m 为格数；

$H_{①}$——为计算土石方量时使用 1 次的角点自然标高，单位为 m(如 $H11$、$H13$)；

$H_{②}$——为计算土石方量时使用 2 次的角点自然标高，单位为 m(如 $H12$、$H23$)；

$H_{④}$——为计算土石方量时使用 4 次的角点自然标高，单位为 m(如 $H22$)。

根据公式(4-1)计算：

$$\sum H_{①} = 252.50 + 251.00 + 251.50 + 250.00 = 1005\text{m}$$

$$\sum H_{②} = 252.00 + 251.70 + 252.00 + 250.50 + 251.00 + 250.50 = 1507.70\text{m}$$

$$\sum H_{④} = 251.50 + 251.00 = 502.50\text{m}$$

方格网划分的格数 m 等于6个，根据公式(4-1)有：

$$H_0 = \frac{\sum H_{①} + 2\sum H_{②} + 4\sum H_{④}}{4 \times m} = \frac{1005 + 2 \times 1507.70 + 4 \times 502.50}{4 \times 6} = 251.27\text{m}$$

将平整标高 H_0=251.27m 填入方格网各角点右下角。

(四)计算方格网各角点的施工高度(即各角点的挖填深度)

由施工高度=设计标高-自然标高，有

$$h_n = H_0 - H_n \tag{4-2}$$

式中，H_0——方格网各角点的设计标高；

H_n——方格网各角点的自然标高；

h_n——方格网各角点的施工高度("+"为填方，"-"为挖方)。

(五)计算零点位置并绘制零线

在一个方格网内同时有挖方和填方时，应先算出方格网边的零点位置，并标注于方格网上。连接相邻的零点就是零线，即是挖方区和填方区的分界线。零点位置按式(4-3)计算，零线示意图如图4-3所示。

$$X_{1-2} = \frac{ah_1}{h_1 + h_2} \tag{4-3}$$

式中，X_{1-2}——从"1"角点至"2"角点的零点位置，m；

h_1、h_2——分别为方格网边两角点的挖、填高度(深度)，m；

a——方格的边长，m。

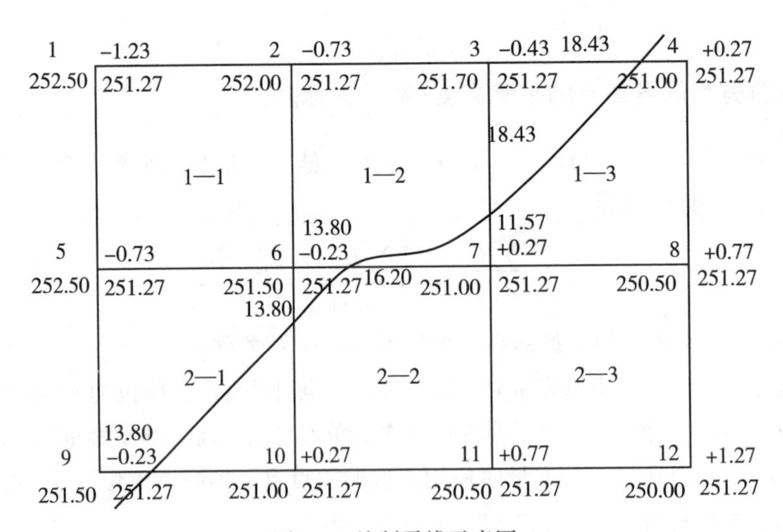

图4-3　绘制零线示意图

根据公式(4-3)计算零点位置：

$$X_{3-4}=\frac{30\times 0.43}{0.43+0.27}=18.43\text{m}$$

$$X_{3-7}=\frac{30\times 0.43}{0.43+0.27}=18.43\text{m}$$

$$X_{6-7}=\frac{30\times 0.23}{0.23+0.27}=13.80\text{m}$$

$$X_{6-10}=\frac{30\times 0.23}{0.23+0.27}=13.80\text{m}$$

$$X_{9-10}=\frac{30\times 0.23}{0.23+0.27}=13.80\text{m}$$

(六)计算方格土石方工程量

零线绘出后，场地的填、挖方区也随之标出，便可按平均高度法分别计算填、挖方区的填方量和挖方量。根据方格网底面和图形表中所列相应公式计算，如表 4.2 所示。

表 4.2　　**方格法填、挖方量计算方法表**

项目	图　式	计算公式
一点填方或挖方（三角形）		$V=\frac{1}{2}bc\frac{\sum h}{3}=\frac{bch_3}{6}$ 当 $b=a=c$ 时，$V=\frac{a^2h_3}{6}$
两点填方或挖方（梯形）		$V_+=\frac{b+c}{2}a\frac{\sum h}{4}=\frac{a}{8}(b+c)(h_1+h_3)$ $V_-=\frac{d+e}{2}a\frac{\sum h}{4}=\frac{a}{8}(d+e)(h_2+h_4)$
三点填方或挖方（五角形）		$V=\left(a^2-\frac{bc}{2}\right)\frac{\sum h}{5}$ $=\left(a^2-\frac{bc}{2}\right)\frac{h_1+h_2+h_3}{5}$
四点填方或挖方（正方形）		$V=\frac{a^2}{4}\sum h=\frac{a^2}{4}(h_1+h_2+h_3+h_4)$

(七)汇总挖方量和填方量并进行比较

1—1 格挖方量：$V_{1-1}=\frac{30^2}{4}(1.23+0.73+0.73+0.23)=657\text{m}^3$

1—2 格挖方量：$V_{1-2}=\left(30^2-\dfrac{11.57\times16.20}{2}\right)\left(\dfrac{0.73+0.43+0.23}{5}\right)=244.15\text{m}^3$

1—2 格填方量：$V_{1-2}=\dfrac{16.20\times11.57\times0.23}{6}=7.18\text{m}^3$

1—3 格挖方量：$V_{1-3}=\dfrac{18.43\times18.43\times0.43}{6}=24.34\text{m}^3$

1—3 格填方量：$V_{1-3}=\left(30^2-\dfrac{18.43\times18.43}{2}\right)\left(\dfrac{0.77+0.27+0.27}{5}\right)=191.30\text{m}^3$

2—1 格挖方量：$V_{2-1}=\left(30^2-\dfrac{16.20\times16.20}{2}\right)\left(\dfrac{0.73+0.23+0.23}{5}\right)=182.97\text{m}^3$

2—1 格填方量：$V_{2-1}=\dfrac{16.20\times16.20\times0.27}{6}=11.81\text{m}^3$

2—2 格挖方量：$V_{2-2}=\dfrac{13.80\times13.80\times0.23}{6}=7.30\text{m}^3$

2—2 格填方量：$V_{2-2}=\left(30^2-\dfrac{16.20\times16.20}{2}\right)\left(\dfrac{0.77+0.27+0.27}{5}\right)=201.42\text{m}^3$

2—3 格填方量：$V_{2-3}=\dfrac{30^2}{4}(1.27+0.77+0.77+0.27)=693\text{m}^3$

统计得到总挖方量为 1115.76m^3，总填方量为 1104.71m^3，填、挖方量基本平衡。

(八)调整平整标高

如果计算得到的填挖方量有较大出入，则还需要调整场地平整标高。

任务 4.2　软件计算方法

土石方量计算的软件很多，计算方法主要包括断面法、方格网法、等高线法、不规则三角格网法。本单元主要以 CASS 软件为例学习方格网法和断面法，其中方格网法适合于面状场地施工土石方量计算，而断面法适合于线状工程施工土石方量计算。

(1)断面法。断面法主要适用于地形复杂、起伏变化较大、狭长且不规则的线状工程的土石方量计算，即将相邻两断面间所夹土石方视为一柱体，柱体高为相邻断面间距 L，柱体底面积采取两断面面积的平均值，底乘高即为两断面间的土石方量。土石方量精度与间距 L 的长度有关，L 越小，精度越高。

(2)方格网法。方格网法主要适用于地形起伏较小、坡度变化相对平缓、大面积块状区域的土石方量计算。这种方法是将场地划分为若干个正方形格网，使用每个方格四个角落处的实测高程和设计高程之差的平均值乘以面积，得到该方格的填挖方量，再将所有四棱柱的体积汇总得到总的土石方量。

工作原理：系统将方格的四个角上的高程相加(如果角上没有高程点，通过周围高程点内插得出其高程)，取平均值与设计高程相减。然后通过指定的方格边长得到每个方格的面积，再用长方体的体积计算公式得到填挖方量。

(3)等高线法。利用含有等高线的地形图，计算相邻两条等高线所围的面积，再根据两相邻等高线的高差计算各个分层的体积，然后将各分层的体积累积相加得到总方量。

(4)三角格网法。三角格网法是指通过生成不规则三角格网，使整个计算土石方量的地形形成了由三角锥组成的集合，所有三角锥土石方量之和即为该地形的土石方量。

子任务 4.2.1　方格网法土石方量计算

方格网法简便直观、易于掌握，但对于复杂地形的土石方量计算精度不及 DTM 法。方格网法是很多业主单位青睐的方法，因为可以用笔或计算器来直接进行复核审查。

1)方格网法土石方量计算时设计面的选择

CASS 方格网法计算的设计面可以是平面或斜面(①一个方向放坡：斜面【基准点】；②两个不同方向放坡：斜面【基准线】)，也可以是多个坡面(利用三角网文件完成)，能够满足不同情况下的土石方量计算，尤其是在处理多级放坡时非常实用。

2)方格网法土石方量计算的步骤

(1)设计面是平面时。用复合线绘制土石方量计算范围线，范围线一定要闭合但不拟合，拟合过的曲线在进行土石方量计算时会用折线迭代，影响计算结果精度。

步骤：选择【工程应用】→【方格网土方计算】，根据命令行提示选择土石方计算区域的边界线(闭合复合线)，弹出"方格网土方计算"对话框。在对话框中选择所需的坐标文件；在"设计面"栏选择"平面"，并输入目标高程；在"方格宽度"栏，输入方格网的宽度，这是每个方格的边长，默认值为 20m 。单击"确定"，命令行提示最小高程、最大高程、总填方、总挖方数据，同时图上显示填挖方分界线，并给出每行的挖方和每列的填方。

(2)设计面是斜面时。设计面是斜面时，操作步骤与设计面是平面时基本相同，区别在于在"方格网土方计算"对话框"设计面"栏选择不同。

步骤：在"方格网土方计算"对话框中"设计面"栏中，选择"斜面【基准点】"或"斜面【基准线】"。

如果设计面是斜面【基准点】，需要确定坡度、基准点和向下方向上一点的坐标，以及基准点的设计高程。单击"拾取"，命令行提示："点取设计面基准点：确定设计面的基准点；指定斜坡设计面向下的方向：点取斜坡设计面向下的方向"。

如果设计面是斜面【基准线】，需要输入坡度并点取基准线上的两个点以及基准线向下方向上的一点，最后输入基准线上两个点的设计高程即可进行计算。单击"拾取"，命令行提示："点取基准线第一点：点取基准线的一点；点取基准线第二点：点取基准线的另一点；指定设计高程低于基准线方向上的一点：指定基准线方向两侧低的一边"。

(3)设计面是三角网文件时。设计面是三角网文件时，可以计算两期间土石方量，也可以计算设计面是多个坡面的土石方量。

若计算两期间土石方量时：分别在野外测量完成第一期与第二期地面点的高程数据，两期间土石方量计算的区域边界必须一致。区域边界在野外测量时，一般不可能采集得完全相同，但可在内业处理时调整一致，并且采用内插法求得每个边界的高程数据。利用第二期地面点的高程数据生成三角网文件，具体操作利用南方 CASS 软件中的"绘图处理"与"等高线"两个菜单中的功能按照相应的提示完成。

步骤：在“绘图处理”下拉菜单中选择“定显示区”→“改变当前图形比例尺”→“展高程点”→“连接边界线”。在“等高线”下拉菜单中选择“建立 DTM”(或“图面 DTM 完善”)→“选择边界线”→“构成三角网”→“修改三角网”→“修改结果存盘”→“三角网存取”→“写入文件”。

单击“写入文件”，弹出“输入三角网文件名”对话框，提示将已构成的三角网以 *. sjw 扩展名格式取名保存在指定的文件下。

两期间土石方量计算要用的三角网文件就这样一步一步地完成，有了这个三角网文件后，就可以进行两期间土石方量计算了。两期间土石方量计算采用设计面是三角网文件时，操作步骤与设计面是平面时基本相同，区别在于石方格网土方计算对话框中“高程点坐标数据文件”必须选择第一期的地面点高程数据，同时在“设计面”栏中，选择“三角网文件”。选择三角网文件时，一定要选择以第二期的地面点高程数据所构成的三角网。

若计算设计面是多个坡面的土石方量：设计面是多个坡面的时候，这种方法比较适合一个规划区内的土石方量计算，不同的坡面上有着不同的竖向标高。计算方法基本与利用“三角网文件”计算两期间土石方量一样，区别在于把竖向标高转换成南方 CASS 软件能够识别的高程点，然后利用这些高程点用同样的方法生成三角网文件。

一、任务目标

如图 4-4 所示为一塑料包装厂的厂区地形图，主要厂房和围墙已经建好，院内有土堆和大坑存在，现要进行场地平整测量，需要以厂房地坪面为标高，将工厂内部整理为平地，甲方要求预估计算土石方量。为了便于计算土石方量，本次地形图测量时高程系统未采用国家统一高程系统，而将中间厂房的地坪面假定为零，然后测绘厂区地形图，生成不规则三角网和等高线。

二、操作步骤

方格网法计算土石方量的基本步骤如下：

(1)确定出需要计算填挖面积的边界线。用 pline 线将计算区域包围起来，组成封闭多边形，用 C 闭合。

(2)为了便于合理划分格网，将图形旋转使得其中一条直线边为水平或竖直。

(3)选择【工程应用】→【方格网土方计算】，弹出如图 4-5 所示的对话框，选择包含有各点高程的数据文件，或选择软件自动生成的三角网文件。

(4)选择设计面的类型。共有三个选项(平面、斜面、不规则面)，若为平面则输入目标高程；若为斜面则输入基准点高程和基准线坡度；若为不规则的面则需要实测开挖完成之后的地貌并生成三角网文件，再输入方格宽度，该值决定计算的精度，宽度越小，方格越多，计算精度越高。但高程点密度一般与测图比例尺有关，所以方格宽度小于图上最近点间距时，取值过小意义不大，反而会使计算速度很慢，甚至死机。

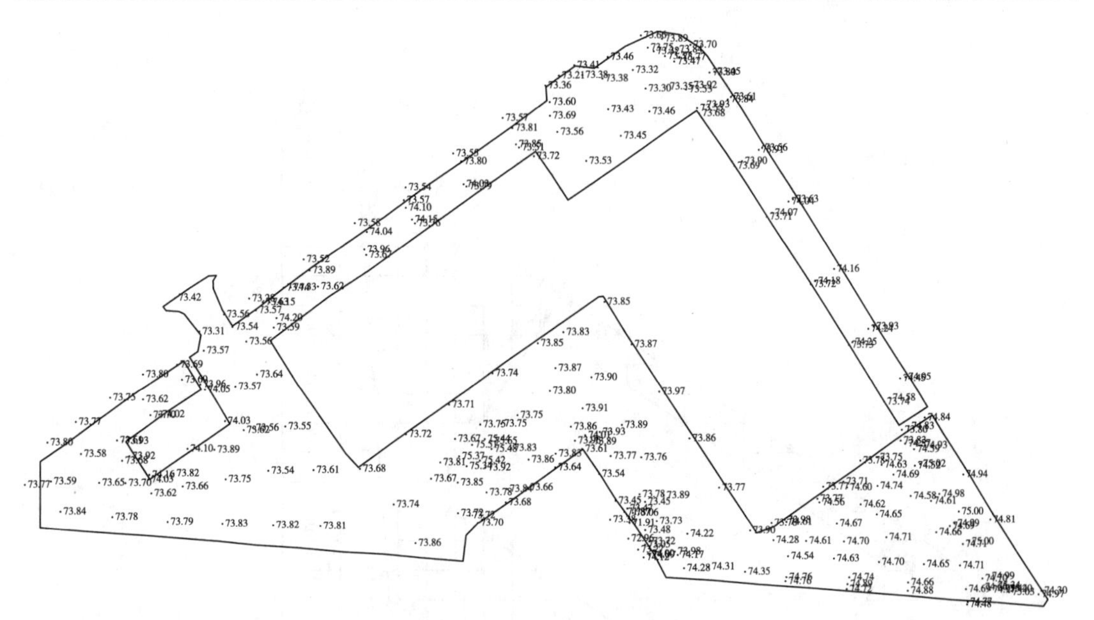

图 4-4　厂区地形图

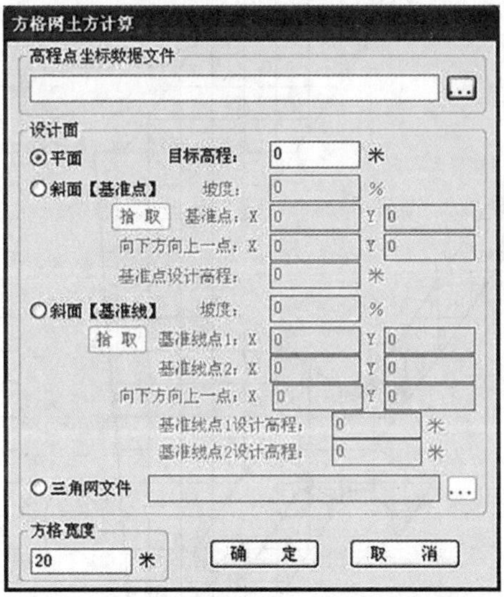

方格网土方计算
高程点坐标数据文件
设计面
⊙平面　目标高程：0　米
○斜面【基准点】　坡度：0　%
拾取　基准点：X 0　Y 0
向下方向上一点：X 0　Y 0
基准点设计高程：0　米
○斜面【基准线】　坡度：0　%
拾取　基准线点1：X 0　Y 0
基准线点2：X 0　Y 0
向下方向上一点：X 0　Y 0
基准线点1设计高程：0　米
基准线点2设计高程：0　米
○三角网文件
方格宽度
20　米
确　定　取　消

图 4-5　方格网法土方量计算示意图

(5)选择合适的宽度后，单击“确定”，会出现如图 4-6 所示的方格网，在图形左侧和下侧出现两行数据，左侧为各行对应的挖方量之和，下侧为各列对应的填方量之和，再将总的填挖方量显示在左下角的方格中。

土石方量计算的方法很多，其计算采用的数据源包括原始坐标和高程数据文件、软件生成的不规则三角网对应的数据文件、等高线及相应数据文件等，实际工作中应根据具体要求选择相应的方法。如图 4-7 所示即为不规则三角网示意图。

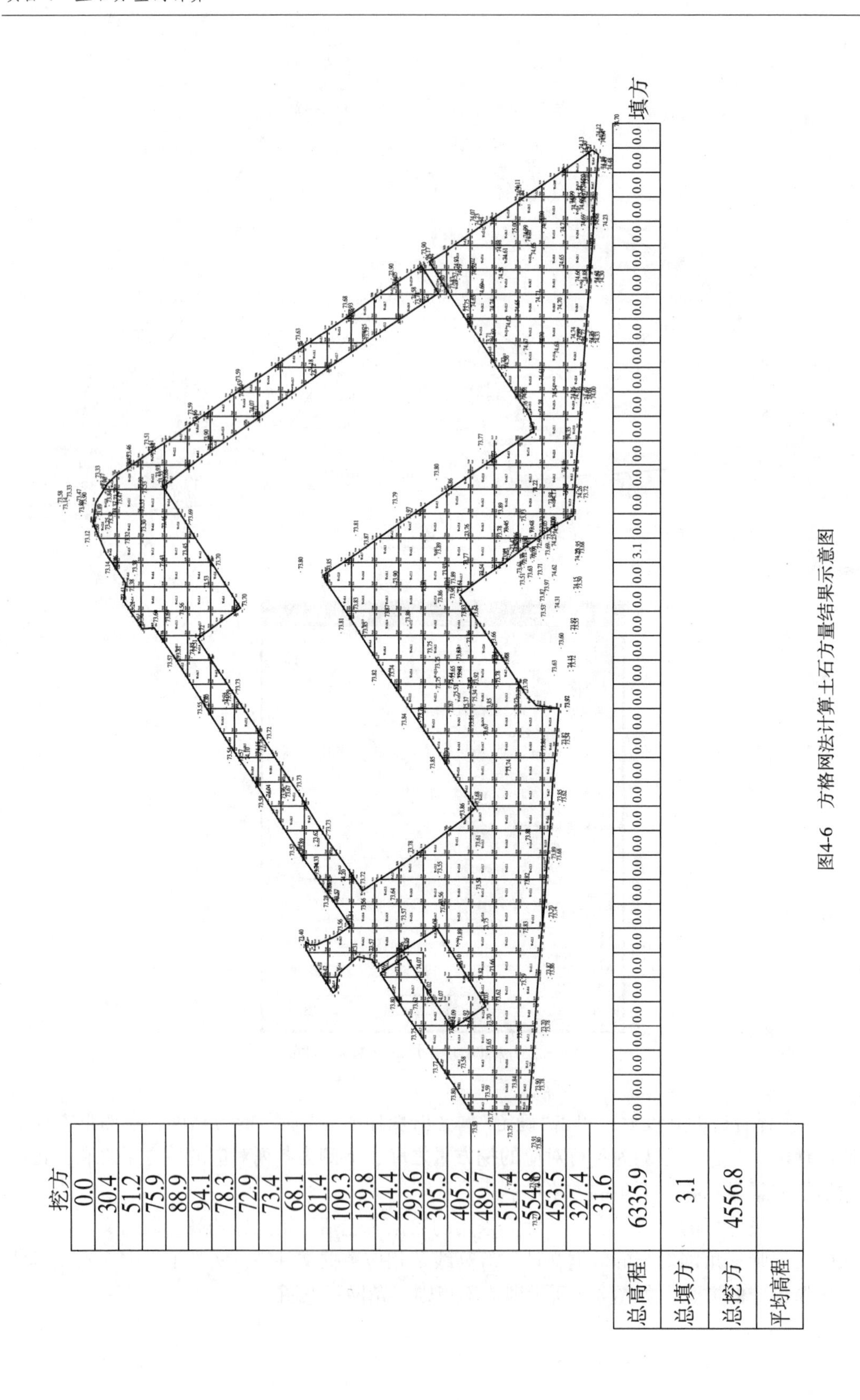

图4-6　方格网法计算土石方量结果示意图

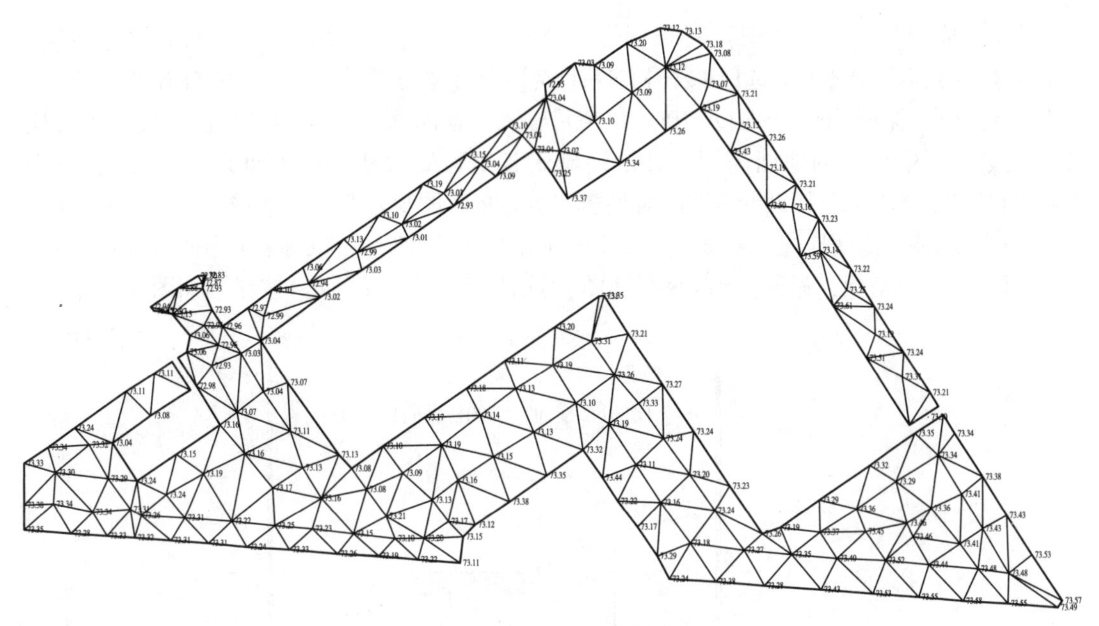

图 4-7　不规则三角网示意图

三、拓展学习

扫描右侧二维码，以本任务中包装厂场地测量的数据为例，完成土石方量的计算。

数据资料 10：包装厂原始测量数据 DAT 文件

子任务 4.2.2　断面法土石方量计算

断面图的应用比较广泛，特别是在道路工程中各种断面设计及土石方量计算方面，由于断面图绘制在 CASS 软件成图操作中比较简单，而且在土石方量计算中经常能够使用到，下面在土石方量计算方面进行论述。

一、操作步骤

(一) 绘制纵断面图

以某土石方测量工程坐标数据文件为例，绘制道路的纵断面图，以便下一步中确定“横断面设计文件”中的各个横断面的中桩设计高。基本操作如下：

【工程应用】→【绘断面图】→【根据已知坐标】，弹出【断面线上取值】对话框，在【选择已知坐标获取方式】中单选【由数据文件生成】；在【坐标数据文件名】中打开 SHICE. dat 文件；注意在“采样间距”中输入 10m（该值可输入与横断面间距相同的数值，便于查看横断面个数及其中桩处的地面高程，并最终确定各里程处横断面的中桩设计高程）；单击【确定】按钮，弹出【绘制纵断面图】对话框，在“断面图比例”中默认横向 1∶500，纵向 1∶100；设置起始里程；在“断面图位置”中单击“…”按钮，用鼠标在绘图区空白处指定纵断面图左下角坐标，返回【绘制纵断面图】对话框后，单击【确定】按钮。如图 4-8 所示。

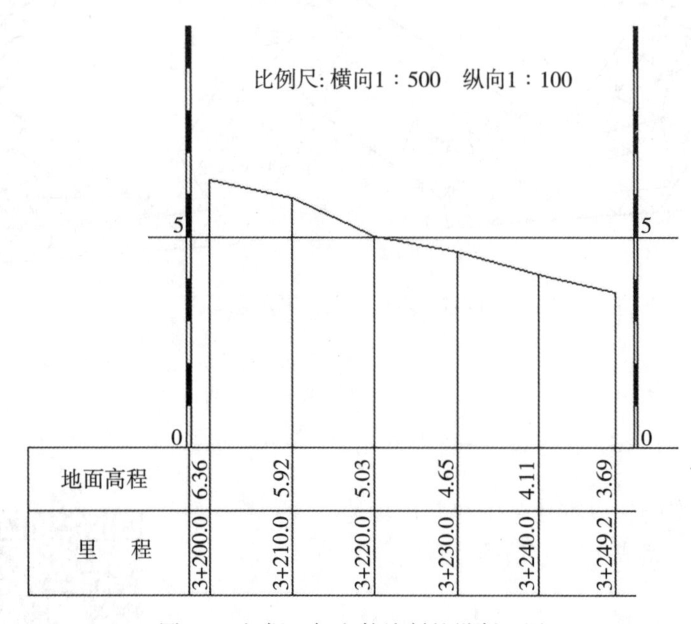

图 4-8　根据已知文件绘制的纵断面图

图中折线即为道路地面断面，每隔 10m 处有横断面的中桩地面高程，并可大致判断各里程处横断面的中桩设计高程，该纵断面按 10m 的间距有 6 个横断面。

（二）编辑横断面设计文件

确定设计道路的横断面相关参数，须编辑“横断面设计文件”。现在我们需要编辑本实例中的 6 个横断面的设计参数，此例编辑的“横断面设计文件”如下：

（1）$H=6.00$，$I=1:1$，$W=50$，$A=0.02$，WG=0，HG=0；

（2）$H=5.78$，$I=1:1$，$W=50$，$A=0.02$，WG=0，HG=0；

（3）$H=5.61$，$I=1:1$，$W=50$，$A=0.02$，WG=0，HG=0；

（4）$H=5.38$，$I=1:1$，$W=50$，$A=0.02$，WG=0，HG=0；

（5）$H=5.20$，$I=1:1$，$W=50$，$A=0.02$，WG=0，HG=0；

（6）$H=5.01$，$I=1:1$，$W=50$，$A=0.02$，WG=0，HG=0。

（三）生成道路纵断面和横断面并计算土石方量

（1）点选【工程应用】→【生成里程文件】→【由纵断面线生成】→【新建】，鼠标选中等高线地形图中绘制的纵断面设计线，在弹出“由纵断面线生成里程文件”的对话框中：在“中桩点获取方式”下单选“等分”；“横断面间距”输入 10m；“横断面左边长度”和“横断面右边长度”均输入 30m(横断面设计线长度一定要大于设计路面宽)；点击【确定】按钮后，纵断面线上会自动生成指定间距和宽度的多条横断面设计线(红色)，如图 4-9 所示。

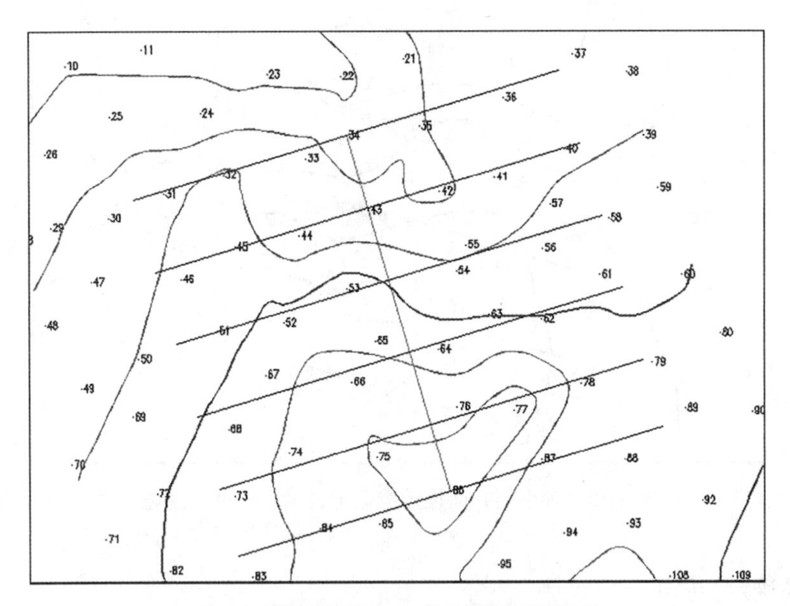

图 4-9　纵断面线上生成的横断面设计线

(2)点选【工程应用】→【生成里程文件】→【由纵断面线生成】→【生成】，鼠标选中等高线地形图中绘制的纵断面设计线，弹出的“生成里程文件”对话框中：在“高程点数据文件名”下，指定地形坐标高程数据文件 SHICE. dat；在“生成的里程文件名”下，指定里程文件名为“里程文件 . hdm”，并保存在相应的目录下，如“C：\ Users \ Administrator \ Desktop \ 新建文件夹 \ 里程文件 . hdm”；在“里程文件对应的数据文件名”下，指定里程文件对应的数据文件名为“里程文件对应数据 . dat”，并保存在相应的目录下，如“C：\ Users \ Administrator \ Desktop \ 新建文件夹 \ 里程文件对应数据 . dat”。“断面线插值间距”默认为 5m，“起始里程”设置为 3200。(此处插值间距为设置各横断面线上高程的插值间距)；点击【确定】按钮后，系统自动在各个横断面设计线上生成对应的里程注记。如图 4-10 所示。

(3)点选【工程应用】→【断面法土方计算】→【道路断面】，弹出的“断面设计参数”对话框如图 4-11 所示。在此处设定断面设计参数：

在“选择里程文件”下，指定上一步中生成的“里程文件 . hdm”，如“C：\ Users \ Administrator \ Desktop \ 新建文件夹 \ 里程文件 . hdm”。在“横断面设计文件”下，指定保存的“横断面设计文件 . txt”，如“C：\ Users \ Administrator \ Desktop \ 新建文件夹 \ 里程文件 \ 横断面设计文件 . txt”。然后，在“道路参数”中，输入“中桩设计高程”为 6. 00，“路宽”为 50；由于虹梅南路设计中没有边沟，所以边沟的数据皆设置为 0。在“绘图参数”中，设置各个横断面图的纵横向比例尺、横断面图的间距等参数，本例均为默认值；

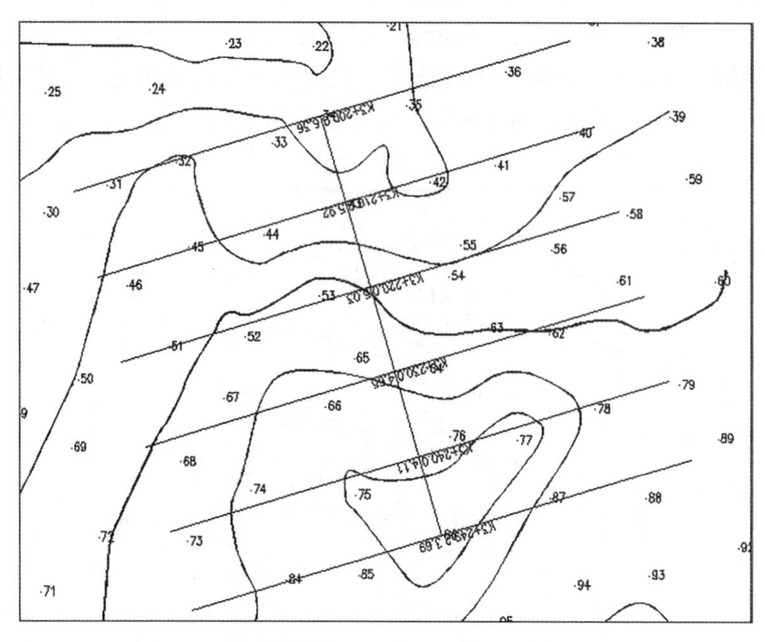

图 4-10　各个横断面设计线上生成对应的里程注记

最后，点击【确定】按钮。

(4)随后弹出“绘制纵断面图”的设置对话框，如图 4-12 所示。在此处设定纵断面图的绘图参数：

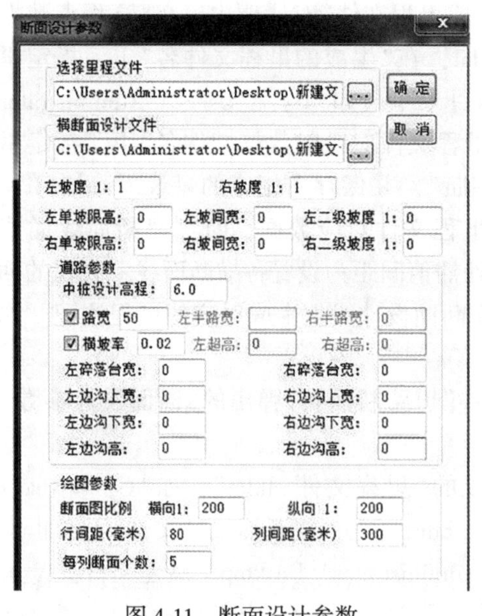

图 4-11　断面设计参数

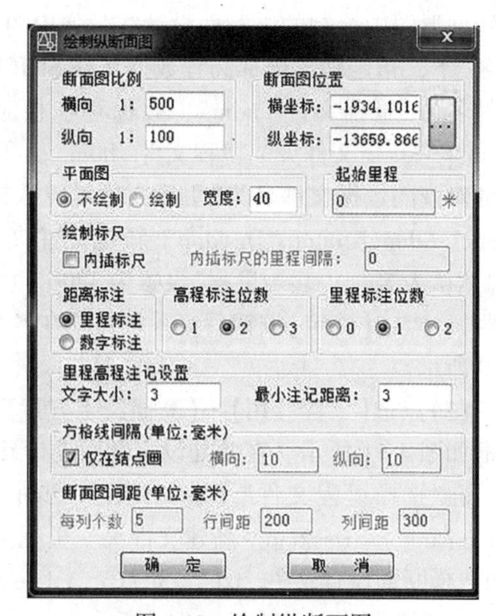

图 4-12　绘制纵断面图

在“断面图比例”中，默认横向 1∶500，纵向 1∶100；在“断面图位置”中，单击“…”

按钮，用鼠标在绘图区空白处指定纵断面图左下角坐标，返回“绘制纵断面图”对话框。而“绘制标尺”“距离标注”“高程标注位数”“里程标注位数”“里程高程注记设置”“方格线间隔”等绘图参数，本例均为默认值。

“断面图间距”：如果有多个纵断面图生成时可指定纵断面图生成时每列生成的个数、行列间距；本例只有单个纵断面图，该项为灰色不能指定。

最后，点击【确定】按钮，可在指定的位置自动生成纵断面图，之后注意命令提示行显示“指定横断面图起始位置”，鼠标再次在绘图区空白区域点击，各个里程处的横断面图就自动生成。本例生成的 1 个纵断面图和 6 个里程处的横断面图，如图 4-13、图 4-14 所示。

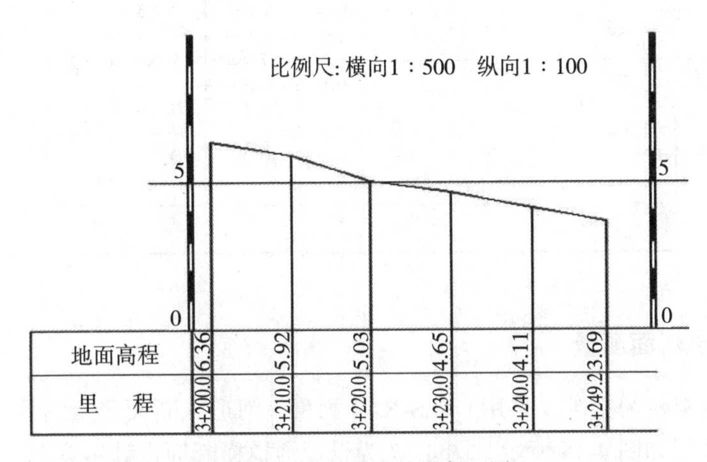

图 4-13　自动生成的纵断面图

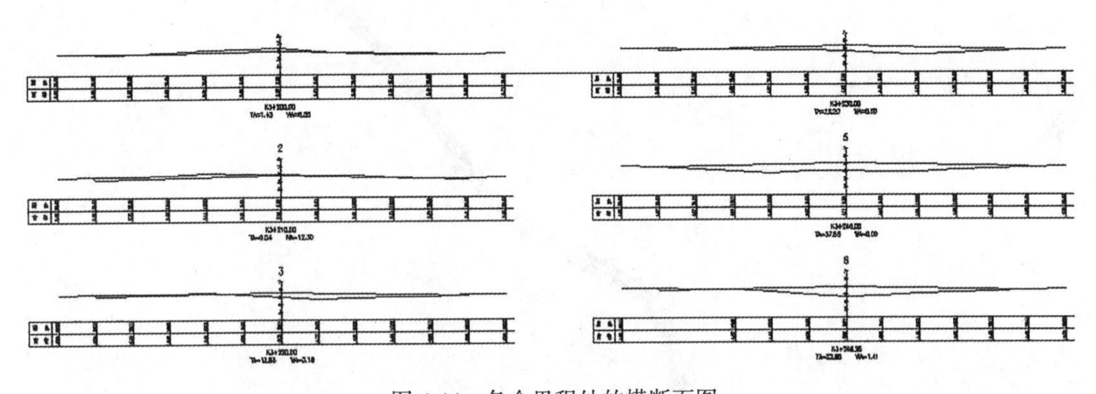

图 4-14　各个里程处的横断面图

(5)点选【工程应用】→【断面法土方计算】→【图面土方计算】，鼠标框选生成的所有横断面图后回车，命令行提示“指定土石方计算表左上角位置”时，鼠标单击绘图区空白区域，可生成土方计算表格，如表 4.3 所示。

二、工程实例

某地排干流域综合整治工程需要对河道进行整治，修建景观河道，为了工程造价需要进行断面测量并进行施工土石方量的计算。其中 2 标段共计 1437m，桩号从 G2+060 至 G3+497。

表 4.3　　土石方数量计算表

里程	中心高(m)		横断面积(m^2)		平均面积(m^2)		距离(m)	总数量(m^2)	
	填	挖	填	挖	填	挖		填	挖
K3+200.00		0.37	1.43	6.55					
					0.73	9.42	10.00	7.32	94.22
K3+210.00		0.14	0.04	12.30					
					6.46	7.74	10.00	64.57	77.36
K3+220.00	0.58		12.88	3.18					
					17.54	1.89	10.00	175.37	18.88
K3+230.00	0.73		22.20	0.60					
					30.04	0.30	10.00	300.41	3.00
K3+240.00	1.09		37.88	0.00					
					30.87	0.70	9.25	285.51	8.52
K3+249.25	1.32		23.85	1.41					
合计								833.2	200.0

(一)河道纵断面测量

河道两侧地势较为空旷，采用 GNSS-RTK 测量，河道纵断面测量结果如图 4-15 所示，河道纵断面设计图如图 4-16 所示。图 4-17 为景观河道横断面设计示意图。

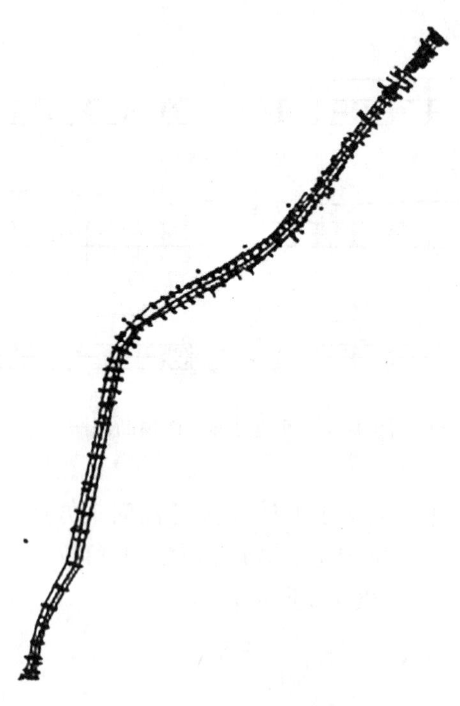

图 4-15　河道纵断面测量结果图

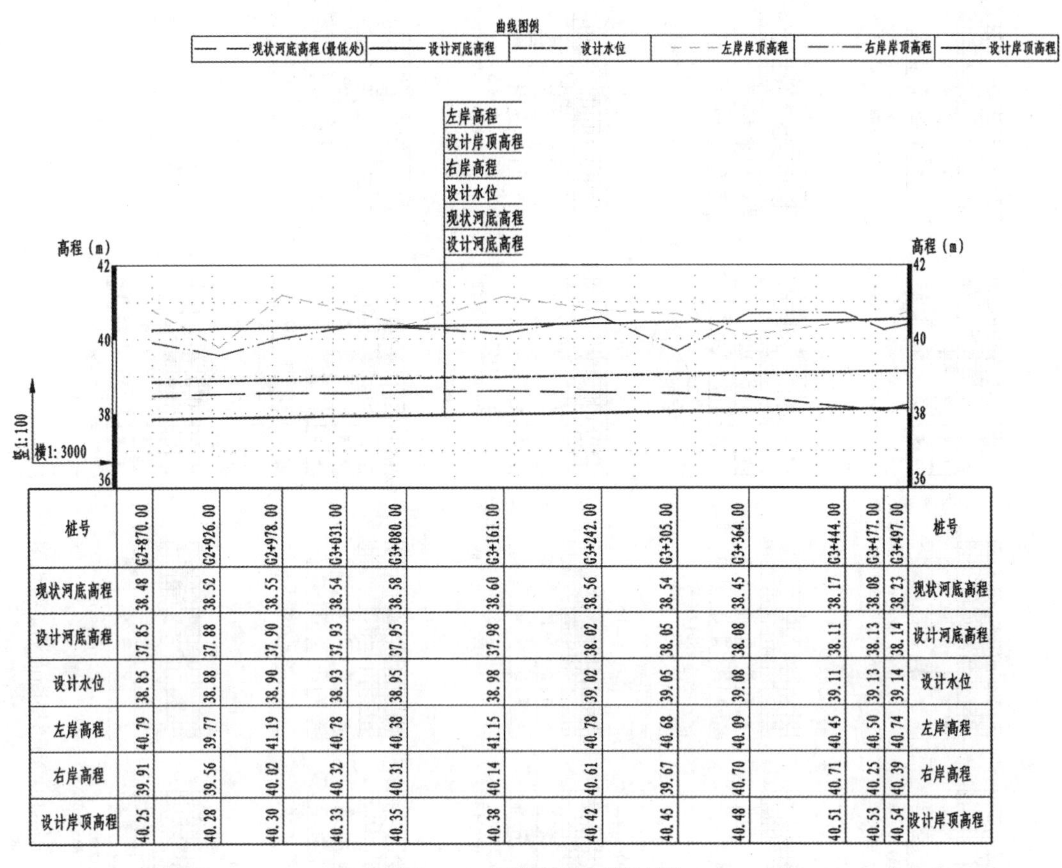

桩号	G2+870.00	G2+926.00	G2+978.00	G3+031.00	G3+080.00	G3+161.00	G3+242.00	G3+305.00	G3+364.00	G3+444.00	G3+477.00	G3+497.00	桩号
现状河底高程	38.48	38.52	38.55	38.54	38.58	38.60	38.56	38.54	38.45	38.17	38.08	38.23	现状河底高程
设计河底高程	37.85	37.88	37.90	37.93	37.95	37.98	38.02	38.05	38.08	38.11	38.13	38.14	设计河底高程
设计水位	38.85	38.88	38.90	38.93	38.95	38.98	39.02	39.05	39.08	39.11	39.13	39.14	设计水位
左岸高程	40.79	39.77	41.19	40.78	40.38	41.15	40.78	40.68	40.09	40.45	40.50	40.74	左岸高程
右岸高程	39.91	39.56	40.02	40.32	40.31	40.14	40.61	39.67	40.70	40.71	40.25	40.39	右岸高程
设计岸顶高程	40.25	40.28	40.30	40.33	40.35	40.38	40.42	40.45	40.48	40.51	40.53	40.54	设计岸顶高程

图 4-16　河道纵断面设计图

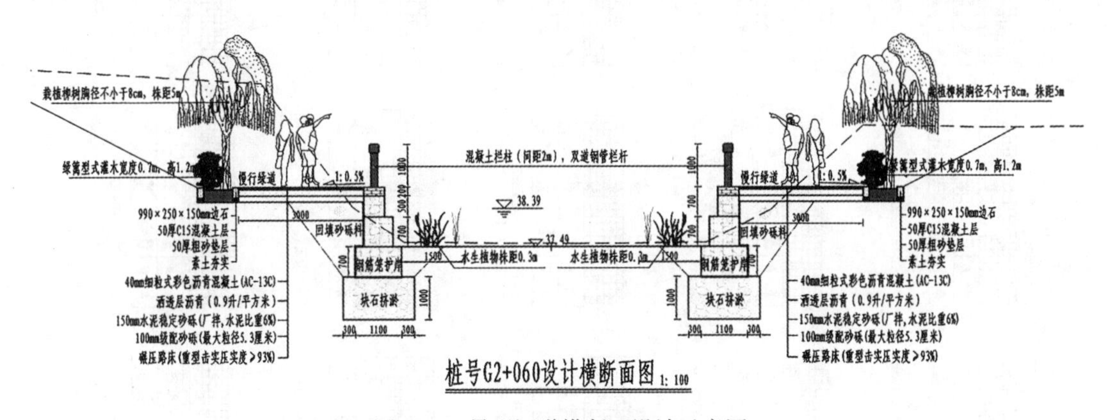

图 4-17　景观河道横断面设计示意图

(二) 河道横断面测量

河道横断面测量采用 RTK 进行，河道横断面测量结果如图 4-18 所示。

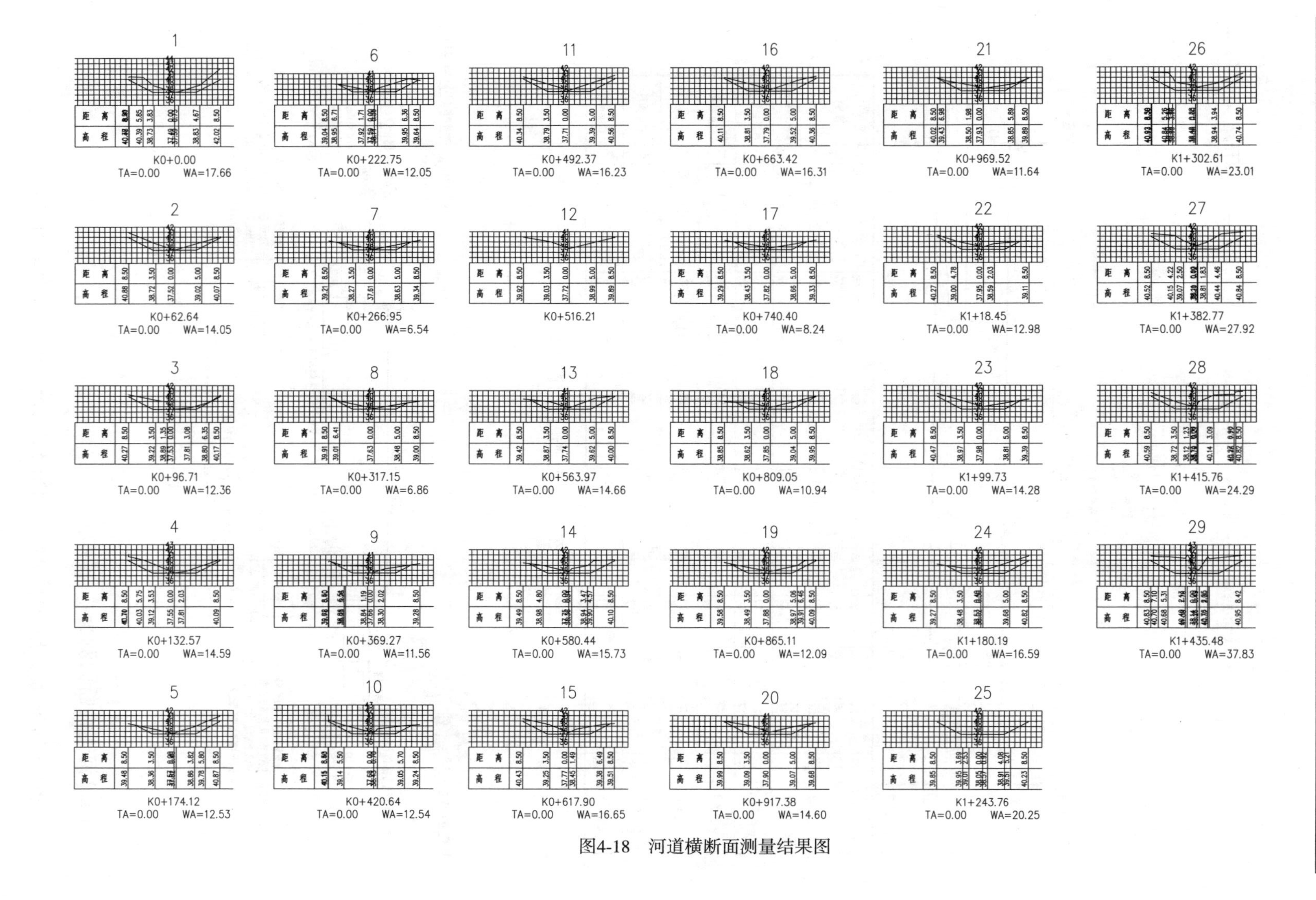

图4-18　河道横断面测量结果图

(三)土石方量计算

依据很多纵断面图、横断面图及纵断面设计图，使用 CASS 软件计算的本工程 2 标段 G2+060 至 G3+497 共计 1437m 土石方量计算表如表 4.4 所示。

表 4.4　　　　　　**土石方量计算表**

里程	中心高(m)		横断面积(m^2)		平均面积(m^2)		距离(m)	总数量(m^2)	
	填	挖	填	挖	填	挖		填	挖
K0+0.00	0.00		0.00	17.66					
					0.00	15.85	62.64	0.00	993.15
K0+62.4		0.03	0.00	14.05					
					0.00	13.20	34.07	0.00	449.85
K0+96.71		0.04	0.00	12.36					
					0.00	13.47	35.86	0.00	483.19
K0+132.57		0.06	0.00	14.59					
					0.00	13.56	41.55	0.00	563.40
K0+174.12		0.08	0.00	12.53					
					0.00	12.29	48.62	0.00	597.60
K0+222.75		0.10	0.00	12.05					
					0.00	9.29	44.21	0.00	410.82
K0+266.95		0.12	0.00	6.54					
					0.00	6.70	50.19	0.00	336.37
K0+317.15		0.14	0.00	6.86					
					0.00	9.21	52.12	0.00	480.21
K0+369.27		0.17	0.00	11.56					
					0.00	12.05	51.37	0.00	619.09
K0+420.64		0.19	0.00	12.54					
					0.00	14.39	71.73	0.00	1031.84
K0+492.37		0.22	0.00	16.23					
					0.00	8.11	23.83	0.00	193.40
K0+516.21	0.00		0.00	0.00					
					0.00	7.33	47.76	0.00	350.22
K0+563.97		0.25	0.00	14.66					
					0.00	15.20	16.47	0.00	250.33
K0+580.44		0.26	0.00	15.73					
					0.00	16.19	37.46	0.00	606.49
K0+617.90		0.28	0.00	16.65					
					0.00	16.48	45.52	0.00	750.23
K0+663.42		0.30	0.00	16.31					
					0.00	12.27	76.97	0.00	944.68
K0+740.40		0.33	0.00	8.24					
					0.00	9.59	68.66	0.00	658.27
K0+809.05		0.36	0.00	10.94					
					0.00	11.52	56.06	0.00	645.58
K0+865.11		0.39	0.00	12.09					
					0.00	13.35	52.28	0.00	697.79
K0+917.38		0.41	0.00	14.60					
					0.00	13.12	52.14	0.00	684.16
K0+969.52		0.44	0.00	11.64					
					0.00	12.31	48.93	0.00	602.26
K1+18.45		0.46	0.00	12.98					
					0.00	13.63	81.27	0.00	1107.48
K1+99.73		0.49	0.00	14.28					
					0.00	15.43	80.46	0.00	1241.77
K1+180.19		0.53	0.00	16.59					
					0.00	18.42	63.56	0.00	1170.76
K1+243.76		0.56	0.00	20.25					
					0.00	21.63	58.85	0.00	1272.98
K1+302.61		0.59	0.00	23.01					
					0.00	25.46	80.16	0.00	2041.40
K1+382.77		0.62	0.00	27.92					
					0.00	26.10	32.99	0.00	861.12
K1+415.76		0.64	0.00	24.29					
					0.00	31.06	19.72	0.00	612.53
K1+435.48		0.65	0.00	37.84					
合　计								0.0	20657.0

子任务 4.2.3　DTM 法土石方量计算

DTM 法适用于开挖前后场地的地表都不规则，需要外业观测足够数量的地形点，内业使用软件生成不规则三角格网，从而进行土石方量的计算。

一、任务目标

某市政道路施工工地需要清除表土进行换填，现要求在施工前测绘原地貌地形图，开挖结束后再测绘现状地貌图，并计算出土石方开挖量。

二、外业测量

1. 原始地貌测量

使用 GNSS-RTK 对全部道路范围内进行了原始地貌测量，获得原始地貌坐标数据文件。

2. 现状地貌测量

使用 GNSS-RTK 对全部道路范围内进行了现状地貌测量，获得现状地貌坐标数据文件。

三、计算方法

使用 CASS 软件 DTM 两期法，底标高采用原始地貌三角网文件，现标高采用现状地貌三角网文件，算得开挖土石方量为 2005m^3。

首先将原始地貌坐标数据文件和现状地貌坐标数据文件分别生成“原始地貌三角网文件”和“现状地貌三角网文件”。

其次在 CASS 软件中选择【工程应用】→【DTM 法土方计算】→【计算两期间土方】，再依据命令行的提示选择“三角网文件”，依次选择“原始地貌三角网文件”和“现状地貌三角网文件”，软件会自动构建三角网并统计计算结果，同时生成 DTM 计算土方量的文件“dtmtf. txt”，如图 4-19 所示。

图 4-19　CASS 软件 DTM 两期法计算土方量

四、拓展学习

扫描以下二维码，以本任务中市政道路外业观测的数据为例，使用 DTM 两期法完成土石方量的计算。

数据资料 11：市政道路原始地貌坐标数据文件

数据资料 12：市政道路现状地貌坐标数据文件

【项目小结】

土石方量计算的传统方法主要包括平均断面法和方格网法，目前土石方量计算主要采用计算机软件，很多工程测量软件都具有土石方计算的功能。计算机软件进行土石方量计算主要有数字地面模型(DTM)法、断面法、等高线法、方格网法等几种方法，本项目中以 CASS 软件为例说明了土石方量计算的基本方法。

【课后习题】

一、填空题

1. CASS 软件计算土石方量的方法有______、______、______、______四种。

2. 手工方格网法计算土石方量的主要步骤包括：划分方格网并确定其边长、确定方格网各角点的自然标高、____________、____________、____________、计算方格网的土石方工程量、汇总挖方量和填方量并进行比较、调整平整标高。

3. 土石方量计算的传统方法(手算方法)包括____________和____________。

4. 使用 CASS 软件方格网法计算土石方量时设计面的选择可以是：__________、__________、__________。

二、判断题

1. 当地形复杂起伏变化较大，或在地狭长、挖填量大且不规则的地段，宜选择横断面法进行土石方量计算。 (　　)

2. 对于大面积的土石方估算以及一些地形起伏较小、坡度变化平缓的场地适宜用格网法。 (　　)

3. 同一项目使用不同软件计算得到的土石方量一定相同。 (　　)

4. 方格网法通常用于面状区域土石方计算，而断面法常用于带状区域土石方计算。 (　　)

5. 土石方计算中选择数据可以采用选择图面高程点和选择高程数据文件两种方法。 (　　)

课后习题 4 答案

【课堂测验】

请同学们扫描以下二维码，完成本项目课堂测验。

课堂测验4

项目 5　民用建筑施工测量

【项目简介】

建筑工程一般可分为民用建筑和工业建筑两类。如居民住宅、办公楼、学校、医院等属于民用建筑；工业建筑工程主要指各种厂房及工业设施。建筑工程是指通过对各类房屋建筑及其附属设施的建造和与其配套的线路、管道、设备的安装活动所形成的工程实体。如图 5-1 所示为一住宅小区。民用建筑工程施工测量主要内容如表 5.1 所示。

本项目单元主要学习民用建筑工程施工测量知识，民用建筑是由若干个大小不等的室内空间组合而成的，而其空间的形成，又需要各种各样的实体来组合，这些实体称为建筑构配件。一般民用建筑由基础、墙或柱、楼底层、楼梯、屋顶、门窗等构配件组成。民用建筑施工测量流程如图 5-2 所示。

图 5-1　住宅小区

一项土建工程从开始到竣工及竣工后，需要进行多项测量工作，主要分以下三个阶段：①工程开工前的测量工作(施工场地测量控制网的建立；场地的土地平整及土石方计算；建筑物、构筑物的定位)；②施工过程中的测量工作(建筑物、构筑物的细部定位测量和标高测量；高层建筑物的轴线投测；构、配件的安装定位测量；施工期间重要建筑物、构筑物的变形测量)；③竣工后的测量工作(竣工图的测量及编绘；后续重要建筑物、构筑物的变形测量)。

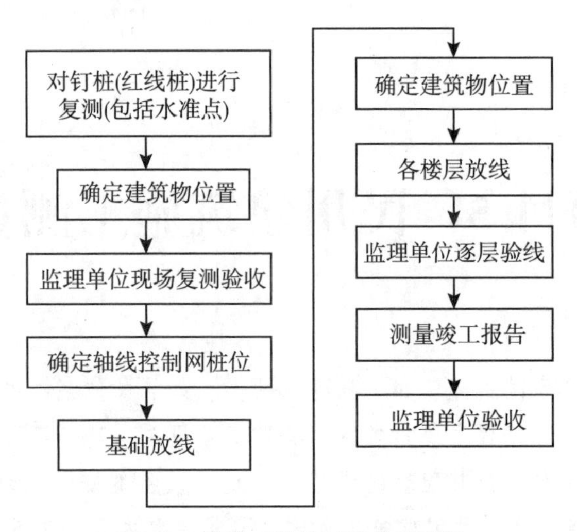

图 5-2　建筑工程施工测量流程图

表 5.1　**民用建筑工程施工测量主要内容**

序号	施工测量内容	施工测量的方法及步骤
1	施工测量的准备工作	①熟悉图纸：阅读设计图纸，理解设计意图，对有关尺寸应仔细核对。 ②现场踏勘：了解地形，掌握控制点情况，对测设已知数据进行检核。 ③制定测设方案：按照建筑设计与测量规范要求，拟定测设方案，绘制施工放样略图
2	建筑物的定位与放线	①建筑物的定位：根据与原有建筑物的关系定位；根据建筑方格网定位；根据控制点的坐标定位。 ②建筑物的放线：测设建筑物定位轴线交点桩；测设轴线控制桩(或设置龙门板)
3	建筑物基础施工放线	①基槽开挖边线放线与基坑抄平：根据基槽宽度和上口放坡尺寸，放出基槽开挖边线，并用白灰撒出基槽边线，供施工时开挖用；当基槽开挖深度接近槽底时，用水准仪根据已测设的±0 标志或龙门板顶面标高测设高于槽底设计高程 0.3～0.5m 的水平桩高程，以作为挖槽深度、修平槽底和打基础垫层的依据。若基坑过深，用一般方法不能直接测定坑底标高时，可用悬挂的钢尺来代替水准尺把地面高程传递到深坑内。 ②基础施工放线：基础施工包括垫层和基础墙施工。垫层打好后应进行垫层中线的测设和垫层标高的测设；基础墙施工时，首先，将墙中心线投在垫层上，用水准仪检测各墙角垫层面标高后，即可开始基础墙(±0.00 以下的墙)的砌筑，基础墙的高度用基础皮数杆来控制
4	墙体施工测量	①墙体轴线的投测：在基础墙砌筑到防潮层以后，利用轴线控制桩或龙门板上的轴线和墙边线标志，用经纬仪等进行墙体轴线的投测。 ②墙体标高的控制：墙体砌筑时，墙体标高常用墙身皮数杆来控制

续表

序号	施工测量内容	施工测量的方法及步骤
5	高层建筑施工测量	①轴线投测：包括经纬仪投测法和铅垂仪投测法两种。经纬仪投测法是将经纬仪安置在远离建筑物的轴线控制桩上，照准建筑物底部所设的轴线标志，向上投测到每层楼面上，即得投测在每层上的轴线点。随着经纬仪向上投测的仰角增大，投点误差也随着增大，投点精度降低，且观测操作不方便。为此，必须将主轴线控制桩引测到远处的稳固地点或附近大楼的屋面上，以减小仰角。测设前应对经纬仪进行严格检校。为避免日照、风力等不良影响，宜在阴天、无风时进行投测。铅垂仪投测法是利用发射望远镜发射的铅直激光束到达光靶，在靶上显示光点，从而投测定位。铅垂仪可向上投点，也可向下投点。其投点误差一般为1/100000，有的可达1/200000。 ②高程传递：利用皮数杆传递高程；利用钢尺直接丈量；采用悬吊钢尺法传递高程。 ③框架结构吊装：以梁、柱组成框架作为建筑物的主要承重构件，楼板置于梁上，即为此种结构形式

【教学目标】

1. 掌握民用建筑工程施工测量主要知识。
2. 掌握民用建筑工程施工各阶段的测量方法。

项目单元教学目标分解

目　标	内　容
知识目标	1. 熟悉民用建筑工程设计图纸(建筑总平面图、建筑平面图、基础平面图、基础详图、立面图和剖面图等)； 2. 了解民用建筑施工测量基本概念和基础知识； 3. 掌握民用建筑工程施工各阶段的测量方法
技能目标	1. 能够完成民用建筑施工测量准备工作(包括熟悉图纸、踏勘现场、校核控制点、制定施工测量方案)； 2. 能够完成民用建筑施工各阶段的测量工作(包括建筑物定位、基础开挖边线测设、基坑开挖深度测设、桩基础位置放样、基坑垫层及防水层施工测量、基础施工测量，梁、柱、承台等的施工放样、地下室底板、墙体及顶板的施工测量、标准层施工测量、顶层施工测量)； 3. 能够完成各阶段的施工测量报验工作，主要包括工程定位测量记录(基槽验线记录、楼层平面放线记录、楼层标高抄测记录、建筑物垂直度、标高观测记录、沉降观测记录)、工程测量定位检查记录、施工测量放样报验单、施工测量技术交底等资料； 4. 能够进行高层建筑物轴线传递、高程传递
态度及思政目标	1. 培养学生扎根基层、不怕困难的奉献精神，使其能够从事建筑等行业的野外测绘工作； 2. 培养学生吃苦耐劳、追求卓越的优秀品质，使其能够在工作环境相对较差的工地环境认真工作

任务5.1　建筑施工测量准备工作

在建筑施工测量开始之前做好相关准备工作，了解工程基本情况，熟悉设计图纸，完成控制点交接和复核，制定测量方案并布设施工控制网。

施工测量准备工作是保证施工测量全过程顺利进行的重要环节，包括图纸的审核，测量定位控制点的交接与校核，测量仪器的检定与校核，测量方案的编制与数据准备，施工场地测量等。

建筑施工测量准备工作主要包括熟悉设计图纸、图纸审核、现场踏勘、已知控制点复核(复测)、制定施工测量方案、建立施工控制网(平面和高程)、轴线控制点的复核等工作。

子任务5.1.1　熟悉设计图纸

设计图纸是施工测量的依据，在测设前应认真阅读设计图纸及其有关说明，了解施工的建筑物与相邻地物间的位置关系，理解设计意图，对有关尺寸应仔细核对，以免出现差错。与测设有关的设计图纸主要有：

(1)建筑总平面图。它是建筑施工放样的总体依据，建筑物就是根据总平面图上所给的尺寸关系进行定位的，如图5-3(a)所示。

(2)建筑平面图。主要反映建筑物各定位轴线间尺寸关系及室内地坪标高等，如图5-3(b)所示。

(3)基础平面图。给出基础边线和定位轴线的平面尺寸和编号，如图5-4(a)所示。

(4)基础详图(即基础大样图)。给出基础的立面尺寸、设计标高，以及基础边线与定位轴线的尺寸关系，这是基础施工放样的依据，如图5-4(b)所示。

(5)立面图和剖面图。在建筑物的立面图和剖面图中，可以查出基础、地坪、门窗、楼板、屋面等设计高程，是高程测设的主要依据。

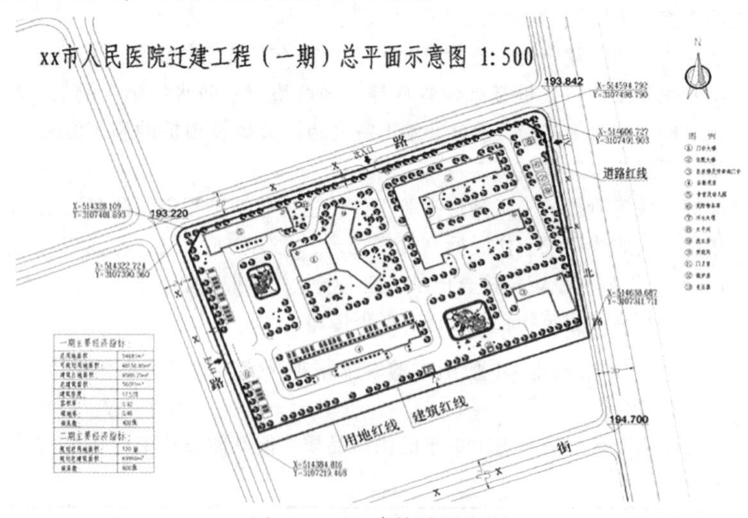

图5-3(a)　建筑总平面图

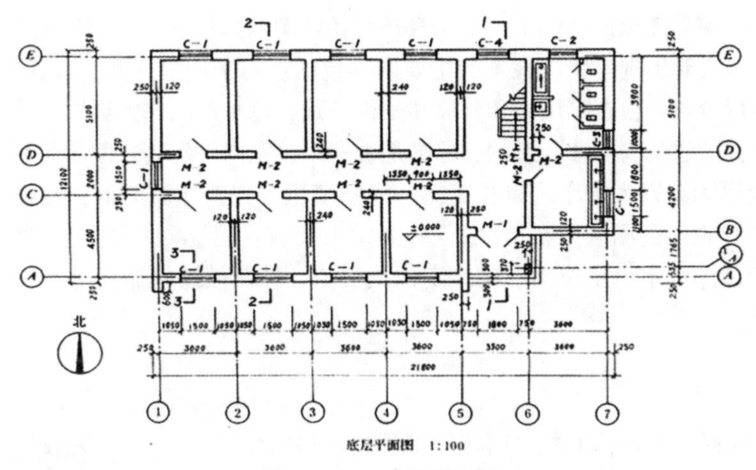

图 5-3(b)　建筑平面图

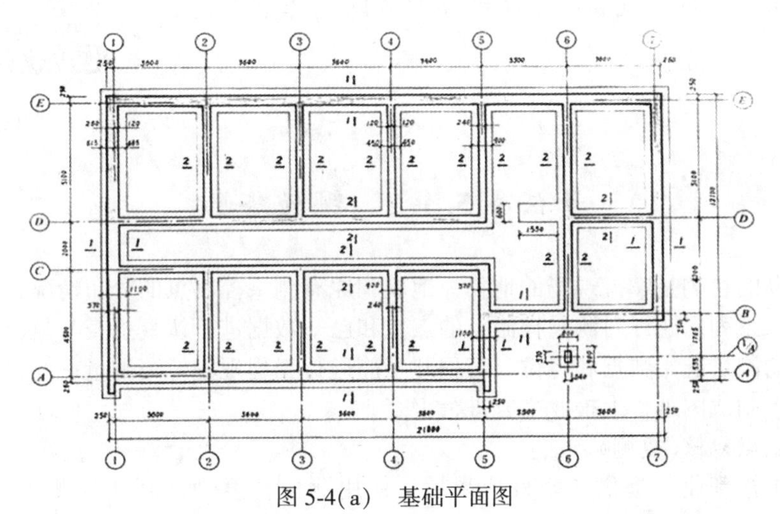

图 5-4(a)　基础平面图

1—1

2—2

图 5-4(b)　基础详图

在熟悉上述主要图纸的基础上，要认真核对各种图纸总尺寸与各部分尺寸之间的关系是否正确，防止测设时出现差错。检查的主要内容包括：对平面、立面、大样图的所有尺寸、建筑物关系进行校核；检查总尺寸和分尺寸是否一致，总平面图和大样图尺寸是否一致；所标注的同一位置的建筑物尺寸、形状、标高是否一致；室内外标高之间的关系是否正确。

实施测量原则：以大定小、以长定短、以精定粗、先整体后局部；测量主要操作人员必须持证上岗。施工前测量方案审批通过(方案中要有：建立测量网控制图、结构测量放线图、标高传递图、水电定位图、砌筑定位放线图、抹灰放线控制图等)。

拓展学习

(1)扫描右侧二维码，下载一套建筑工程图纸进行学习。

(2)思考：建筑工程图纸中的纵向和横向轴线如何编号？

(3)思考：建筑图纸和测量图纸在北方向选择上有何不同？

助学资料5：民用建筑工程图纸

子任务5.1.2　现场踏勘

现场踏勘的目的是掌握现场的地物、地貌和原有测量控制点的分布情况，弄清与施工测量相关的一系列问题，对测量控制点的点位和已知数据进行认真检查与复核，为施工测量获得正确的测量起始数据和点位。工程开工前进行工程现场标高测量，并将所得到的资料按业主要求制成图纸，上报业主方进行审查。

已知控制点复核(复测)方法：

测量人员接到业主提供的坐标成果后，使用测角精度为2″以上，测距精度±2mm+2ppm · D以上的电子全站仪对控制点间距离及角度进行校测。使用水准仪采用几何水准路线进行高程校核。限差应选取与本施工项目所采用的首级控制网相对应的精度。

校核合格后编制测量成果，上报业主及监理，监理验收合格后作为施工放线控制依据。

拓展学习

1. 放线和验线

放线：施工单位和测绘单位根据图纸将拟建建筑四角坐标定位，形成测量报告。

验线：施工技术人员将建筑轮廓线及建筑轴线放线完毕后，施工单位技术负责人及监理单位理应进场对轮廓线及轴线进行复查校核验收，简称验线。验线有本单位的验线，还有监理单位和甲方单位的验线，一般甲方不参与。从基础施工开始放的基础开挖线到基础垫层浇筑完后的墙柱等的定位线，以及以后每层混凝土浇筑完后所放的墙柱控制轴线和控制边线，理论上每次都应该通知监理单位复核施工单位所放的线是否准确，是否超出规范的允许偏差范围，这样施工资料员所报的放线记录表监理单位才会签字。

开工验线是规划部门必须查验(确认)的，该房屋坐标、尺寸范围是否超过规划划定的建筑红线。

基础验线由施工项目部查验(确认)，查验已放好线的所有尺寸，是否符合图纸要求。

地基验槽用来确定基础设计位置(土层)是否符合地质资料(详勘)。

基槽验线是基础开挖后确定基坑尺寸是否符合图纸要求。

灰线检验是对建设工程施工放线是否符合建设工程规划许可证要求的检验，是建设工程规划报批后管理的重要环节。

施工±0.00 验线：建设工程±0.00 检测是指建设工程施工至±0.00 位置时，对各建筑单体外围轴线位置的检测及±0 标高的检测。目的是检查建设工程基础是否按灰线检验要求进行施工，±0.00 检测是灰线检验工作的进一步深入，也是建设工程规划报批后管理的重要环节。

2. 验线的程序

1)验线的受理

(1)验灰线：建设单位持验线申请单及所需要的全部图件，向规划局收件窗口申报验线。对图件资料合格的，受理申报并在一个工作日内将材料转送验线组。

(2)验±0：建设单位在具备验±0 条件时，直接向窗口提出申请。窗口受理后在一个工作日内将申请转送验线组。

2)现场测量

验线经办人在收到申报材料之日起 3 个工作日内安排市规划局指定的测绘单位组织现场核验。

3)审核与签发

验线经办人在现场核验后 5 个工作日内提交初审意见(同期验线 10 幢以上的，每超过 5 幢增加 1 个工作日)。根据验线成果的审核意见，验线负责人在 2 日内提出验线审定意见。

3. 施工测量记录

施工测量记录主要包括工程定位测量记录(表 5.2)、工程定位测量检查记录(表 5.3)、基槽验线记录、楼层平面放线记录、楼层标高抄测记录、建筑物垂直度、标高观测记录、沉降观测记录等资料。

4. 施工测量放线报验单

见表 5.4。

5. 施工测量技术交底

见表 5.5。

表 5.2 **工程定位测量记录**

制表日期：	2014 年 6 月 25 日	建设单位：	××××大学
工程名称：	××××大学图书馆边坡支护工程	施工单位：	××××勘察院
图纸编号：	建施	施测日期：	2015 年 6 月 23 日
坐标依据：	甲方提供	高程依据：	甲方提供
使用仪器：	南方 RTK(S86T)全站仪(NTS312B) 水准仪(苏光 DSZ2)	闭 合 差：	合格

定位放线说明：

工作任务：图书馆东侧高边坡支护工程测量放线。

控制点：根据沈阳天地建设提供的平面控制 BT_1(4591728.728，558106.410)、BT_2(4591569.961，557841.386)、高程控制点 BM_2(4591430.673，558036.452，153.276)，使用 GNSS-RTK 在 BT_1 点和 BT_2 点上采集数据解算参数，经检验，RTK 测出的 BT_2 点坐标和已知坐标差值小于 2cm，精度满足边坡施工放样精度要求。

坡顶轴线点位放样：根据设计图纸"边坡平面位置示意图"，从 31#轴线向两侧每隔 2.5m 沿着坡上边缘线布点，提取出 8#～87#点的坐标，使用 GNSS-RTK 放样于坡顶，现已放样出 8#～72#轴线点，每个轴线点处钉钢筋棍。

坡底轴线点位放样：因为边坡顶部边缘线和底部边缘线长度不等，上下均按 2.5m 放线的结果是轴线倾斜，不垂直于地面。因此在每条轴线的对面安置全站仪，照准每一个坡顶轴线点，将视线垂直投影至坡下放样出坡底轴线点，8#～72#轴线点已全部放样完毕。每对坡顶点和坡底点用细铁丝拉紧，以此作为竖向轴线。

高程传递：从已知点 BM_2 开始，使用苏光 DSZ2 型水准仪引测水准路线至坡下墙壁上，得出墙壁处黄油漆横线位置高程为 148.935m，闭合水准路线成果达到了普通水准测量精度要求。以此标高为起点，放样第一排锚索标高 148.200m。水平方向用细铁丝拉紧，以此作为锚索施工位置即水平轴线。

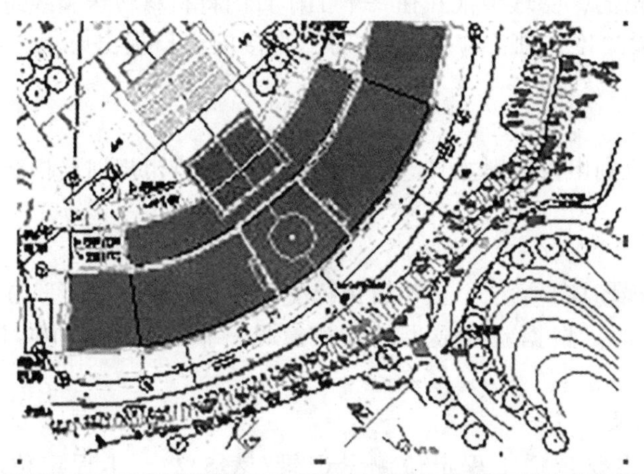

<table>
<tr><td rowspan="2">单位工程技术负责人核查意见：

核查人：</td><td rowspan="2">水准点标高</td><td>相对</td><td></td></tr>
<tr><td>绝对</td><td></td></tr>
<tr><td rowspan="3">监理工程师核查意见：

核查人：</td><td rowspan="2">设计标高</td><td>相对</td><td></td></tr>
<tr><td>绝对</td><td></td></tr>
<tr><td>纵横向尺寸表示方法</td><td></td><td></td></tr>
</table>

测量技术负责人：　　复查：　　抄测：　　质量检查员：　　施工员：

表 5.3　**工程定位测量检查记录**

工程名称	××区×××镇×××村富民安居工程 11#高层底商住宅楼	放线日期	××××年×月××日
放线部位	二层①～㉓/Ⓐ～Ⓗ	放线内容	墙柱轴线控制线、边线、门窗洞口线、梁线

续表

放线依据：1. 定位控制点 1、2、3、4；
2. 水平控制点首层±0.000；
3. 二层剪力墙、梁图及平面布置图。

放线简图：

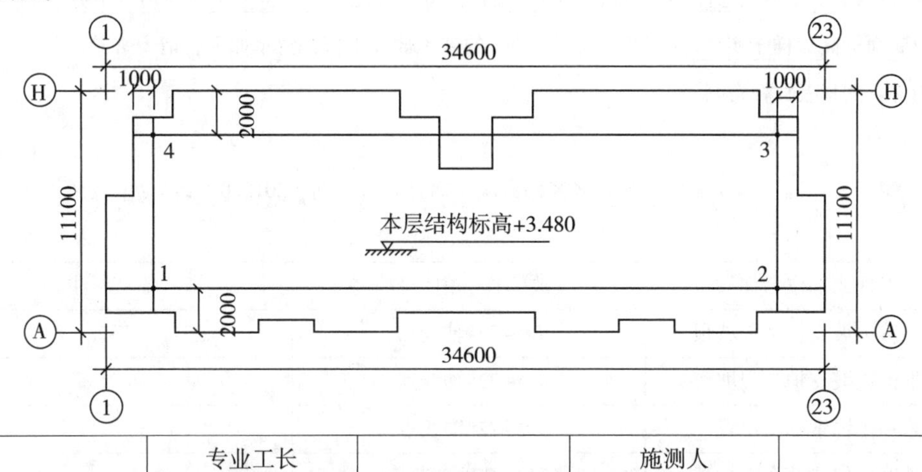

<table>
<tr><td rowspan="2">施工单位
检查意见</td><td>专业工长</td><td></td><td>施测人</td><td></td></tr>
<tr><td colspan="4">本层结构面标高 3.480m，误差在±3mm 以内。
符合设计要求和施工验收规范要求。

项目专业质检员：　　　　　　　　　专业技术负责人：
年　　月　　日</td></tr>
<tr><td>监理(建设)
单位意见</td><td colspan="4">专业监理工程师：
(建设单位项目技术负责人)
年　　月　　日</td></tr>
</table>

表 5.4　　**施工测量放线报验单**

工程名称：××××大学图书馆边坡支护工程　　　　合同号：施工单位：××××勘察院

致＿＿＿＿＿＿＿＿＿＿＿＿监理公司：

根据合同要求，我们已完成　××××大学图书馆边坡支护工程坡顶 8#~72#轴线点放样，坡下 31#~72#轴线点放样，并将第一排锚索标高位置标定于实地，同时将 31#~72#轴线下方基础地梁的位置及底面标高放样于实地。(工程或部位名称)的施工放线工作，清单如下，请予查验。

附件：测量及放样资料

＿＿＿＿＿＿＿＿

施工单位：××××勘察院　　　　日期：2015.06.25

续表

致________________监理公司：

根据合同要求，我们已完成 ××××大学图书馆边坡支护工程坡顶8#~72#轴线点放样，坡下31#~72#轴线点放样，并将第一排锚索标高位置标定于实地，同时将31#~72#轴线下方基础地梁的位置及底面标高放样于实地。(工程或部位名称)的施工放线工作，清单如下，请予查验。

附件：测量及放样资料

施工单位：××××勘察院　　　　日期：2015. 06. 25

工程或部位名称	放 样 内 容	备 注
图书馆边坡支护工程坡顶	8#~72#轴线点	
图书馆边坡支护工程坡底	8#~72#轴线点	
第一排锚索标高位置	8#~72#轴线点	
基础地梁位置及底面标高	31#~72#轴线点	

查验结果：

测量员　　　　　　日 期

监理工程师的结论：

查验合格

纠正差错后合格

纠正差错后再报

监理工程师　　　　　　日 期

表5.5 **施工测量技术交底**

技术交底记录表C2-1		编 号	01-C2-001
工程名称	××区××站7号地西城区旧城保护定向安置房项目10#、11#楼	交底日期	2011年5月4日
施工单位	××××一公司第二项目经理部	分项工程名称	
交底提要	测量放线技术交底		

续表

<table>
<tr><td colspan="6">
1　高程控制
高程控制沿结构外墙向上竖直测量。测量时采用通尺进行，避免累积误差。本工程在建筑物的四周中间部位向上引测，引测时对各个施工段进行校核。
1.1　引测步骤
(1)根据±0.00 水平线，测出相同起始标高(+1.000)。
(2)用钢尺沿铅直方向向上量至施工层标高+1.00m 处，作为施工层水平控制。各层的标高线均由各处的起始标高线向上直接量取。高差超过一整钢尺时，在该层精确测定第二条起始标高线，作为再向上引测的依据。
(3)将水准仪安置到施工层，校核由下向上传递上来的各条水平线，误差±5mm 以内，在各层抄平时，后视两条水平线做校核。
1.2　标高施测要点
(1)观测时，尽量前后等长。测设水平线时，采用直接调整水准仪的仪器高度，使后视时视线正对准水平线。
(2)所用钢尺必须经过检测，量高差时，应铅直并用标准拉力，同时要进行尺长和温度校正。
1.3　楼梯测量放线
楼梯的平立及踏步尺寸见楼梯详图。楼梯放线时要先复核楼梯间尺寸，然后依据+50cm 线确定中间平台上、下标高和平台长度，在梁两侧混图墙上弹出墨线，依上下平台标高及踏步高宽弹出各个踏步。
1.4　卫生间隔墙测量
主体工程施工完毕后，对主体工程施工时留下的墙体控制线进行复测，经过检查合格后，放出隔墙板的位置线和控制线，作为安装墙体和水暖管道的依据。对于需要抹灰的加气混凝土墙体，须先在顶板上弹出墙体的外边线，然后依据墙体的外边线进行贴饼子、抹灰。确保室内净面积准确。
</td></tr>
<tr><td>审核人</td><td></td><td>交底人</td><td></td><td>接受交底人</td><td></td></tr>
</table>

子任务 5.1.3　制定施工测量方案

根据建筑总平面图给定的建筑物位置以及现场测量控制点情况，按照建筑设计与测量规范要求，拟定测设方案，并绘制施工放样略图。在略图上标出建筑物各轴线间的主要尺寸及有关测设数据，供现场施工放样时使用。

建筑工程施工测量方案的主要内容包括：校核起始依据、建立建筑物控制网、主轴线的测设、±0.000m 以下及基础施工测量、±0.000m 以上施工测量(竖向轴线传递、高程传递)、装修施工测量(地面面层测量、吊顶和屋面施工测量、墙面装饰施工测量、电梯安装测量)、放线质量检查工作、精度要求、仪器选用、测量工作的组织与管理等。

拓展学习

思考：建筑工程施工测量的主要内容有哪些？

子任务5.1.4　建立平面控制网

在编制施工测量方案时，应根据工程情况，在总平面图上进行平面控制网的设计。平面控制网是建筑物定位的基本依据，分为场区平面控制网和建筑物平面控制网。根据整体控制局部、高精度控制低精度的原则，以场区平面控制网控制建筑物平面控制网。

1. 场区平面控制网

大型建筑物(或大面积的建筑小区等)必须测设场区平面控制网，作为场区的整体控制，它是建筑物平面控制的一级控制，应结合建筑物平面布置的图形特点来确定控制网的形式。可布设成十字形、田字形、建筑方格网或多边形。建筑方格网布设原则如下：

(1)方格网的主轴线应尽可能选择在场区的中心线上(宜设在主要建筑物的中心轴线上)。其纵横轴线端点应尽量延伸至场地边缘，既便于方格网的扩展又能确保精度均匀。

(2)方格网的顶点应布置在通视良好又能长期保存的地点。

(3)方格网的边长不宜太长，应根据测设对象而定。一般宜取50~100m，为便于计算和记忆，宜取10m的倍数。

建筑方格网的测设方法：

(1)首先测设主轴线，后加密方格网。如图5-5所示为一大面积的建筑小区，设计的主轴线*AOB*、*COD*为建筑方格网的主轴线，*A*、*B*、*C*、*D*、*O*是主轴线上的主点。主点的施工坐标一般由设计单位给出，也可在总平面图上用图解法求得一点的施工坐标后，再按主轴线的长度推算其他主点的施工坐标。

(2)当施工坐标系与测量坐标系不一致时，在建筑方格网测设之前，应把主点的施工坐标换算成测量坐标。建筑坐标系与测量坐标系的换算，如图5-6所示，坐标换算的要素x_0、y_0、α一般由设计单位给出。

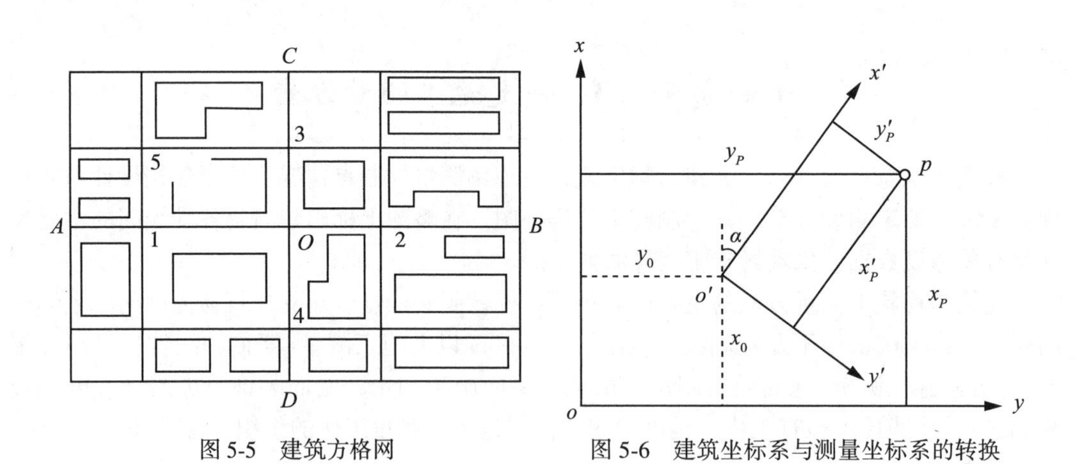

图5-5　建筑方格网　　图5-6　建筑坐标系与测量坐标系的转换

设x_P、y_P为P点在测量坐标系xoy中的坐标，x'_P、y'_P为P点在施工坐标系$x'o'y'$中的坐标，则将施工坐标换算成测量坐标的计算公式为：

$$\begin{aligned} x_P &= x_0 + x'_P \cdot \cos\alpha - y'_P \cdot \sin\alpha \\ y_P &= y_0 + x'_P \cdot \sin\alpha + y'_P \cdot \cos\alpha \end{aligned} \tag{5-1}$$

2. 建筑物平面控制网

建筑物平面控制网是建筑物定位和施工放线的基本依据，是场区内的二级平面控制。建筑物平面控制网的图形，一般是由若干控制点构成的建筑基线，可以是 3 个控制点组成的一字形基线、十字形基线、田字形基线或平行于建筑物外廓轴线的其他形式的基线，如图 5-7 所示。当建筑物很多、规模较大时可建立建筑物轴线控制网，如图 5-8 所示。

1) 建筑基线

建筑基线布设原则如下：

(1) 建筑基线应平行或垂直于主要建筑物的轴线，以便用直角坐标法进行测设；

(2) 建筑基线相邻点间应互相通视，且点位不受施工影响；

(3) 为了能长期保存，各点位要埋设永久性的混凝土桩；

(4) 基线点应不少于三个，以便检测建筑基线点有无变动。

2) 建筑物轴线控制网

如果厂区是按地块开挖，在场区控制网的基础上，采用全站仪以极坐标和直角坐标定位的方法，测出建筑轴线控制网交点坐标，经角度、距离校测符合点位限差要求后，作为该建筑的轴线控制网。轴线控制桩设置在不影响施工的位置，并维护起来加以保护防止破坏，如图 5-9 所示。

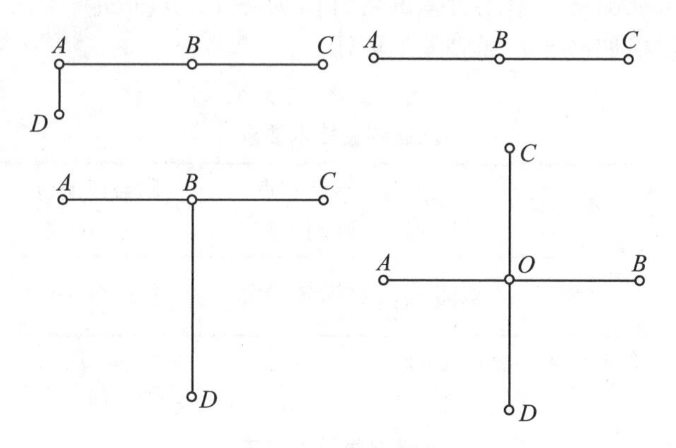

图 5-7　建筑基线

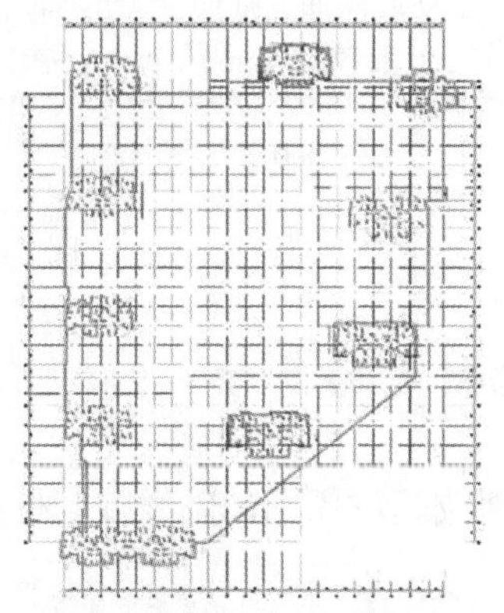

图 5-8　建筑物轴线控制网

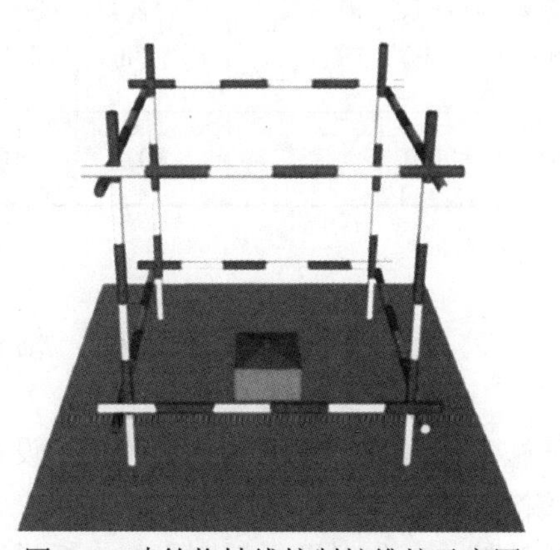

图 5-9　建筑物轴线控制桩维护示意图

子任务 5.1.5　建立高程控制网

高程控制网是建筑场区内地上、地下建(构)筑物高程测设和传递的基本依据。在编制施工测量方案时，应根据工程情况，在总平面图上进行高程控制网的设计。

高程控制网布点的密度应恰当，一般每幢楼房应设置 1~2 个点，主要建筑物应设置 3 个点。其测量方法常采用水准测量方法。高程控制网的等级为国家三、四等水准测量或等外水准测量等。以上各等级都可作为建筑场区的首级高程控制。当场区长、宽大于 100m 时，可在场区内布置 4 个以上高程起始点，与已知高程点构成闭合水准路线进行测量。

建筑施工场地的高程控制测量应与国家高程控制系统联测，以便建立统一的高程系统，并在整个施工场地内建立可靠的水准点，形成水准网。水准点埋设在土质坚实、不受震动影响、便于长期使用的地点，并设为永久标志；水准点亦可建在建筑基线或建筑方格网点的控制桩面上，并在桩面设置一个突出的半球状标志。水准点距离建筑物、构筑物不宜小于 25m，距离回填土边线不宜小于 15m。水准点的密度(包括临时水准点)应满足测量放线要求，尽量做到设一个测站即可测设出待测的高程。水准网应布设成闭合水准路线、附合水准路线等形式。中小型建筑场地一般可按四等水准(或等外水准)测量方法测定水准点的高程。等外水准测量高差闭合差的容许值为 $\pm 12\sqrt{n}$ (mm)。

水准测量技术要求如表 5.6 和表 5.7 所示。

表 5.6　　**水准测量技术要求**

等级	每千米高差全中误差(mm)	仪器型号	水准尺	与已知点联测次数	附合或闭合环线次数	路线闭合差(mm)
四等	≤10	DS3	双面	往返各一次	往返各一次	$\pm 20\sqrt{L}$

注：L 为往返测段附合水准路线长度(km)。

表 5.7　　**水准测量技术要求**

等级	水准仪器型号	视线长度(m)	前后视距较差(m)	前后视累积差(m)	视线离地面最低高度(m)	基本分划、辅助分划或黑面、红面读数较差(mm)	基本分划、辅助分划或黑面、红面所测高差较差(mm)
四等	DS3	≤100	3	10	0.2	3.0	5.0

子任务 5.1.6　轴线控制点的复核

为保证施工测量的定位准确，定时对布设在场地或基坑周围的轴线控制桩高等级基准点进行复核检查。具体方法如下：

坐标法校核：首先对平面控制点的坐标进行复测，利用全站仪的标准测量模式进行控制点的坐标采集，并与设计坐标对比。

若复核得到的结果与原始数据之间的差值在允许范围之内，则说明控制点未受周边环境影响，是安全可靠的，否则就要对各控制点进行调整。

测量技术资料应进行科学规范化管理，所有测量资料必须做到：表格规范、格式正确、记录准确、书写完整、字迹清楚、汇编齐全、分类有序，必须符合国家及相关部门对建筑施工资料编制的管理规定。

子任务 5.1.7　建筑施工测量的主要技术要求

1. 建筑方格网的主要技术要求

建筑方格网的主要技术要求见表 5.8。

表 5.8　**建筑方格网的主要技术要求**

等级	边长(m)	测角中误差(″)	边长相对中误差
Ⅰ	100~300	5	≤1/30000
Ⅱ	100~300	8	≤1/20000

2. 建筑物施工放样的主要技术要求

建筑物施工放样的主要技术要求见表 5.9。

表 5.9　**建筑物施工放样的主要技术要求**

建筑物结构特征	测距相对中误差	测角中误差(″)	在测站上测定高差中误差(mm)	根据起始水平面在施工水平面上测定高程中误差(mm)	竖向传递轴线点中误差(mm)
金属结构、装配式钢筋混凝土结构、建筑物高度 100~120m 或跨度 30~36m	1/20000	5	1	6	4
15 层房屋、建筑物高度 60~100m 或跨度 18~30m	1/10000	10	2	5	3
5~15 层房屋、建筑物高度 15~60m 或跨度 6~18m	1/5000	20	2.5	4	2.5
5 层房屋、建筑物高度 15m 或跨度 6m 及以下	1/3000	30	3	3	2
木结构、工业管线或公路铁路专用线	1/2000	30	5	—	—
土工竖向整平	1/1000	45	10	—	—

任务5.2　建筑场地平整测量

场地平整是将天然地面改造成工程上所要求的设计平面，由于场地平整时全场地兼有挖和填，而挖和填的体形常常不规则，所以一般采用方格网法分块计算解决。对于一般的建筑场地，应在测设之前，对起伏不平的自然地貌进行平整，高处挖去，低处填平，使之成为一定高程的平坦地面。平整场地应按照挖、填土方量基本平衡的原则，也就是挖高填低，就地取土，进行平整。因此必须确定场地平整的设计标高，作为计算挖填土方工程量、进行土方平衡调配、选择施工机械、制定施工方案的依据。

平整建筑场地可能有两种情况，一是场地有大比例尺地形图资料，可根据地形图资料进行平整计算；另一种是场地没有大比例尺地形图，那么不能依据等高线确定建筑场地范围内各方格角点的高程，此时需进行面水准测量解决方格角点的高程。

平整施工场地有两个目的，一是通过场地的平整，使场地的自然标高达到设计要求的高度；二是在平整场地的过程中，建立必要的、能够满足施工要求的供水、排水、供电、道路以及临时建筑等基础设施，从而使施工中所要求的必要条件得到充分的满足。

一、在建筑场地的范围内，用经纬仪和皮尺在地面设置方格网

如图5-10所示的一块建筑场地，靠近或穿过这块场地设置一条基线AB。在基线上丈量等长度的12、23、34……线段，其长度按地形起伏情况及估算精度要求而定，一般为10~50m。然后分别在1、2、3……点上安置经纬仪测设垂直方向线11′、22′、33′……。在各条方向线上再按等长度丈量，得各方格的角点，并在地面作出标志(钉小木桩或撒白灰)和进行编号。各方格角点可采取行列编号法，每个方格角点用两个标号联合表示。图5-11所示为行列编号法，有六列五行，分别以A、B、C、D、E、F表示六列列号，以1、2、3、4、5表示五行行号。对于最左上角的一格其四个角点点号分别以$A1$、$A2$、$B1$、$B2$表示。

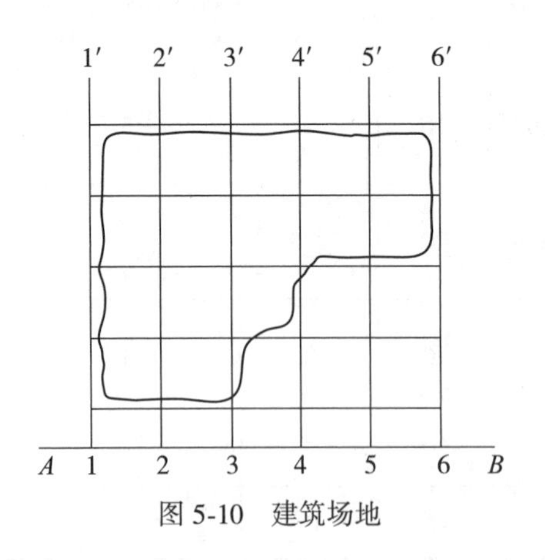

图5-10　建筑场地

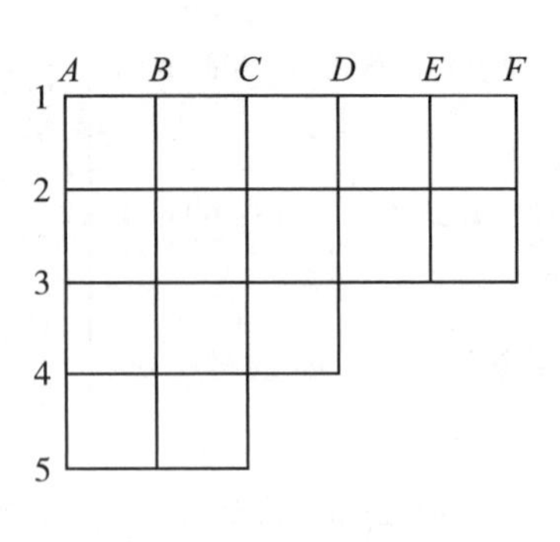

图5-11　划分方格

二、进行面水准测量，求各方格角点高程

如图 5-10 和图 5-11 所示的这块建筑场地，各方格角点的高程可用水准测量的方法连测解决，因为是求场地面积内各方格角点高程，故称面水准测量。其方法是如场地附近有水准点(如图 5-12 所示有水准点 BMC，高程为 60.188m)，可从水准点出发。如场地附近没有水准点，则可假定某方格角点为水准点，并给以假定高程值。按水准路线的形式组成一条闭合水准路线。图 5-12 由 BMC 点起始，经 1、2、3、4、5 站后，仍回到 BMC 点。在每站除读后视与前视转点读数外(图上每站的两条实线表示者)，还应读各站欲连测的方格角点读数，为插前视读数(图上每站的虚线表示者)。转点读数应读至 mm，插前视读数读至 cm。实地读数的情况如图 5-12 所示各角点上注字。将所有读数即时记录在面水准测量记录手簿内，如表 5.10 所示。

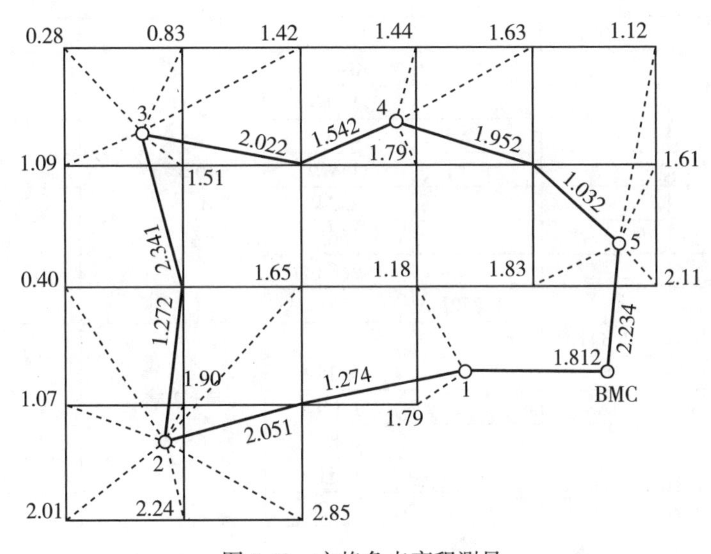

图 5-12　方格角点高程测量

表 5.10 中的高程计算是按仪高法通过计算视线高程，再推算转点和插前视点的高程。如 1 站转点 $C4$ 的高程为

$$H_{C4}=62.000-1.274=60.726\text{m}$$

而插前视点 $D3$ 与 $D4$ 的高程为

$$H_{D3}=62.000-1.18=60.82\text{m},\ H_{D4}=62.00-1.79=60.21\text{m}$$

表格的页底有检查计算：

$$\sum a = 8.778\text{m},\ \sum b = 8.754\text{m}$$

$$\sum h = 8.778 - 8.754 =+ 0.024\text{m}$$

$$H_{起} = 60.188\text{m},\ H_{终} = 60.212\text{m}$$

$$H_{终} - H_{起} = 60.212 - 60.188 =+ 0.024\text{m}$$

$\sum a - \sum b = H_{终} - H_{起}$，说明记录计算无误。由于是闭合水准路线，起闭于同一点，而有总高差 $\sum h = +0.024\text{m}$，则为闭合路线的闭合差，即该闭合水准路线的闭合差为+0.024m。

$$f_h = +0.024\text{m} \quad f_{h容} = \pm 12 \cdot \sqrt{n} = \pm 12\sqrt{5} = \pm 27\text{mm}$$

在精度范围内可不进行调整，各角点高程正确。

表 5.10　**面水准测量记录手簿**

测站	点号	水准尺读数			视线高程(m)	高程(m)
		后视(m)	前视(m)	插前视(m)		
1	BMC	1.812			62.000	60.188
	*D*3			1.18		60.82
	*D*4			1.79		60.21
	*C*4		1.274			60.726
2	C4	2.051			62.777	60.726
	*A*3			0.40		62.38
	*A*4			1.07		61.71
	*A*5			2.01		60.77
	*B*4			1.90		60.88
	*B*5			2.24		60.54
	*C*3			1.65		61.13
	*C*5			2.85		59.93
	*B*3		1.272			61.505
3	B3	2.341			63.846	61.505
	*A*1			0.28		63.57
	*A*2			1.09		62.76
	*B*1			0.83		63.02
	*B*2			1.51		62.34
	*C*1			1.42		62.43
	*C*2		2.022			61.824
4	C2	1.542			63.366	61.824
	*D*1			1.44		61.93
	*D*2			1.79		61.58
	*E*1			1.63		61.74
	*E*2		1.952			61.414
5	E2	1.032			62.446	61.414
	*E*3			1.83		60.62
	*F*1			1.12		61.33
	*F*2			1.61		60.84
	*F*3			2.11		60.34
	BMC		2.234			60.212
页底检查		8.778	8.754	60.212−60.188=+0.024		
		+0.024				

三、计算场地平整后的设计高程

绘一张与图 5-12 一致的空白方格网，将面水准测量记录手簿中各点高程填注在各相应的方格角点左上方，如图 5-13 所示，计算场地平均高程，其中：

角点高程总和　$\sum H_a = 366.15\text{m}$

边点高程总和　$\sum H_b = 617.97\text{m}$　$2\sum H_b = 1235.94\text{m}$

拐点高程总和　$\sum H_c = 121.55\text{m}$　$3\sum H_c = 364.65\text{m}$

中间点高程总和　$\sum H_d = 430.66\text{m}$　$4\sum H_d = 1722.64\text{m}$

得场地平均高程为 61.490m，取 61.5m 为该建筑场地平整后的设计高程。并按 61.5m 在图 5-13 上绘出该条等高线。该等高线为挖、填边界线。其他各项的计算：各方格角点挖、填深度，各方格挖、填方量，总挖、填方量与利用地形图计算场地挖、填方量的计算全同，不再详述。

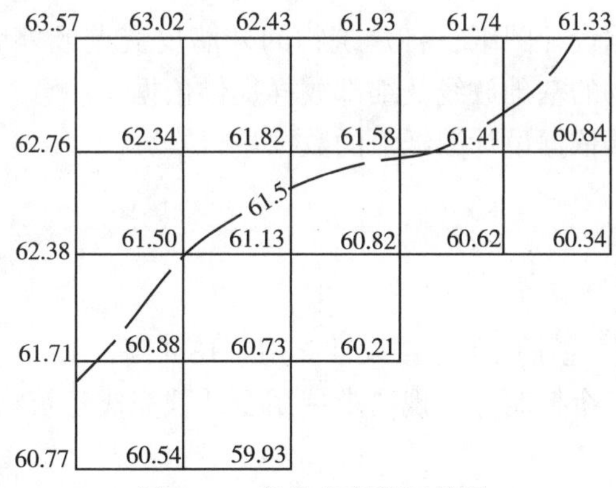

图 5-13　各角点高程记录图

任务 5.3　多层民用建筑施工测量

民用建筑非生产性建筑，指供人们居住和进行公共活动的建筑的总称。民用建筑按使用功能可分为居住建筑和公共建筑两大类。我国《民用建筑设计通则》(GB 50352—2019) 将住宅建筑依层数划分为：一层至三层为低层住宅，四层至六层为多层住宅，七层至九层为中高层住宅，十层及十层以上为高层住宅。建筑高度不大于 27.0m 的住宅建筑、建筑高度不大于 24.0m 的公共建筑及建筑高度大于 24.0m 的单层公共建筑为低层或多层民用建筑；建筑高度大于 27.0m 的住宅建筑和建筑高度大于 24.0m 的非单层公共建筑，且高度不大于 100.0m 的，为高层民用建筑；建筑高度大于 100.0m 的为超高层建筑。如图 5-14所示为某住宅小区建筑物分布平面图。

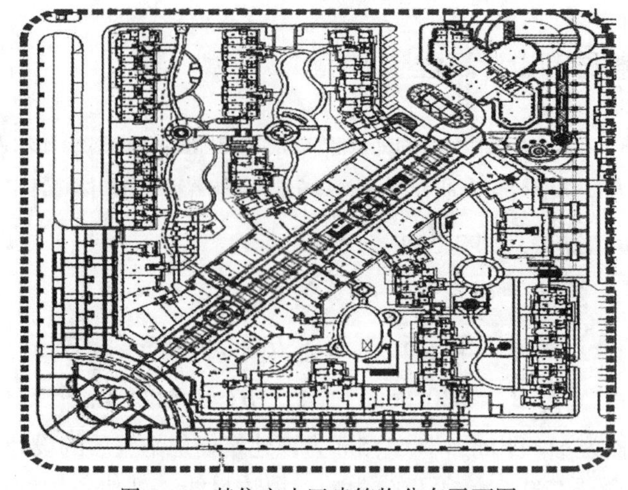

图 5-14　某住宅小区建筑物分布平面图

子任务 5.3.1　民用建筑物的定位

建筑物的定位是根据设计图纸，将建筑物的外墙皮交点或外墙轴线交点(简称角桩)测设到地面上，为建筑物的基础放线及细部放样提供依据。注意，建筑物外墙皮的尺寸大于外墙轴线的尺寸，需要依据设计图纸上的数据进行换算。

一、任务目标

如图 5-15 所示，某住宅小区 1 号楼设计 6 层，18m 高，A、B、C、D 分别为四个外墙角，KZ_1、KZ_2、KZ_3 为三个控制点，现要求使用全站仪完成建筑物的定位。

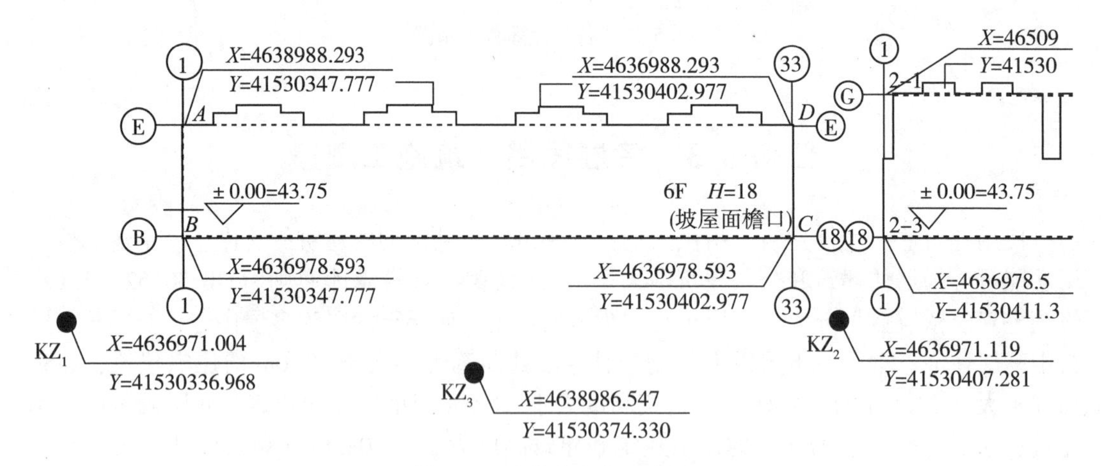

图 5-15　建筑物定位示意图

二、任务分析

由于设计方案常根据施工场地条件来选定，不同的设计方案，其建筑物的定位方法也不一样，主要有以下三种情况：

(1)直角坐标法或极坐标法定位——有建筑基线、建筑方格网。

(2)根据已有建筑物定位——施工场地没有布设控制网时。

(3)根据控制点的坐标定位——施工场地有已知控制点时。

前两种情况是传统的建筑物定位方法，而目前主要采用第三种方法。建筑物设计都是如图 5-16 所示的图纸，在建筑总平面图纸上标明各建筑物的主要位置，建筑物的定位通常是由当地规划院使用 GNSS-RTK 或全站仪在实地直接标定各建筑物的角桩，若每栋建筑物只标定两个点，则剩下的需要施工方自行完成放样。

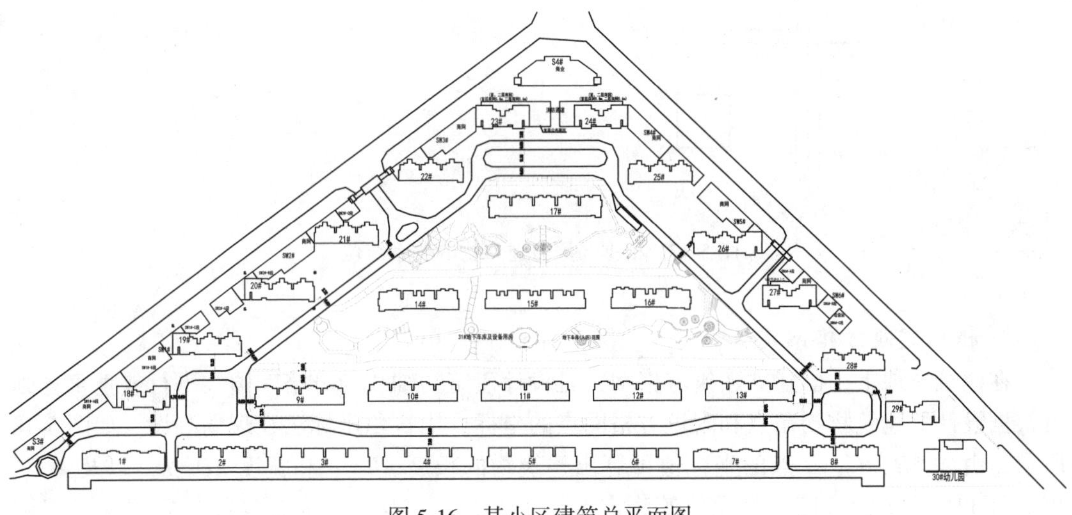

图 5-16　某小区建筑总平面图

三、传统方法

1. 根据与原有建筑物的关系定位

在建筑区内新建或扩建建筑物时，一般设计图上都给出新建筑物与附近原有建筑物或道路中心线的相互位置关系，如图 5-17 所示。图中绘有斜线的是原有建筑物，没有斜线的是拟建建筑物。

如图 5-17(a)所示，拟建的建筑物轴线 AB 在原有建筑物轴线 MN 的延长线上，可用延长直线法定位。为了能够准确地测设 AB，应先作 MN 的平行线 $M'N'$，即沿原有建筑物 PM 与 QN 墙面向外量出 MM' 及 NN'，并使 $MM'=NN'$，在地面上定出 M' 和 N' 两点作为建筑基线，再安置经纬仪于 M' 点，照准 N' 点，然后沿视线方向，根据图纸上所给的 NA 和 AB 尺寸，从 N' 点用钢尺量距依次定出 A'、B' 两点，再安置经纬仪于 A' 和 B' 点，按 90°角

和相关距离定出 A、C 和 B、D 点。

如图 5-17(b)所示，可用直角坐标法定位。先按上法作 MN 的平行线 $M'N'$，然后安置经纬仪于 N'点，作 $M'N'$的延长线，并按设计距离，用钢尺量取 $N'O$ 定出 O 点，再将经纬仪安置于 O 点测设 90°角，丈量 OA 定出 A 点，继续丈量 AB 定出 B 点。最后在 A、B 两点安置经纬仪测设 90°角，根据建筑物的宽度定出 C 点和 D 点。

如图 5-17(c)所示，拟建建筑物与道路中心线平行，根据图示条件，主轴线的测设仍可用直角坐标法。先用拉尺分中法找出道路中心线，然后用经纬仪作垂线，定出拟建建筑物的轴线，再根据建筑物尺寸定位。

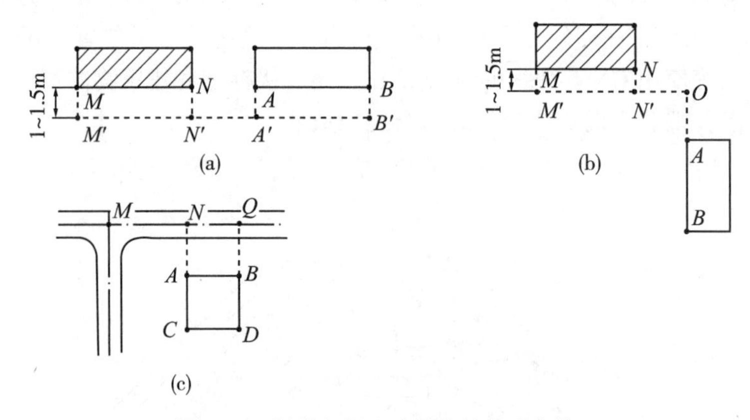

图 5-17　根据与原有建筑物的关系定位

2. 根据建筑方格网定位

在建筑场地上，已建立建筑方格网，且设计建筑物轴线与方格网边线平行或垂直，则可根据设计的建筑物拐角点和附近方格网点的坐标，用直角坐标法在现场测设。如图 5-18 所示，由 A、B、C、D 点的坐标值可算出建筑物的长度 $AB=a$ 和宽度 $AD=b$，以及 MA'、$B'N$ 和 AA'、BB'的长度。测设建筑物定位点 A、B、C、D 时，先把经纬仪安置在方格网

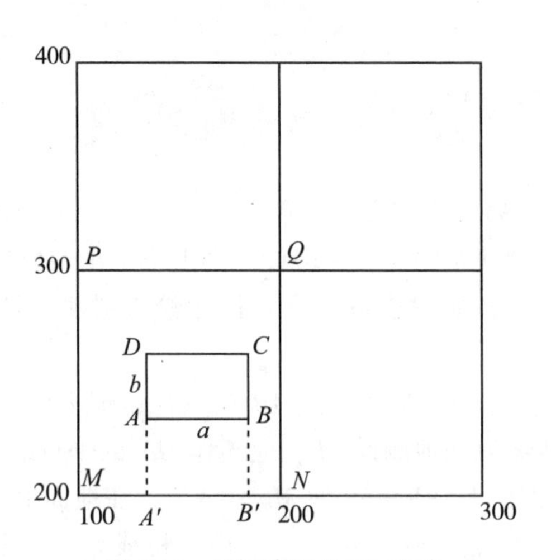

图 5-18　根据建筑方格网定位

点 M 上，照准 N 点，沿视线方向自 M 点用钢尺量取 MA' 得 A' 点，量取 $A'B'=a$ 得 B' 点，再由 B' 点沿视线方向量取 $B'N$ 长度以作校核。然后安置经纬仪于 A' 点，照准 N 点，向左测设 90°，并在视线上量取 $A'A$ 得 A 点，再由 A 点沿视线方向继续量取建筑物的宽度 b 得 D 点。安置经纬仪于 B' 点，同法定出 B、C 点。为了校核，应用钢尺丈量 AB、CD 及 BC、AD 的长度，看其是否等于建筑物的设计长度。

四、现代方法

现代方法即根据控制点的坐标定位，是指依据规划院在场地上布设的控制点进行定位。有些规划院会直接在每栋建筑物上给出两个轴线交点，但当施工队伍进入现场时，很多点位都会遭到破坏，所以很多时候需要施工单位检查复核或重新放样。放样主要使用的仪器为全站仪。

具体目标：如图 5-15 所示，以 KZ_1 为测站点，KZ_2 为后视定向点，KZ_3 为定向检查点，完成 1 号楼四个轴线交点 A、B、C、D 的放样。

操作步骤：

1. 图纸资料的准备工作

在建筑总平面图上找出待放样建筑物的位置，判断其标注的角桩坐标是外墙皮交点坐标，还是外墙轴线交点坐标。

2. 施工放样的数据提取

使用 CASS 软件里的“工程应用”菜单下的“指定点生成数据文件”功能，提取需要放样的点的坐标，生成数据文件，如图 5-19 所示。

	A	B	C	D
1	点号	X坐标	Y坐标	高程
2	KZ1	4636971.004	530336.968	44.228
3	KZ2	4636971.119	530407.281	44.285
4	KZ3	4636966.547	530374.330	44.339
5	A	4636988.293	530347.776	43.75
6	B	4636978.593	530347.776	43.75
7	C	4636978.593	530402.976	43.75
8	D	4636988.293	530402.976	43.75

1号楼轴线交点控制点坐标 .dat - 记事本

文件(F) 编辑(E) 格式(O) 查看(V) 帮助(H)

```
KZ1,,530336.968,4636971.004,44.228
KZ2,,530407.281,4636971.119,44.285
KZ3,,530374.330,4636966.547,44.339
A,,530347.776,4636988.293,43.750
B,,530347.776,4636978.593,43.750
C,,530402.976,4636978.593,43.750
D,,530402.976,4636988.293,43.750
```

图 5-19　放样点数据文件

3. 将数据传输到全站仪

如果放样数据较少，则可在施工现场直接手工输入，若放样数据较多，则事先将数据传输至全站仪或 RTK，方便放样，同时防止现场手工输入错误。

4. 找到现场测量控制点

到现场找到规划院放样的测量控制点，若控制点距离放样点很近则直接使用，若较远则需要转站，转站时要检查精度，转站最好使用前方交会等方法，切忌使用支站法连续转多站。

5. 检查控制点的准确性

使用钢尺、全站仪检查测量控制点的正确性，通常需要检查其中三个点的方位关系的正确性，用钢尺检验其距离的正确性。

6. 完成角桩点位的放样

使用全站仪完成建筑物角桩点的放样工作，具体放样方法见项目2“平面点位放样”。

7. 检查角桩间的距离及夹角

检查放样两点之间的距离，其应等于建筑物的设计长，距离误差允许为1/5000。在角点安装经纬仪，测量角度应为90°，角度误差允许为±30″。

8. 填写工程定位测量记录表

放线工作完成并且自检合格后，按要求填写工程定位测量记录表，并上交监理签字确认，方可进入下一道工序。

子任务5.3.2 民用建筑物的放线

建筑轴线是人为地在建筑图纸中为了标示构件的详细尺寸，按照一般的习惯或标准虚设的线，习惯上标注在对称界面或截面构件的中心线上，如基础、梁、柱等结构上。

定位轴线应用细点画线绘制。定位轴线一般应编号，编号应注写在轴线端部的圆内。圆应用细实线绘制，直径为8~10mm。定位轴线圆的圆心应在定位轴线的延长线上或延长线的折线上。

平面图上定位轴线的编号宜标注在图样的下方与左侧。横向编号应用阿拉伯数字，从左至右顺序编写，竖向编号应用大写拉丁字母，从下至上顺序编写。拉丁字母的I、O、Z不得用作轴线编号。如字母数量不够使用，可增用双字母或单字母加数字注脚，如AA，BA，…，YA或A1，B1，…，Y1。组合较复杂的平面图中定位轴线也可采用分区编号，编号的注写形式应为“分区号——该分区编号”。分区号采用阿拉伯数字或大写拉丁字母。

建筑物放线就是根据已测设的角点桩(建筑物外墙主轴线交点桩)及建筑物平面图，详细测设建筑物各轴线的交点桩(或称中心桩)。然后根据各交点中心桩沿轴线用白灰撒出基槽开挖边界线，以便开挖施工。由于基槽开挖后，各交点桩将被挖掉，为了便于在施工中恢复各轴线位置，还须把各轴线延长到基槽外安全地点，设置控制桩或龙门板，并做好标记。

一、任务目标

如图5-20所示为某住宅小区某栋楼房的建筑平面图，轴线号和轴线间距尺寸已标明。M、N为建筑物定位阶段放样得到的两个轴线交点。现要求使用全站仪完成建筑物的放线，测设建筑物各轴线的交点桩，并将轴线引测到轴线外围的地方加以保护，以便在后续工作中使用。

二、任务分析

传统的建筑物放线使用经纬仪和钢尺，是极坐标法放线，其依据是图纸上的尺寸关

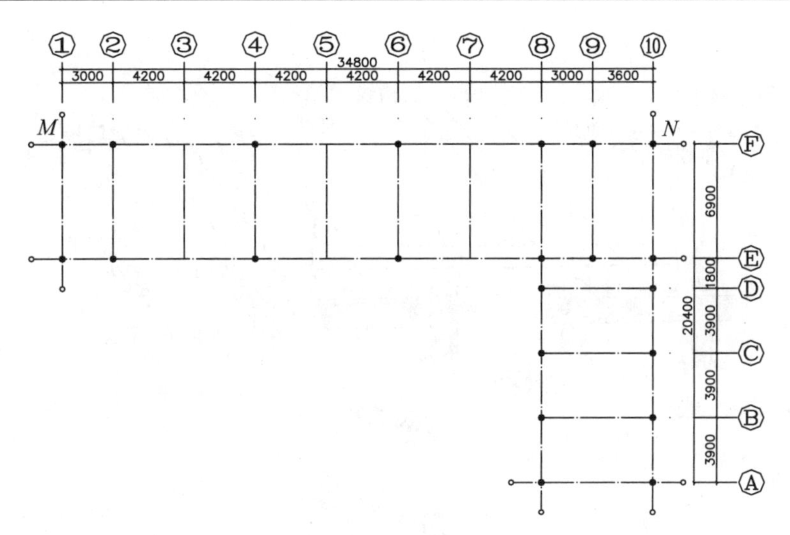

图5-20　建筑平面图

系。所以需要详细测设建筑物各轴线的端点桩位(包括纵向轴线和横向轴线)，基础放样是在各轴线上挂线绳，纵、横向轴线绳相交处便为轴线交点，再根据交点测设细部。轴线端点在基槽开挖时要破坏掉，所以要延长轴线。延长轴线的方法包括龙门板法和引桩法。

现代建筑放样使用全站仪和棱镜，可以使用坐标法放线，其依据是各轴线交点及细部点的坐标，可以根据需要随时放样各个点位，不一定要一次性全部放样所有点，所以也可以不测设轴线端点桩，基础施工放样阶段也不再需要挂线绳。所以使用全站仪坐标法放样需要在设计电子图纸上提取所需要放样点的坐标，内业工作量较大，该方法使用的前提是取得设计电子图。

三、放样方法

1. 建筑物轴线放样方法

1)龙门板法——适用小型民用建筑

在一般民用建筑中，常在基槽开挖线以外一定距离处钉设龙门板，如图5-21所示。龙门板在建筑物周围，有时候会影响施工，所以比较适合简单的小型建筑。设置龙门板的步骤和要求如下：

(1)在建筑物四角与内纵、横墙两端基槽开挖边线以外约1~2m(根据土质情况和挖槽深度确定)处钉设龙门桩，龙门桩要钉得竖直、牢固，木桩侧面与基槽应平行。

(2)根据建筑物场地水准点，在每个龙门桩上测设±0标高线。若遇现场条件不许可时，也可测设比±0标高高或低一定数值的标高线。但对于同一建筑物最好只选用一个标高。如地形起伏大，须选用两个标高时，一定要标注清楚，以免使用时发生错误。

(3)沿龙门桩上测设的高程线钉设龙门板，这样龙门板顶面的标高就在一个水平面上了。龙门板标高的测定容差为±5㎜。

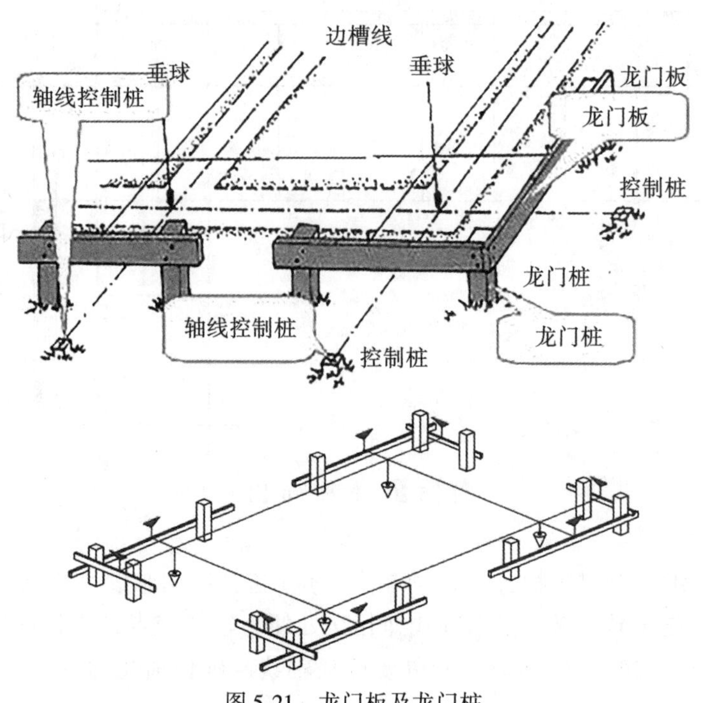

图5-21 龙门板及龙门桩

(4)根据轴线桩用经纬仪将墙、柱的轴线投到龙门板顶面上，并钉小钉标明，称为轴线钉。投点容差为±5㎜。

(5)用钢尺沿龙门板顶面检查轴线钉的间距，其相对误差不应超过1/2000。经检核合格后，以轴线钉为准，将墙宽、基槽宽标在龙门板上，最后根据基槽上口宽度拉线撒出基槽开挖灰线。

此外，由于建筑物的造型格调从单一的方形向“S”面形、扇面形、圆筒形、多面体形等复杂的几何图形发展，这样对建筑物放样定位带来了一定的复杂性。针对这种情况，极坐标法是较为灵活且实用的放样方法。具体做法是，首先将设计要素如轮廓坐标、曲线半径、圆心坐标等与施工控制点建立关系，计算其方向角及边长，以施工控制网点作为工作控制点，逐一测定点位。将所有建筑物的轮廓点位定出后，再检查是否满足设计要求。

2)引桩法——适用大型民用建筑

(1)测设建筑物定位轴线交点桩。

根据建筑物的主轴线，按建筑平面图所标尺寸，将建筑物各轴线交点位置测设于地面，并用木桩标定出来，称交点桩。

如图5-22所示，M、N为通过建筑物定位所标定的主轴线点。将经纬仪安置于M点，瞄准N点，按顺时针方向测设90°角，沿此方向量取房宽定出R点。同样地可测出其余外墙轴线交点O、P、Q。R、O、P、Q各点可用木桩作点位标志。定出各角点后，要通过钢尺丈量、复核各轴线交点间的距离，与设计长度比较，其误差不得超过1/2000。然后再根据建筑平面图上各轴线之间的尺寸，测设建筑物其他各轴线相交的中心桩的位置(如图 5-22 中 1、2、3……各点)，并用木桩标定。

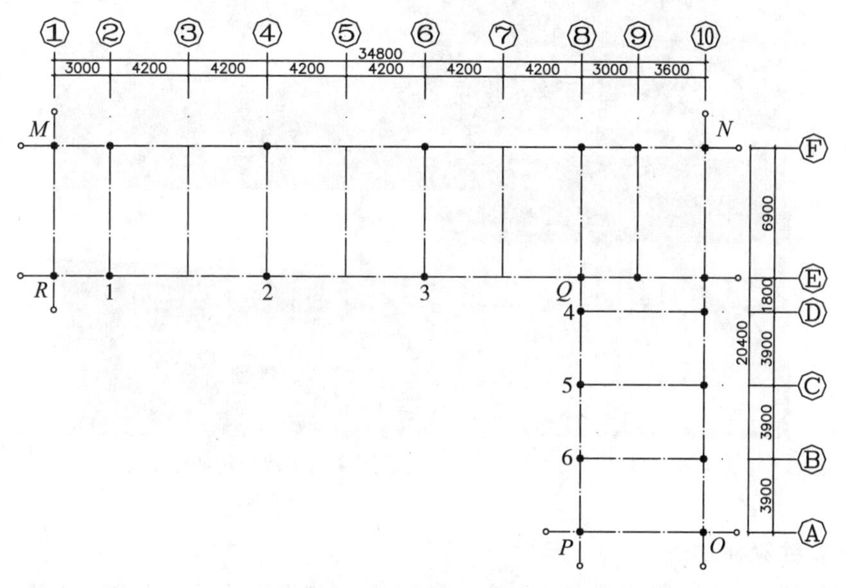

图 5-22　建筑物定位轴线交点桩示意图

(2)测设建筑物定位轴线控制桩。

轴线控制桩设置在基槽外基础轴线的延长线上，离基槽外边线的距离可根据施工场地的条件来定。一般条件下，轴线控制桩离基槽外边线的距离可取 2~4m，并用木桩作点位标志，如图 5-23(a)所示；为了便于多、高层建筑物向上引测轴线，便于机械化施工作业，通常将轴线控制桩设在离建筑物稍远的地方，如附近有已建固定建筑物，最好把轴线投测到固定建筑物顶上或墙上(围挡上)，并做好标志，如图 5-23(b)所示。

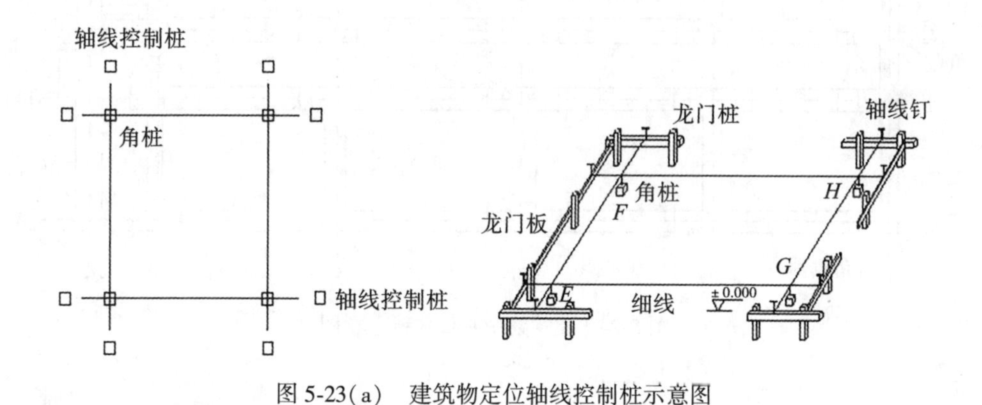

图 5-23(a)　建筑物定位轴线控制桩示意图

图 5-23(b) 建筑物定位轴线投测到固定建筑物或墙上

2. 中心桩放样方法

中心桩是指各条轴线的交点，如图 5-24 所示，测设方法是，在角点上设站(M、N、Q、P)，用经纬仪定向，钢尺量距，依次定出 2、3、4、5 各轴线与 A 轴线和 D 轴线的交点(中心桩)，然后再定出 B、C 轴线与 1、6 轴线的交点(中心桩)。建筑物外轮廓中心桩测定后，继续测定建筑物内各轴线的交点(中心桩)。

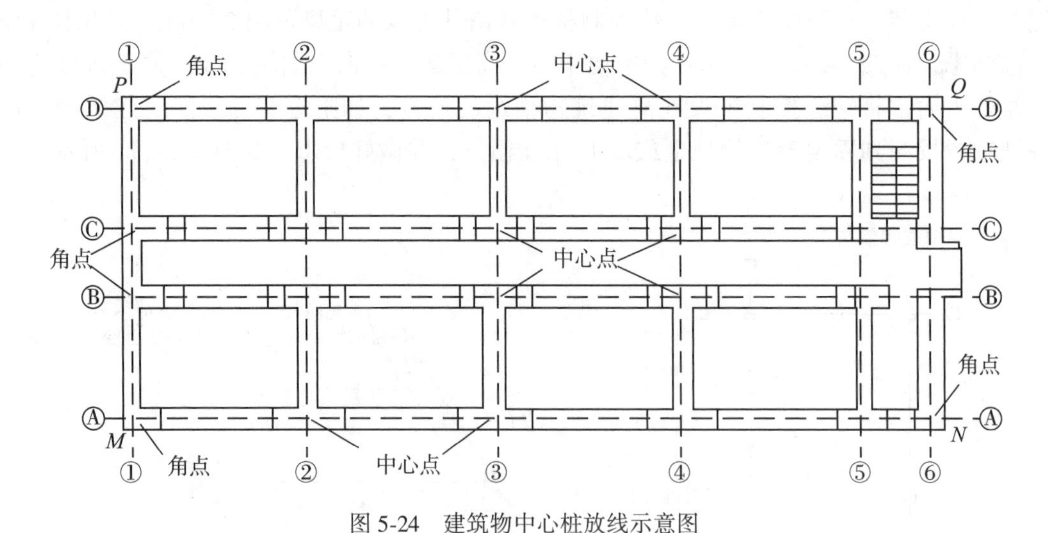

图 5-24 建筑物中心桩放线示意图

子任务 5.3.3 基础施工测量工作

建筑地基分为天然地基和人工地基。无需经过处理可以直接承受建筑物荷载的地基称为天然地基；反之，需通过地基处理技术处理的地基称为人工地基。

建筑地基按构造形式分为条形基础、独立基础、满堂基础和桩基础。下面介绍条形基础和独立基础。

(1)条形基础。当建筑物采用砖墙承重时，墙下基础常连续设置，形成通长的条形基础。

(2)独立基础。当建筑物上部为框架结构或单独柱子时，常采用独立基础；若柱子为预制时，则采用杯形基础形式。

墙下条形基础和柱下独立基础(单独基础)统称为扩展基础。扩展基础的作用是把墙或柱的荷载侧向扩展到土中，使之满足地基承载力和变形的要求。扩展基础包括无筋扩展基础和钢筋混凝土扩展基础。

基础的施工顺序大致为：定位放线→规划部门验收红线→土方开挖→引测标高→基底成型→设计勘察单位、质监站验槽→支垫层模板→ C10 钢筋混凝土垫层浇筑→条形基础弹线→支条形模板→绑扎条基、构造柱钢筋→条基 C25 钢筋混凝土浇筑→墙基础弹线→砌筑基础墙→支构造柱模板→浇筑构造柱混凝土→绑扎地梁圈梁钢筋→支立地圈梁模板→浇筑混凝土→地基基础工程验收→回填土。

建筑物的基础种类很多，传统的建筑高度较小，常用条形基础、独立基础及柱下条形基础。现代的建筑基础主要使用筏板基础、箱形基础和桩基础。

本节介绍多层民用建筑常规条形基础施工放线方法。筏板基础和桩基础施工测量方法在任务 5.4 中介绍。

1. 基槽开挖边线放线

在基础开挖前，按照基础详图上的基槽宽度和上口放坡的尺寸，由中心桩向两边各量出开挖边线尺寸，并做好标记；然后在基槽两端的标记之间拉一细线，沿着细线在地面用白灰撒出基槽边线，施工时就按此灰线进行开挖。

2. 控制开挖深度

为砌筑建筑物基础，所挖地槽呈深坑状的叫基坑。若基坑过深，用一般方法不能直接测定坑底标高时，可用悬挂的钢尺来代替水准尺把地面高程传递到深坑内，也可采用三角高程往返观测的方式进行，主要是在基坑内选择比较稳定的设站处。

用水准仪控制基槽开挖深度，不得超挖基底。当基槽挖到离槽底 0.3~0.5m 时，用高程放样的方法在槽壁上钉水平控制桩。

(1)设置水平桩是为了控制基槽的开挖深度，当快挖到槽底设计标高时，应用水准仪根据地面上±0.000m 点，在槽壁上测设一些水平小木桩(称为水平桩)，如图 5-25 所示，使木桩的上表面离槽底的设计标高为一固定值(如 0.500m)。

为了施工时使用方便，一般在槽壁各拐角处、深度变化处和基槽壁上每隔 3~5m 测设一水平桩。水平桩可作为挖槽深度、修平槽底和打基础垫层的依据。

(2)水平桩的测设方法，如图 5-25 所示，槽底设计标高为-1.700m，欲测设比槽底设计标高高 0.500m 的水平桩，测设方法如下：

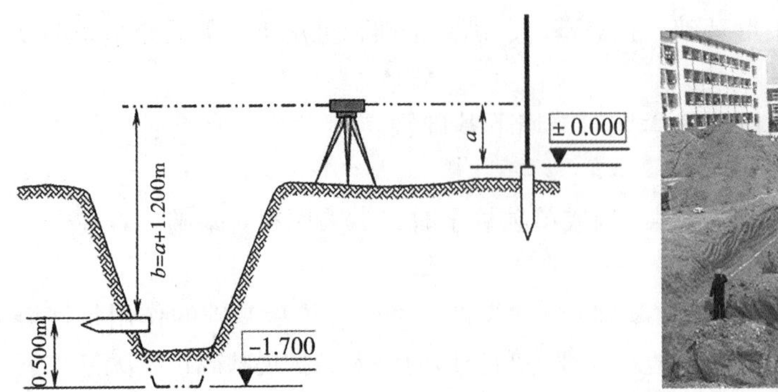

图 5-25　基槽抄平

①在地面适当地方安置水准仪，在±0 标高线位置立水准尺，读取后视读数为 1.318m。

②计算测设水平桩的应读前视读数 $b_{应}=a-h=1.318-(-1.700+0.500)=2.518$m。

③在槽内一侧立水准尺，并上下移动，直至水准仪视线读数为 2.518m 时，沿水准尺尺底在槽壁打入一小木桩。

3. 基槽抄平

建筑施工中的高程测设，又称抄平。基层施工达到设计深度后，使用水准仪放样高程，使其符合设计要求。

4. 垫层施工

基槽底部抄平完成后，组织相关人员进行基槽验槽，合格后开始进行垫层施工。

5. 垫层中线的投测

基础垫层打好后，根据轴线控制桩或龙门板上的轴线钉，用经纬仪或用拉绳挂锤球的方法，把轴线投测到垫层上，如图 5-26 所示，并用墨线弹出墙中心线和基础边线，作为砌筑基础的依据。由于整个墙身砌筑均以此线为准，这是确定建筑物位置的关键环节，所以要严格校核后方可进行砌筑施工。

6. 基础墙标高的控制

房屋基础墙是指±0.000m 以下的砖墙，它的高度是用基础皮数杆来控制的。

(1)基础皮数杆是一根木制的杆子，如图 5-27 所示，在杆上事先按照设计尺寸，将砖、灰缝厚度画出线条，并标明±0.000m 和防潮层的标高位置。

(2)立皮数杆时，先在立杆处打一木桩，用水准仪在木桩侧面定出一条高于垫层某一数值(如 100mm)的水平线，然后将皮数杆上标高相同的一条线与木桩上的水平线对齐，并用大铁钉把皮数杆与木桩钉在一起，作为基础墙的标高依据。

7. 基础面标高的检查

基础施工结束后，应检查基础面的标高是否符合设计要求(也可检查防潮层)。可用水准仪测出基础面上若干点的高程，将此高程和设计高程比较，允许误差为±10mm。

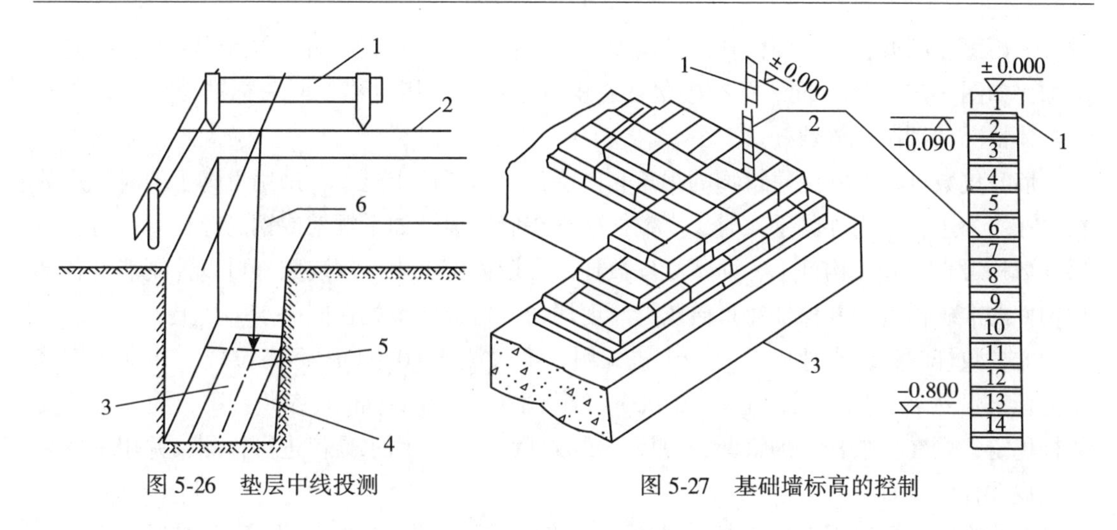

图 5-26　垫层中线投测　　　　图 5-27　基础墙标高的控制

子任务 5.3.4　主体墙施工测量

±0. 000m 以上的墙体称为主体墙。

1. 墙体定位

(1)利用轴线控制桩或龙门板上的轴线和墙边线标志，用经纬仪或拉细绳挂锤球的方法将轴线投测到基础面上或防潮层上。

(2)用墨线弹出墙中线和墙边线。

(3)检查外墙轴线交角是否等于 90°。

(4)把墙轴线延伸并画在外墙基础上，如图 5-28 所示，作为向上投测轴线的依据。

(5)把门、窗和其他洞口的边线，也在外墙基础上标定出来。

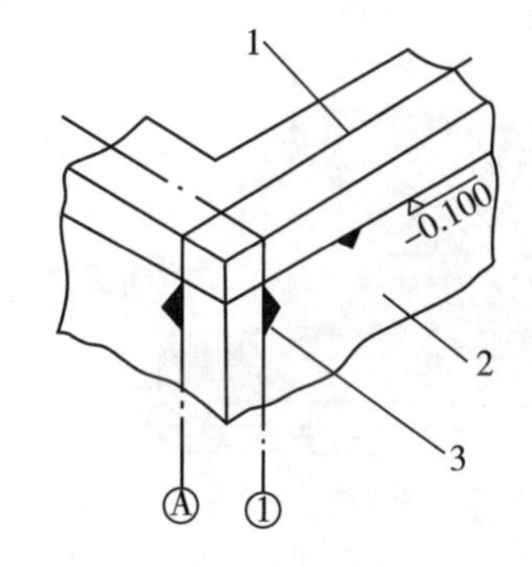

1—墙中心线；2—外墙基础；3—轴线

图 5-28　墙体轴线的投测

2. 墙体各部位标高控制

主体墙的标高是利用墙身皮数杆来控制和传递的。墙身皮数杆根据建筑物剖面图画有每块砖和灰缝的厚度，按砖、灰缝从底部往上依次标明±0. 000m、窗台、门窗洞口、窗、过梁、雨篷、圈梁、楼板预留孔以及其他各种构件的高度位置，杆上注记从±0.00m向上增加，如图5-29所示。同一标准楼层各层皮数杆可以共用，不是同一标准楼层，则应根据具体情况分别制作皮数杆。

墙身皮数杆一般立在建筑物的拐角和内墙处。为了便于施工，采用里脚手架时，皮数杆立在墙外边；采用外脚手架时，皮数杆应立在墙里边，如系框架或钢筋砼柱间墙时，每层皮数杆可直接画在构件上，而不立皮数杆。在墙体施工中，用皮数杆可以控制墙身各部位构件的准确位置，并保证每批砖灰缝厚度均匀，每批砖都处在同一水平面上。

立皮数杆时，先在地面上打一木桩，用水准仪测出±0.000m标高位置，并画一横线作为标志；然后，把皮数杆上的±0.000m线与木桩上±0.000m对齐并钉牢，为了保证皮数杆稳定，可在皮数杆上加钉两根斜撑。皮数杆钉好后要用水准仪进行检测，并用垂球来校正皮数杆的垂直。

砌墙之后，还应根据室内抄平地面和装修的需要，将±0.000m标高引测到室内，在墙上弹墨线标明，同时还要在墙上定出+0.5m的标高线。

当墙砌到窗台时，要在外墙面上根据房屋的轴线量出窗台的位置，以便砌墙时预留窗洞的位置。一般在设计图上的窗口尺寸比实际窗口尺寸大2cm，因此，只要按设计图上的窗洞尺寸砌墙即可。

墙的竖直用托线板（见图5-30）进行校正，把托线板的侧面紧靠墙面，看托线板上的垂球线是否与板的墨线重合，如果有偏差，可以校正砖的位置。

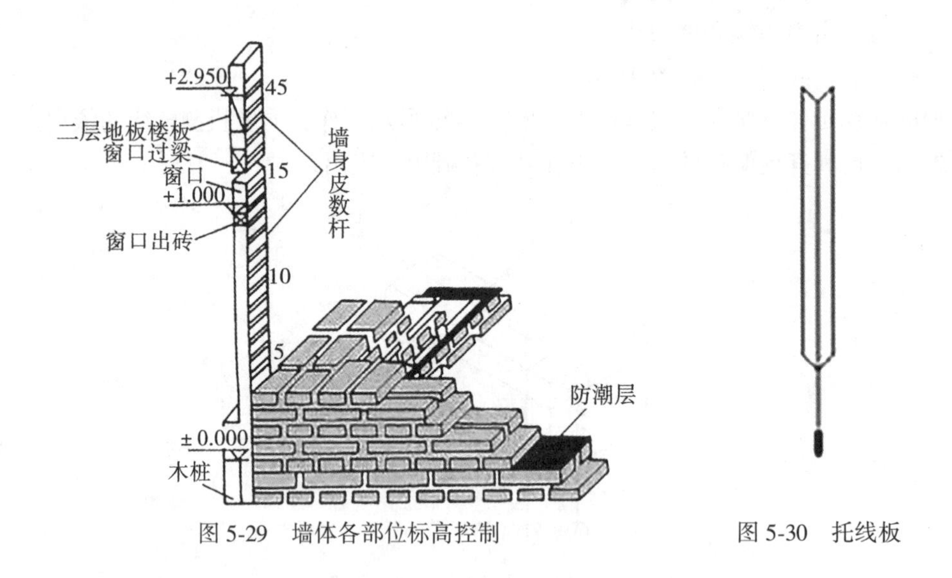

图5-29 墙体各部位标高控制　　　图5-30 托线板

此外，当墙砌到窗台时，在内墙面上高出室内地坪15~30cm的地方，用水准仪标定出一条标高线，并用墨线在内墙面的周围弹出标高线的位置。这样在安装楼板时，可以用这条标高线来检查楼板底面的标高。使得底层的墙面标高都等于楼板的底面标高之后，再安装楼板。同时，标高线还可以作为室内地坪和安装门窗等标高位置的依据。

楼板安装好后，二层楼的墙体轴线是根据底层的轴线，用垂球先引测到底层的墙面上，然后再用垂球引测到二层楼面上。在砌筑二层楼的墙时，要重新在二层楼的墙角外立皮数杆，皮数杆上的楼面标高位置要与楼面标高一致，这时可以把水准仪放在楼板面上进行检查。同样，当墙砌到二层楼的窗台时，要用水准仪在二层楼的墙面上测定出一条高于二层楼面15~30cm的标高线，以控制二层楼面的标高。

现代化建筑的特征是从小块砖石材料的砌筑过渡到大块材料。用大块材料建造房屋时，要按施工图进行装配。在施工图上应表示出墙上大块材料的说明及其位置。当基础建成以后，块料及其连接缝的放样，应在固定于基础上的木板上进行。此种木板设置在各个屋角和若干连接墙上，木板上的高程要用水准仪来测设。在施工过程中，大块材料的安装要用悬锤与水准器来检核，用块料筑成的每一楼层都要用水准仪进行检核。

子任务5.3.5　建筑物轴线投测

在多层建筑墙身砌筑过程中，为了保证建筑物轴线位置正确，可用吊锤球或经纬仪将轴线投测到各层楼板边缘或柱顶上。

1. 吊锤球法

将较重的锤球悬吊在楼板或柱顶边缘，当锤球尖对准基础墙面上的轴线标志时，线在楼板或柱顶边缘的位置即为楼层轴线端点位置，并画出标志线。各轴线的端点投测完后，用钢尺检核各轴线的间距，符合要求后，继续施工，并把轴线逐层自下向上传递。如图5-31所示。吊锤球法简便易行，不受施工场地限制，一般能保证施工质量。但当有风或建筑物较高时，投测误差较大，应采用经纬仪投测法。

2. 经纬仪投测法

在轴线控制桩上安置经纬仪，严格整平后，瞄准基础墙面上的轴线标志，用盘左、盘右分中投点法，将轴线投测到楼层边缘或柱顶上，如图5-32所示。通常需要在建筑物四周的主轴线上进行轴线投测，如图5-33所示。将所有端点投测到楼板上之后，用钢尺检核其间距，相对误差不得大于1/2000。检查合格后，才能在楼板分间弹线，继续施工。也可使用图5-34所示的激光经纬仪投测法，或者使用带有免棱镜功能的全站仪进行投测。

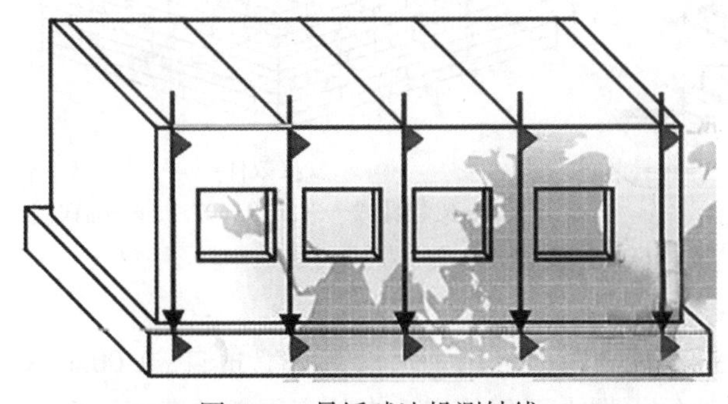

图5-31　吊锤球法投测轴线

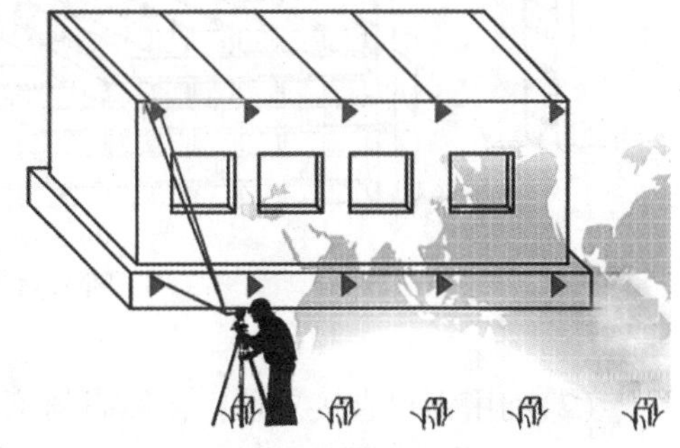

图5-32　经纬仪投测轴线

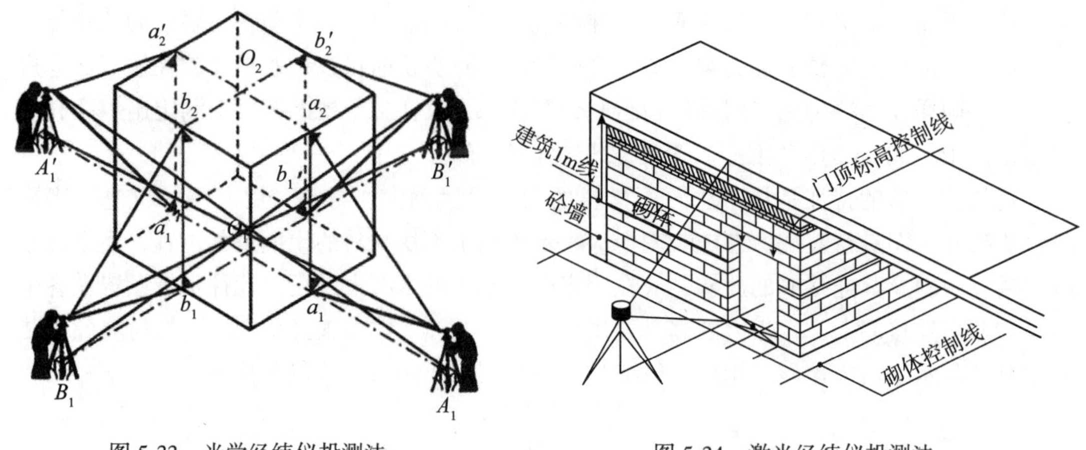

图 5-33　光学经纬仪投测法　　　　图 5-34　激光经纬仪投测法

子任务 5.3.6　建筑物高程传递

在多层建筑施工中，要由下层向上层传递高程，以便楼板、门窗口等的标高符合设计要求。高程传递的方法有以下几种：

(1)利用皮数杆传递高程：在皮数杆上自±0.00m 标高线起门窗口、过梁、楼板等构件的标高都已注明。一层砌好后则从一层皮数杆起一层一层往上接，如图 5-35 所示。

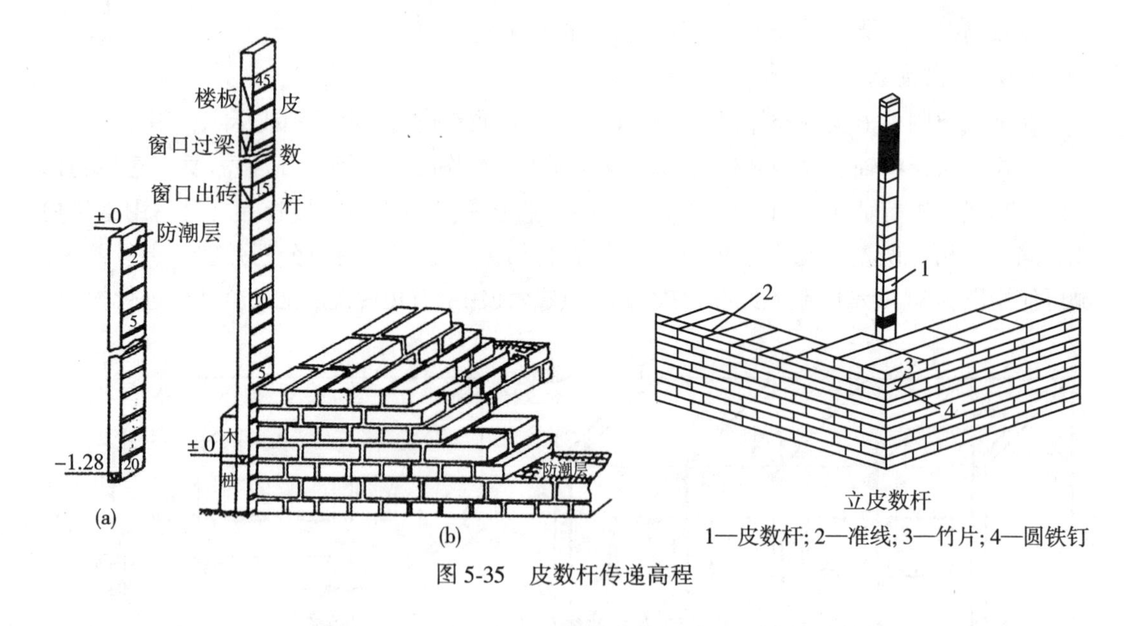

图 5-35　皮数杆传递高程

(2)利用钢尺直接丈量：在标高精度要求较高时，可用钢尺沿某一墙角自±0.00m 标高处起向上直接丈量，把高程传递上去。然后根据由下面传递上来的高程立皮数杆，作为该层墙身砌筑和安装门窗、过梁及室内装修、地坪抹灰等控制标高的依据。

(3)吊钢尺法：在楼梯间悬吊钢尺，钢尺下端挂一重锤，使钢尺处于铅垂状态，用水准仪在下面与上面楼层分别读数，按水准测量原理把高程传递上去。

标高检核方法：

建筑物结构标高传递在塔吊、建筑物外墙上同时设置互相校对，每月利用场地内的高程控制基准点对建筑物、塔吊上的标高进行复核，如图 5-36 所示，并形成书面复核记录报监理公司备案，严禁利用钢管脚手架传递标高。

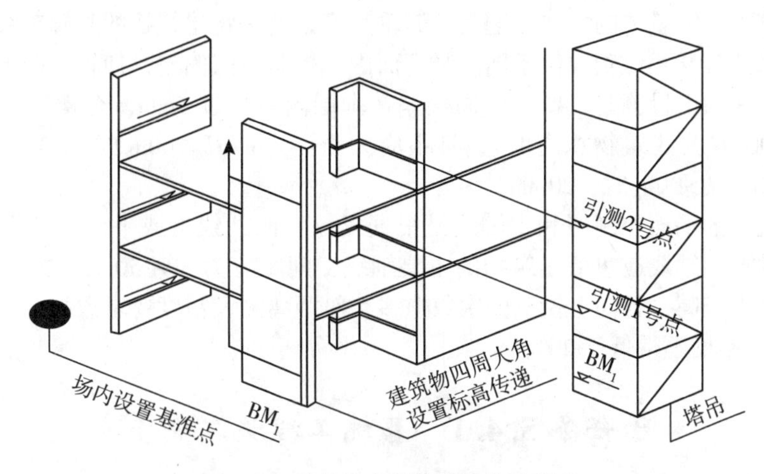

图 5-36　建筑物高程传递检核示意图

任务 5.4　高层民用建筑施工测量

高层建筑的特点是层数多、高度高、结构复杂。尤其是在繁华区建筑群中施工时，场地十分狭窄，而且高空风力大，给施工放样带来较大困难。在施工过程中，对建筑物各部位的水平位置、垂直度、标高等精度要求十分严格。高层建筑施工方法很多，目前较常用的有两种，一种是滑模施工，即分层滑升逐层现浇楼板的方法，另一种是预制构件装配式施工。国家建筑施工规范中对上述高层建筑结构的施工质量标准规定如表 5.11 所示。

表 5.11　**高层建筑施工质量标准**

高层施工方法	竖向偏差限差(mm)		高程偏差限差(mm)	
	各层	总累计	各层	总累计
滑模施工	5	H/1000(最大 50)	10	50
装配式施工	5	20	5	30

因结构竖向偏差直接影响工程受力情况，故在施工测量中要求竖向投点精度高，所选用的仪器和测量方法要适应结构类型、施工方法和场地情况。由于建筑结构复杂，设备和装修标准较高，特别是高速电梯的安装等，对施工测量精度要求亦高，一般情况在设计图纸中有说明，有各项允许偏差值，施工测量误差必须控制在允许偏差值以内。因此，面对

建筑平面、立面造型的复杂多变，要求在工程开工前，先制定施工测量方案，仪器配置，测量人员的分工，并经工程指挥部组织有关专家论证后方可实施。

高层建筑施工测量的主要任务是将建筑物的基础轴线准确地向高层引测，并保证各层相应的轴线位于同一竖直面内，要控制与检核轴线向上投测的竖向偏差每层不超过5mm，全楼累计误差不大于20mm；在高层建筑施工中，要由下层楼面向上层传递高程，以使上层楼板、门窗口、室内装修等工程的标高符合设计要求。

高层建筑施工测量中的主要问题是控制垂直度，就是将建筑物的基础轴线准确地向高层引测，并保证各层相应轴线位于同一竖直面内，控制竖向偏差，使轴线向上投测的偏差值不超限。轴线向上投测时，要求竖向误差在本层内不超过5mm，全楼累计误差值不应超过$2H/10000$（H为建筑物总高度），且不应大于：$30m<H\leqslant 60m$时，10mm；$60m<H\leqslant 90m$时，15mm；$H>90m$时，20mm。

高层建筑物的平面控制网和主轴线是根据复核后的红线桩或平面控制坐标点来测设的，平面网的控制轴线应包括建筑物的主要轴线，间距宜为30～50m，并组成封闭图形，其量距精度要求较高，且向上投测的次数愈多，对距离测设精度要求愈高，一般不得低于1/10000，测角精度不得低于20″。

子任务5.4.1　基坑工程施工测量

基坑工程是指为保证基坑施工、主体地下结构的安全和周围环境不受损害而采取的支护结构、降水和土方开挖与回填，包括勘察、设计、施工、监测和检测等。基坑工程施工方法分为放坡开挖和支护开挖，放坡开挖常见于施工空间较大且基坑较浅的情况，支护开挖适用于基坑深度较大、放坡空间不足及地质条件不良的状况。基坑支护结构分为支挡式、土钉墙、水泥土墙等。基坑开挖方式分为盆式开挖、岛式开挖、分块挖土法等。基坑工程施工测量包括平面及高程控制网建立、基坑开挖平面位置放样、基坑开挖高程放样、基坑底板施工放样、基坑施工过程放样、基坑工程稳定性监测等内容。

由于基坑支护施工的特点，对平面控制精度要求更高。平面控制应先从整体考虑，遵循先整体后局部、高精度控制低精度的原则。控制点应该选择在通视条件良好、安全和便于保护的地方，桩位用混凝土保护，需要时用钢管进行维护，并用红油漆做好测量标记。

一、任务目标

某市雄盛王府广场综合体项目位于季华路与佛山大道交会处西南侧，设1、2层地下室。本工程占地面积41828m^2，开挖深度4.92～5.62m。我部中标工程为场地南侧B地块，包括B地块基坑以及东侧水渠改建。

二、操作步骤

1. 坐标及高程引入

坐标点、水准点引测依据：根据某市地质勘察有限公司提供的资料得知场外坐标控制点和高程控制点见表5.12和表5.13。

表 5.12　　建筑物外侧坐标控制点

点号	纵坐标(X)	横坐标(Y)
$K1$	2545773.105	509639.399
$K2$	2545721.397	509783.064
$K3$	2545524.827	509779.635

表 5.13　　建筑物外侧高程控制点

点号	高程(m)	点号	高程(m)
$K2$	3.36	$K3$	3.48

2. 平面及高程控制网

从现场场地的实际情况来看，整个基槽采取大开挖，现场可用场地较狭小。所以布设的控制点要求通视，便于保护施工方便。

根据设计图纸、施工组织设计对楼层进行网状控制，兼顾±0.000 以上施工，确定平面控制网控制点为：$B1$，$B2$，$B3$，$B4$。如图 5-37 所示，控制点坐标及高程如表 5.14 所示。

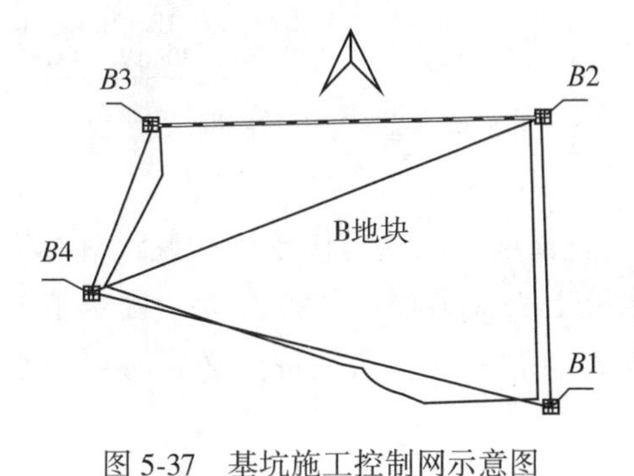

图 5-37　基坑施工控制网示意图

表 5.14　　控制点坐标及高程数据

点号	纵坐标(X)	横坐标(Y)	高程 Z(m)
$B1$	2545982.643	509509.968	3.35
$B2$	2545987.347	509757.130	3.42
$B3$	2545769.127	509763.010	3.46
$B4$	2545855.277	509471.508	3.51

3. 场地内标高引测

高程控制网的布设原则：为保证建筑物竖向施工的精度要求，在场区内建立高程控制网，以此作为保证施工竖向精度控制的首要条件。根据场区内甲方提供的高程基准点布设场区高程控制网。

根据测绘院提供的K2、K3两个高程控制点，采用环线闭合的方法，将外侧水准点引测至场内，向建筑物四周围墙上引测固定高程控制点，并建立±0标高控制点。

4. ±0.00以下标高控制

(1)±0.00以下标高传递：±0.00以下标高传递时，可根据场地高程控制点BM1、BM2、BM3、BM4采用悬吊钢尺法进行传递标高，具体方法为在钢尺的尺环上悬挂铅锤进行观测，如图5-38所示，传递时每层至少要由两个不同部位分别进行两次标高传递，当两次传递标高之差在3mm以内时，取其平均值作为本层控制高程的依据。

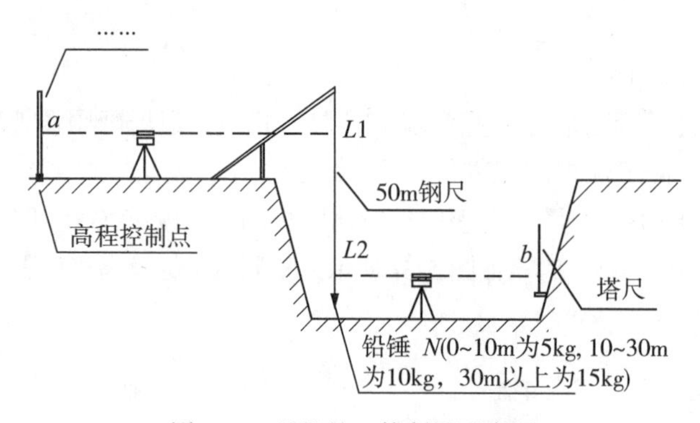

图5-38　基坑施工控制网示意图

(2)为了控制基槽的开挖深度，当基槽快挖到槽底设计标高时，用水准仪在槽壁上测设一些水平木桩，使木桩上表面离槽底的标高为一固定值。为施工时方便，一般在槽壁各拐角处和槽壁每隔3~4m测设一水平桩。必要时可沿水平桩上表面挂线检查槽底标高。

(3)根据标高线分别控制垫层标高和混凝土底板标高，墙、柱模板支好检查无误后，用水准仪在模板上定出墙、柱标高线。拆模后，抄测结构1m线控制顶板高度，在此基础上，用钢尺作为传递标高的工具。

5. ±0.00以下轴线控制施工测量

(1)轴线控制桩的校测。在基础施工过程中，根据场区首级平面控制网校测，对轴线控制桩每半月复测一次，以防桩位位移。

(2)中线投测。垫层浇筑以后，根据轴线钉或引桩，用经纬仪把轴线投测到垫层上，然后在垫屋上用墨线弹出承台线和柱子中心线、边线，以便浇筑砼基础。

(3)子轴线投测。砼基础浇注完成后，即进行柱子轴线的投测，根据控制点，将每根柱子的轴线用经纬仪投测到砼基础上，用墨线弹出轴线和柱子边框线，并将轴线误差控制在5mm以内。

子任务 5.4.2　高层建筑基础施工测量

现代的高层和超高层建筑基础主要使用筏板基础、箱形基础和桩基础。本节主要讲述桩基础和筏板基础施工测量方法。

桩基础放样是指把设计总图上的建筑物基础桩位，按设计和施工的要求，准确地测设到拟建区地面上，为桩基础工程施工提供标志，作为按图施工、指导施工的依据。由于受到沉降、位移、大型设备运行等影响，设置的测量点位可能会发生变化，从而影响测量精度。施工现场交叉作业多会对测量有一定的干扰。桩基础施工监测通常由检测单位随机抽取桩总数的 30%对成孔深度、垂直度、桩径等参数进行检测。

筏板基础施工工艺流程如下：场地平整→测量定位放线→垫层施工→测量定位放线筏板基础钢筋绑扎→筏板基础侧模安装→柱插筋→验收→筏板基础混凝土浇筑→混凝土养护。

1. 桩基础

桩基础由基桩和连接于桩顶的承台共同组成，若桩身全部埋于土中，承台底面与土体接触，则称为低承台桩基础；若桩身上部露出地面而承台底位于地面以上，则称为高承台桩基础。建筑桩基通常为低承台桩基础。桩基础广泛应用于高层建筑、桥梁、高铁等工程。

(1)桩基础按照基础的受力原理大致可分为摩擦桩和端承桩。

摩擦桩是指利用地层与基桩的摩擦力来承载构造物的桩基础，其可分为压力桩及拉力桩，大致用于地层无坚硬之承载层或承载层较深的地层。

端承桩是指使基桩坐落于承载层上(基岩上)从而使其可以承载构造物的桩基础。

(2)桩基础按照施工方式可分为预制桩和灌注桩。

预制桩。通过打桩机将预制的钢筋混凝土桩打入地下，其优点是省材料、强度高，适用于较高要求的建筑；缺点是施工难度高，受机械数量限制施工时间长。预制桩的沉桩方法主要有锤击下沉、振动下沉、射水下沉、静压力下沉、挖(钻)孔埋桩等方法。

灌注桩。灌注桩是指首先在施工场地上钻孔，当达到所需深度后将钢筋放入，而后浇灌混凝土。其优点是施工难度低，尤其是人工挖孔桩，可以不受机械数量的限制，所有桩基同时进行施工，可大大节省时间；缺点是承载力低，费材料。钻孔灌注桩的施工，因其所选护壁形式的不同，有泥浆护壁方式法和全套管施工法两种。

2. 筏板基础

筏板基础由底板、梁等整体组成。当建筑物荷载较大，地基承载力较弱时，常采用混凝土底板筏板承受建筑物荷载，形成筏板基础。筏板基础整体性好，能很好地抵抗地基不均匀沉降。

筏板基础又叫筏型基础或筏板型基础，即满堂基础，是把柱下独立基础或者条形基础全部用连系梁联系起来，下面再整体浇筑底板。筏板基础分为平板式筏基和梁板式筏基，平板式筏基支持局部加厚筏板类型；梁板式筏基支持肋梁上平及下平两种形式。一般说来地基承载力不均匀或者地基软弱时用筏板基础，而且筏板基础埋深比较浅，甚至可以做不埋深式基础。

一、桩基础施工放线方法

桩基础由基桩和连接于桩顶的承台共同组成。若桩身全部埋于土中，承台底面与土体接触，则称为低承台桩基；若桩身上部露出地面而承台底位于地面以上，则称为高承台桩基。建筑桩基通常为低承台桩基础。桩基础广泛应用于高层建筑、桥梁、高铁等工程。

桩基础，需要将桩位逐个标定于实地，用传统的方法工作量非常大，并且桩点非常容易被破坏，需要反复放样，使用全站仪或 RTK 非常方便。

如图 5-39 所示为某建筑物承台桩位平面布置图和基础梁配筋图，现要求使用 CASS 软件提取桩位坐标，生成数据文件，传输至全站仪，使用全站仪坐标法在实地完成桩位放样。

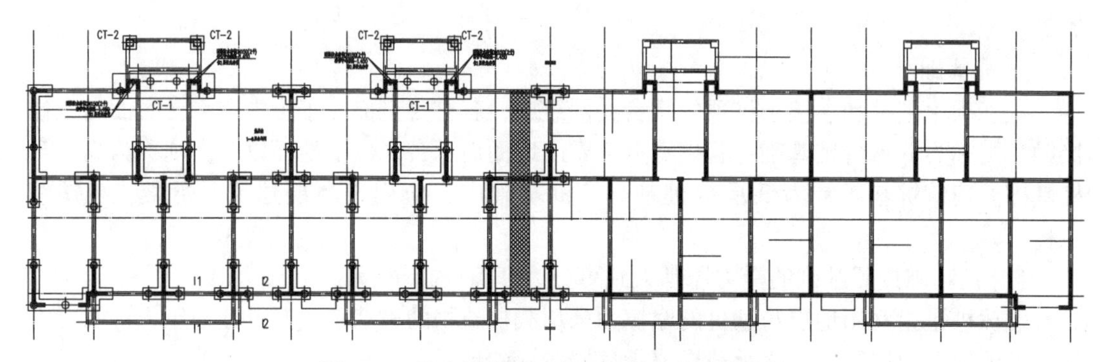

图 5-39　承台桩位平面布置图和基础梁配筋图

1. 桩点布置平面图的处理

设计院给出的如图 5-39 所示的承台桩平面布置图上不具有真实测量坐标的，不能从其上直接提取桩点坐标值，需要经过“旋转—缩放—平移”套合到建筑总平面图上，从而使其上各桩点的坐标为真实坐标，方便提取坐标数据文件。另外，建筑总平面图是设计人员使用建筑设计软件绘制的，使用普通 CAD 软件打开时，其上标注的坐标和实际坐标并不一致，需要经过平移到正确位置。套合时需要将桩点平面图上轴线交点和建筑总平面图上轴线交点对应起来，防止出错。具体方法见任务 2. 3“全站仪坐标法点位放样”。

需要注意：承台桩平面布置图上通常标注的是轴线间距，而建筑总平面图上有时候标注的是外墙皮角角间距，所以需要量取两者的长度，当其长度不一致时，将桩点图套合到建筑总平面图上时需要去掉两侧墙的厚度。

2. 坐标数据文件的提取

使用 CASS 软件提取各桩点坐标，生成坐标数据文件(∗ . dat)，如表 5. 15 所示，使用传输软件传输至全站仪，将坐标数据文件对应的点号打印或标定于白纸图或蓝图上，方便桩机施工工作人员记录，如图 5-40 所示。

表 5.15　　　　　　　　　　　　　　**桩点坐标表**

点号	X 坐标	Y 坐标	点号	X 坐标	Y 坐标	点号	X 坐标	Y 坐标
1	4636991. 823	530352. 887	11	4636989. 793	530353. 977	21	4636989. 293	530376. 077
2	4636991. 823	530356. 467	12	4636989. 793	530355. 377	22	4636989. 293	530379. 977
3	4636991. 823	530366. 687	13	4636989. 293	530356. 977	23	4636989. 793	530381. 577
4	4636991. 823	530370. 267	14	4636989. 293	530360. 877	24	4636989. 793	530382. 977
5	4636991. 823	530380. 487	15	4636989. 293	530362. 277	25	4636989. 293	530384. 577
6	4636991. 823	530384. 067	16	4636989. 293	530366. 177	26	4636989. 293	530388. 477
7	4636991. 823	530394. 287	17	4636989. 793	530367. 777	27	4636989. 293	530389. 877
8	4636991. 823	530397. 867	18	4636989. 793	530369. 177	28	4636989. 293	530393. 777
9	4636989. 293	530347. 777	19	4636989. 293	530370. 777	29	4636989. 793	530395. 377
10	4636989. 293	530352. 377	20	4636989. 293	530374. 677	30	4636989. 793	530396. 777

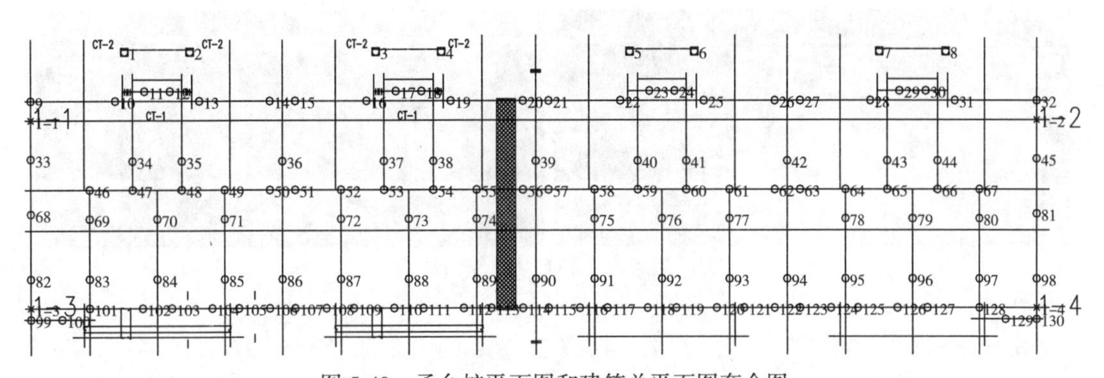

图 5-40　承台桩平面图和建筑总平面图套合图

3. 桩点位置的放样

使用全站仪或 GNSS-RTK 依次逐个放样桩点位置，做好标记，方便桩机作业人员打桩，如图 5-41 所示。若部分桩点标记遭到破坏，则按需要随时重新补放。

4. 桩基础施工

使用桩机在各桩点上打桩作业，如图 5-42 所示。桩打完后测量人员再次放样开槽边线，如图 5–43 所示，打完后钩机开槽，挖出桩头准备承台施工，如图 5-44 所示。

图5-41　桩点放样标记

图5-42　静压桩机施工

图5-43　开槽边线放样

图5-44　开槽施工图

5. 垫层边线的放样

开槽达到底标高之后，放样垫层边线并打垫层，如图5-45所示。

图5-45　垫层边线放样

6. 承台施工放样

垫层完毕之后，放样承台边线，支模板绑钢筋，进行承台施工，如图5-46所示。

图5-46　承台施工

7. 基础梁施工放样

在垫层上放样基础梁轴线和边线，进行基础梁施工，如图5-47所示。或者用砖砌筑承台或基础梁胎膜，如图5-48所示。

图5-47　基础梁施工

图5-48　承台、基础梁胎膜砌筑

8. 地下室底板垫层砼浇捣

在承台、底板施工前进行垫层浇捣，如图5-49所示，再铺设防水卷材，地下室底板及承台基础梁防水卷材施工，如图5-50所示。

图5-49　承台、底板垫层砼浇捣后

图5-50　地下室底板及承台基础梁防水卷材施工

9. 地下室底板施工

绑钢筋，再浇筑砼，完成地下室底板浇筑，如图5-51和图5-52所示。

图5-51　钢筋绑扎中

图5-52　地下室底板浇筑完毕

10. 地下室外墙施工

如图 5-53 所示，地下室放线，凿毛柱头，完成柱施工。如图 5-54 所示完成外墙施工。

图 5-53　地下室完成柱施工

图 5-54　地下室完成外墙施工

11. 地下室顶板施工

如图 5-55 和图 5-56 所示，完成地下室顶板的施工。

图 5-55　地下室顶板砼浇捣中

图 5-56　地下室顶板浇筑完毕

二、筏板基础施工放线方法

筏板基础由底板、梁等整体组成。建筑物荷载较大，地基承载力较弱，常采用砼底板筏板，承受建筑物荷载，形成筏基，其整体性好，能很好地抵抗地基不均匀沉降。

筏型基础又叫筏板型基础，即满堂基础，是把柱下独立基础或者条形基础全部用联系梁联系起来，下面再整体浇注底板。筏板基础分为平板式筏基和梁板式筏基，平板式筏基支持局部加厚筏板类型；梁板式筏基支持肋梁上平及下平两种形式。一般说来地基承载力不均匀或者地基软弱的时候用筏板型基础。而且筏板型基础埋深比较浅，甚至可以做不埋深式基础。

筏板基础施工工艺流程如下：平整场地→测量定位放线→垫层施工→测量定位放线→筏板基础钢筋绑扎→筏板基础侧模安装→柱插筋→验收→筏板基础混凝土浇筑→混凝土养护。

1. 平整场地

首先依据场区平面图确定施工范围并平整场地，如图 5-57 所示。

2. 基坑(基槽)定位放线

根据业主给定的永久性平面和高程控制点，按照建筑总平面图要求进行施工平面控制网测量，设置场地内控制测量标桩，同时放样基坑位置，如图5-58所示。

图5-57　平整场地

图5-58　测量定位放线

3. 开挖土方，基地抄平

按照设计要求进行土方开挖，并使用水准仪完成筏板基础底部抄平，如图5-59所示。

4. 放样垫层边线

使用全站仪或GNSS-RTK放样垫层边线，如图5-60所示，并进行垫层施工。

图5-59　基础底部抄平

图5-60　放样垫层边线

5. 垫层施工

按要求完成垫层施工，如图5-61所示。

图5-61　垫层施工

6. 轴线放样

在筏板垫层施工完毕后，按设计图轴线间关系进行轴线的测放工作，放出柱的中心线和边框控制线，并用红色油漆进行标注，以利于柱钢筋和模板施工，如图 5-62 所示。

图 5-62　轴线放样

7. 柱基放样

按照施工图纸完成筏板底部柱基放样，如图 5-63 所示。

图 5-63　柱基放样

8. 筏板基础钢筋绑扎

按设计图纸要求完成筏板基础钢筋绑扎，如图 5-64 所示。基础底板钢筋及柱插筋应尽快施工完毕，并进行隐蔽工程验收。框架柱插筋在浇砼前应固定好位置，上口加固定箍筋与纵筋绑扎牢固，防止浇砼时柱主筋位移。

将基础底板上表面标高抄测在柱、墙钢筋上，并作明显标记，供浇筑混凝土时找平用。

9. 筏板基础模板安装

按设计图纸要求完成筏板基础模板安装，如图 5-65 所示。浇砼前在模板边放出砼表面标高平线，砼表面标高的控制。浇砼前在模板边放出砼表面标高平线。

图 5-64　筏板基础钢筋绑扎

图 5-65　筏板基础模板安装

10. 筏板基础混凝土浇筑

按设计图纸要求完成筏板基础混凝土浇筑，如图 5-66 所示。浇砼时经常观察模板及钢筋，看模板有无异常，支撑是否有松动，钢筋保护层、插筋位置有无变化。发现问题通知有关班组及时修正。

图 5-66　筏板基础混凝土浇筑

整个筏板施工过程中测量人员应熟悉图纸，与设计人员沟通了解筏板基础混凝土的类型、强度等级和砼强度的龄期。熟悉相关标准图集，参加图纸会审及设计交底，认真做好会议记录，认真熟悉筏板的平面尺寸。

子任务5.4.3 高层建筑物轴线的竖向轴线投测

高层建筑物施工测量中的主要问题是控制垂直度，即建筑物基础轴线准确地向高层引测，并保证各层相应的轴线位于同一竖直面内，控制竖向偏差即控制轴线向上投测的偏差值不超限。

高层建筑物轴线的竖向投测主要有外控法和内控法两种，若建筑场地空间狭小，则使用外控法非常困难，多使用内控法，下面分别介绍。

一、外控法

外控法是在建筑物外部，利用经纬仪仰视法，根据建筑物轴线控制桩来进行轴线的竖向投测，亦称作"经纬仪引桩投测法"。具体操作方法如下：

1. 在建筑物底部投测中心轴线位置

高层建筑的基础工程完工后，将经纬仪安置在轴线控制桩 A_1、A'_1、B_1、B'_1 上，把建筑物主轴线精确地投测到建筑物的底部，并设立标志，如图5-67中的 a_1、a'_1、b_1 和 b'_1，以供下一步施工与向上投测之用。

2. 向上投测中心线

随着建筑物不断升高，要逐层将轴线向上传递，如图5-67所示，将经纬仪安置在中心轴线控制桩 A_1、A'_1、B_1、B'_1 上，严格整平仪器，用望远镜瞄准建筑物底部已标出的轴线上的 a_1、a'_1、b_1、b'_1 点，用盘左和盘右分别向上投测到每层楼板上，并取其中点作为该层中心轴线的投影点，如图5-67中的 a_2、a'_2、b_2、b'_2。

3. 增设轴线引桩

当楼房逐渐增高，而轴线控制桩距建筑物又较近时，望远镜的仰角较大，操作不便，投测精度也会降低。为此，要将原中心轴线控制桩引测到更远的安全地方，或者附近大楼的屋面。具体做法是：

将经纬仪安置在已投测上去的较高层（如第八层）楼面轴线 $a_8a'_8$ 上，如图5-68所示，瞄准地面上原有的轴线控制桩 A_1 和 A'_1 点，用盘左、盘右分中投点法，将轴线延长到远处 A_2 和 A'_2 点，并用标志固定其位置，A_2、A'_2 即为新投测的 $A_1A'_1$ 轴控制桩。

更高各层的中心轴线，可将经纬仪安置在新的引桩上，按上述方法继续进行投测。为了保证投测质量，使用的经纬仪必须进行检验校正，尤其是照准部水准管轴应精密垂直仪器竖轴，应该严格检查 $2C$ 误差。投测时，应精密整平。为避免日照、风力等不良影响，宜在阴天无风时进行投测。

二、内控法

内控法是在建筑物内±0平面设置轴线控制点，并预埋标志，以后在各层楼板相应位置上预留200mm×200mm的传递孔，在轴线控制点上直接采用吊线坠法或激光铅垂仪法，通过预留孔将其点位垂直投测到任一楼层。

1. 内控法轴线控制点的设置

在基础施工完毕后，应首先将控制轴线引测至建筑物内。在±0 首层平面上，适当位置设置与轴线平行的辅助轴线。辅助轴线距轴线 500~800mm 为宜，并在辅助轴线交点或端点处埋设标志。基准点的埋设采用 10cm×10cm 钢板，钢针刻划十字线，钢板通过锚固筋与首层楼面钢筋焊牢，作为竖向轴线投测的基准点。如图 5-69 所示。

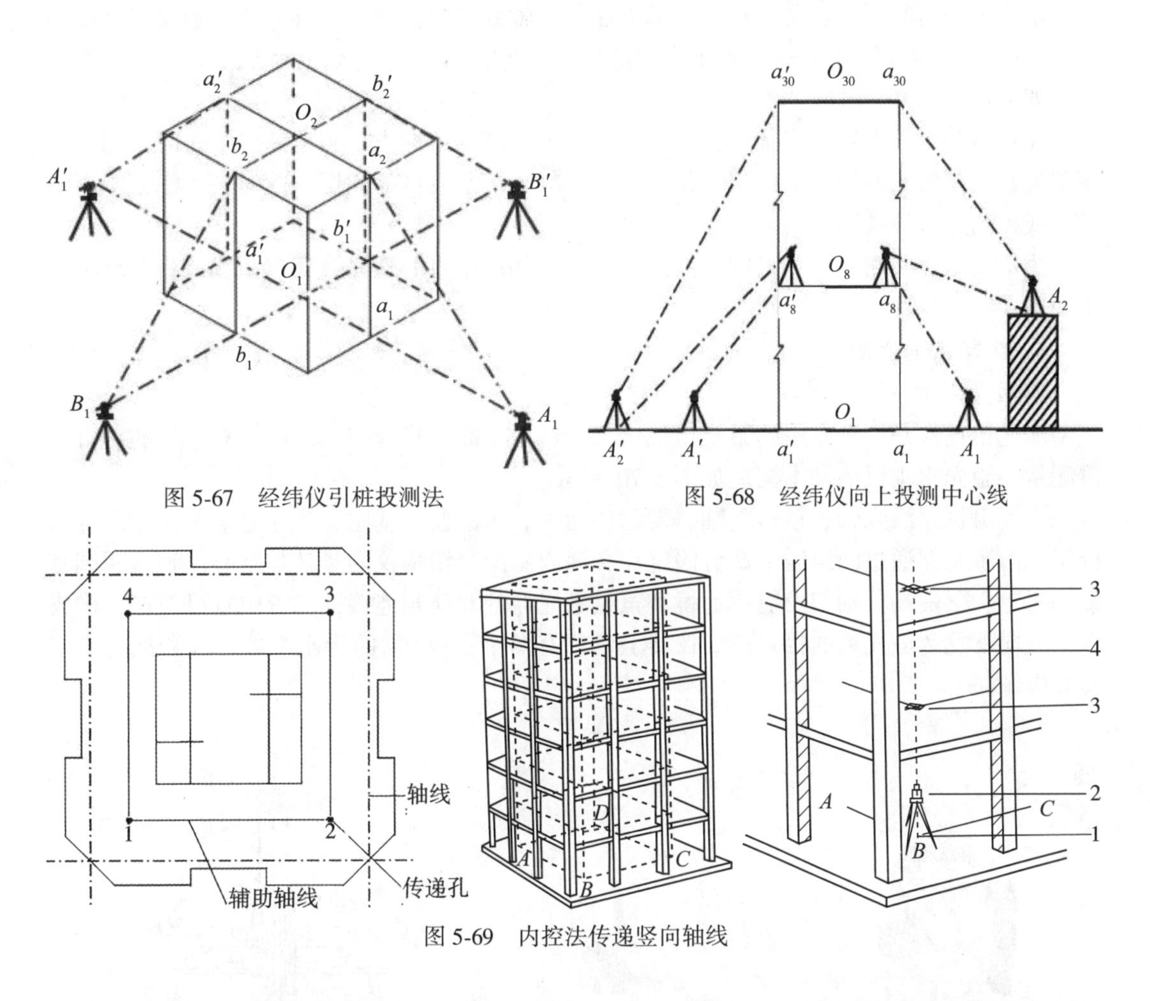

图 5-67　经纬仪引桩投测法

图 5-68　经纬仪向上投测中心线

图 5-69　内控法传递竖向轴线

竖向投测前，应对投测基准点控制网进行校测，校测精度不宜低于建筑物平面控制网的精度，以确保轴线竖向传递精度。建筑物竖向轴线投测的允许误差如表 5.16 所示。

表 5.16　**建筑物竖向轴线投测允许误差**

高　　度(m)	允许误差(mm)
每　　层	3
$H\leqslant 30$m	5
30m<$H\leqslant 60$m	10
H>60m	15

2. 吊线坠法

当建筑物不太高(一般在 100m 以内)，垂直控制测量精度要求不太高时，亦可用重锤法代替铅垂仪投测。用悬挂重锤的钢丝表示铅垂线，重锤重量随施工楼面高度而异，高度在 50m 以内时约 15kg，100m 以内时约 25kg，钢丝直径为 1mm，投测时，重锤浸在废机油中并采取挡风措施，以减少摆动。

吊线坠法是利用钢丝悬挂重锤球的方法进行轴线竖向投测。这种方法一般用于高度在 50~100m 的高层建筑施工中，锤球的重量为 10~20kg，钢丝的直径为 0.5~0.8mm。投测方法如下：

在预留孔上面安置十字架，挂上锤球，对准首层预埋标志。当锤球线静止时，固定十字架，并在预留孔四周作出标记，作为以后恢复轴线及放样的依据。此时，十字架中心即为轴线控制点在该楼面上的投测点。

用吊线坠法实测时，要采取一些必要措施，如用铅直的塑料管套着坠线或将锤球沉浸于油中，以减少摆动。

3. 激光铅垂仪法

1)激光铅垂仪简介

激光铅垂仪是一种专用的铅直定位仪器。适用于高层建筑物、烟囱及高塔架的铅直定位测量。激光铅垂仪的基本构造如图 5-70 所示。

主要由氦氖激光管、精密竖轴、发射望远镜、水准器、基座、激光电源及接收屏等部分组成。激光器通过两组固定螺钉固定在套筒内。激光铅垂仪的竖轴是空心筒轴，两端有螺扣，上、下两端分别与发射望远镜和氦氖激光器的套筒相连接，二者位置可对调，构成向上或向下发射激光束的铅垂仪。仪器上设置有两个互成 90°的管水准器，仪器配有专用激光电源。

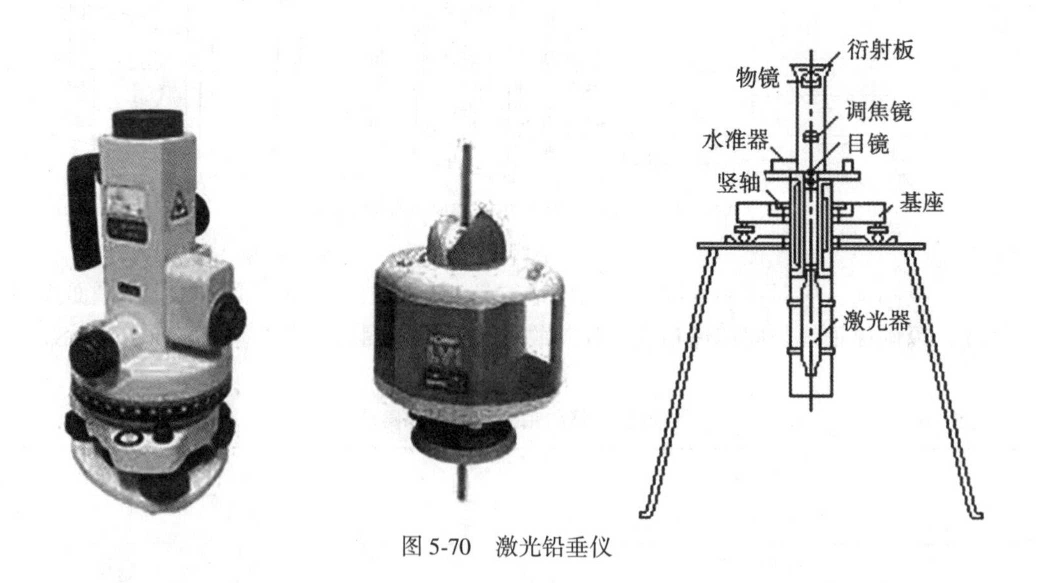

图 5-70　激光铅垂仪

2)激光铅垂仪投测轴线方法

(1)在首层轴线控制点上安置激光铅垂仪，利用激光器底端(全反射棱镜端)所发射的激光束进行对中，通过调节基座整平螺旋，使管水准器气泡严格居中。

(2)在上层施工楼面预留孔处，放置接收靶，如图 5-71 所示。

(3)接通激光电源，启动激光器发射铅直激光束，通过发射望远镜调焦，使激光束会聚成红色耀目光斑，投射到接收靶上。

(4)移动接收靶，使靶心与红色光斑重合，固定接收靶，并在预留孔四周作出标记，此时，靶心位置即为轴线控制点在该楼面上的投测点。

(5)控制轴线投测至施工层后，应组成闭合图形，且间距不得大于所用钢尺长度。施工层放线时，应先在结构平面上校核投测轴线，闭合后再测设细部轴线。

(6)在施工过程中，当施工平面测量工作完成后，进入竖向施工，在施工中，当柱浇筑成形拆掉模板后，应在柱侧平面投测出相应的轴线，并在墙柱侧面抄测出建筑 1 米线或结构 1 米线(1 米线相对于每层楼板设计标高而定)，以供下道工序使用。

(7)当每一层平面测设完后，必须进行自检，自检合格后及时填写报验单，报送报验单必须写明层数、部位、报验内容并附一份报验内容的测量成果表，以便能及时验证各轴线的正确程度状况。

图 5-71　激光铅垂仪投测竖向轴线

激光铅垂仪上设置有两个互成 90°的管水准器，分划值一般为 20″/mm，仪器配有专用激光电源。使用时利用激光器底端(全反射棱镜端)所发射的激光束进行对中，通过调节基座整平螺旋，使水准管气泡严格居中，从而使发射的激光束铅垂。

为了把建筑物轴线投测到各层楼面上，根据梁、柱的结构尺寸，投测点距轴线 500~800mm 为宜。每条轴线至少需要两个投测点，其连线应严格平行于原轴线。为了使激光束能从底层直接打到顶层，在各层楼面的投测点处需预留孔洞，或利用通风道、垃圾道以及电梯升降道等。如图 5-71 所示，将激光铅垂仪安置在底层测站点 O，进行严格对中、整平，接通电源，启辉激光器发射铅垂激光束，作为铅垂基准线。通过发射望远镜调焦，使激光束会聚成红色耀目光斑，投射到上层施工楼面预留孔的绘有坐标网的接收靶 P 上，水平移动接收靶 P，使靶心与红色光斑重合，靶心位置即为测站点 O 的铅垂投影位置，并以此作为该层楼面上的一个控制点。

此外，配有 90°弯管目镜的经纬仪也可作为光学铅垂仪使用，其方法与激光铅垂仪一样，不同的是一个是激光斑，一个是光学视线点。

任务 5.5　高层民用建筑施工测量案例

高层民用建筑施工测量主要包括技术准备、建立平面和高程控制网、工程桩定位施工测量、基础施工平面定位测量、主体结构施工平面定位测量、装饰工程施工阶段定位测量等工作。

一、任务目标

如图5-72所示，本工程位于某市长春北路马圆桥北侧，为新建住宅、沿河商业小区。小区沿北向呈“品”字形，北面有庄穆的教堂及沿道小广场，东面为新建住宅小区，南侧临靠东流的北城河滨，东面小区入口紧接城区主干道——长春北路，隔道对望的是市第二中学。小区占地面积约50亩，建筑总面积为75122平方米，共计9栋建筑和一个地下车库(战时人防)。其中6#、7#楼为18+1/-1层框剪小高层，5#楼为14+1/-1层框剪小高层，3#、4#楼为11+1/-1层框剪小高层，1#楼7层框架，2#楼7+1层框架，8#楼3层框架，9#楼2层框架，地下车库一层。除人防地下室外全部采用桩基础；3#~7#楼带一层地下室，1#、2#、4#、5#楼底层为商铺，上部为住宅；8#、9#楼为商业楼，地下车库上为中心广场地面。

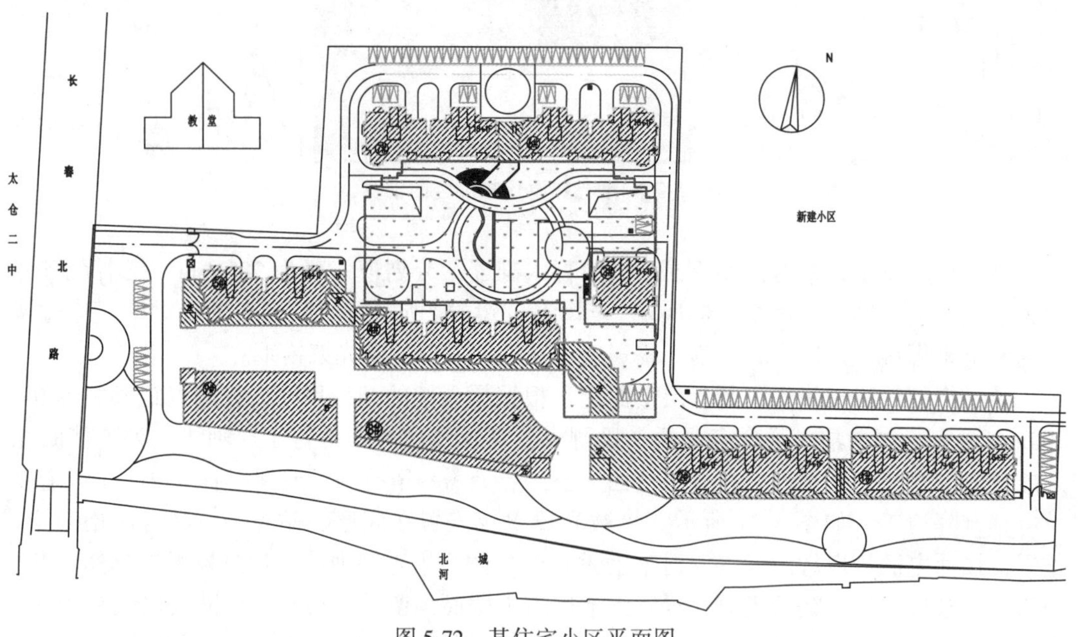

图5-72　某住宅小区平面图

二、工作步骤

1. 技术准备

(1)办理好城市坐标测量控制点、城市水准测量控制点、施工现场红线控制点的交接工作，并进行复核，经确认后作为施工测量控制的基准使用。

(2)参与图纸会审，熟悉建筑、结构细部的平面、标高尺寸，进行施工图纸测量坐标的复核、换算工作，确保内业计算的准确性。

(3)了解施工现场总平面布置及各施工阶段的现场布置情况，分析各施工工序交接平面、竖向的尺寸及标高变化情况，并根据施工现场踏勘具体情况确定建立轴线控制网与高程控制网的最佳方案。

(4)根据确定的平面控制和高程控制方案选择测量路线、测量方法、测量仪器、协作人员及测量所需材料。准备所需测量工具、协作人员及技术资料。

(5)保证施工测量所需的现场材料：木桩、水泥、红砖、砂石料、红油漆、钢卷尺、铁锤等的到位及准备，准备好保护控制桩所需的相关材料、人员。

(6)保证现场平整且通视，清除影响测量定位的障碍物。

2. 建立平面控制网

测量控制点和角点桩埋设示意图如图 5-73 所示。

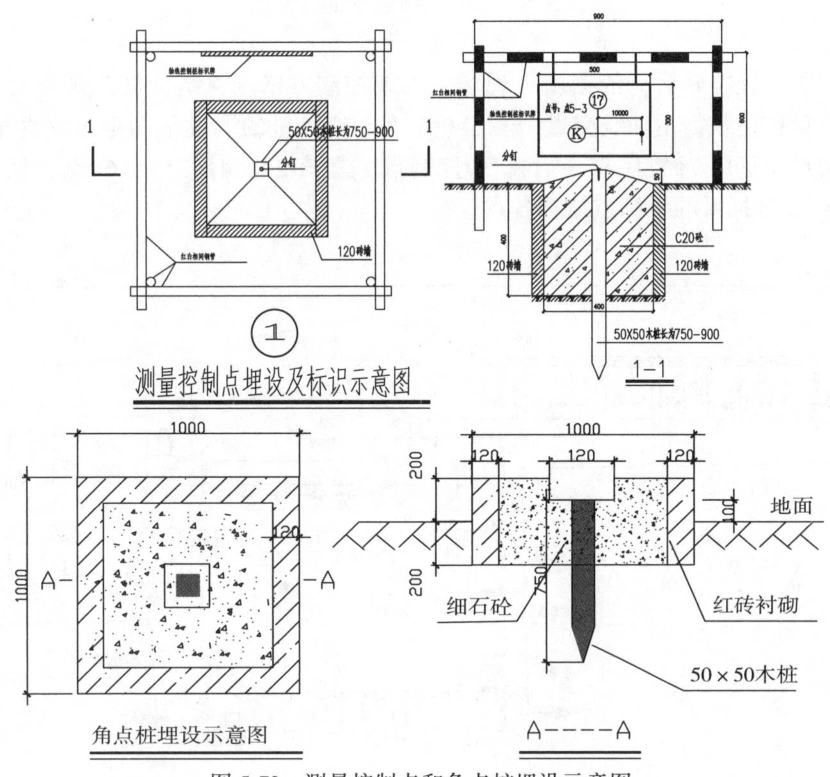

图 5-73　测量控制点和角点桩埋设示意图

根据本工程施工总平面图，结合施工现场各阶段平面布置图，采用全站仪直角坐标法，将总平面图上标示的坐标角点放样出，建立场区主轴线控制方格网。

根据主轴线施工测量方格网，结合施工现场总平面布置图，按照建设单位给出的城市坐标控制点 F315(长春路马园桥上)、F314(长春路与县府街交口)及总平面规划图，在 F315 点上架全站仪采用直角坐标法测设出红线桩点 1#~8#八个场区控制点，如图 5-74 所示，经反复核验无误后埋桩作为场区永久控制点。

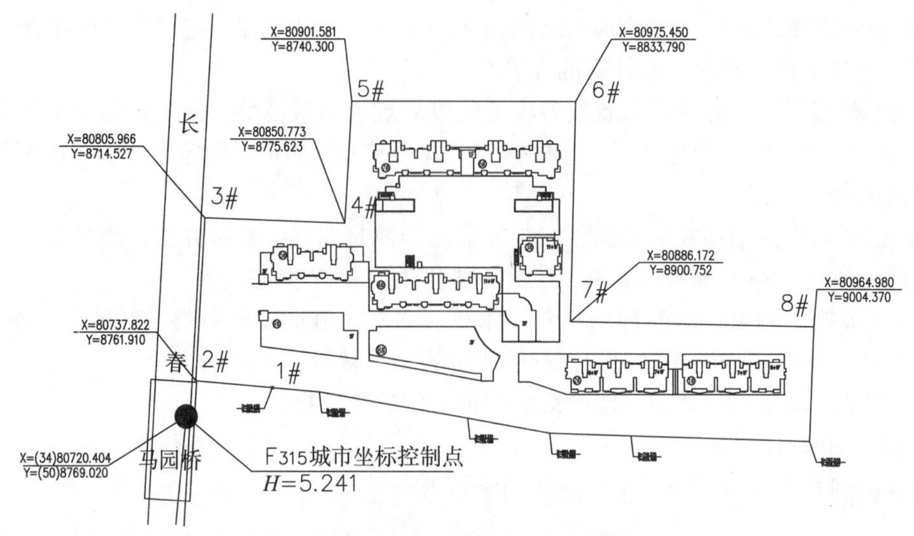

图 5-74　场区控制点平面示意图

场区控制点埋设好后，依据施工现场主轴线控制方格网，结合施工现场总平面布置图，测设各单栋建筑物主轴线交点(角点)桩，角、交点桩的测设采用全站仪直角坐标法，将全站仪架设于场区 7#控制点，后视 3#控制点，复核 2#、4#、5#、6#点，经检查无误后，按图 5-75 坐标系的坐标点放样各点。

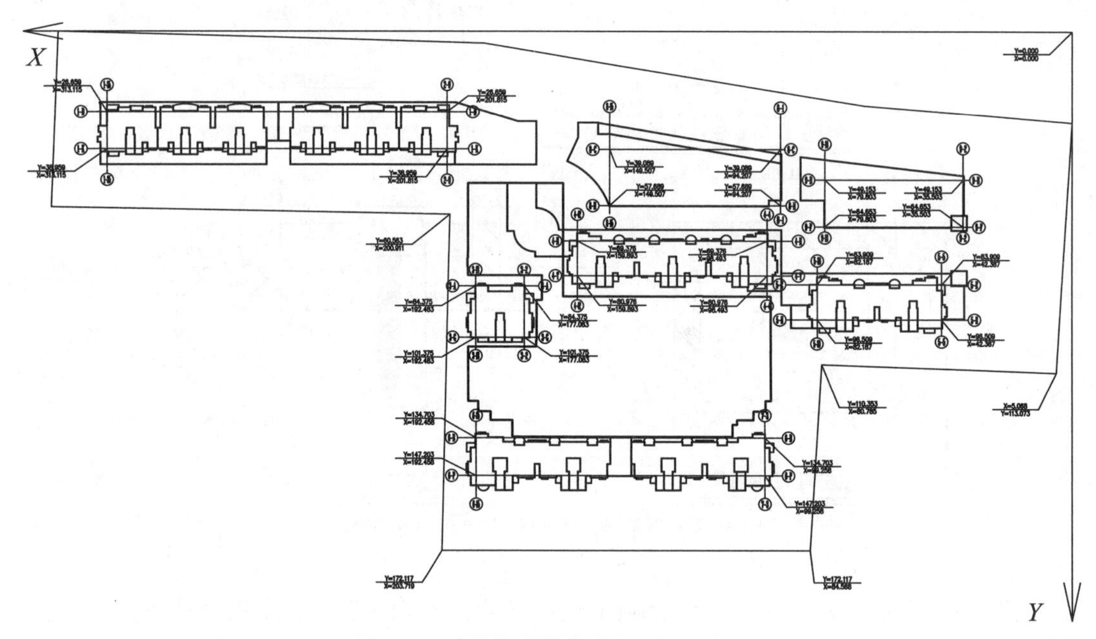

图 5-75　建筑物主轴线交点坐标示意图

需用已放样好的坐标角点桩，经复测检查无误后，采用经纬仪正倒镜引出如图 5-76 的轴线控制桩，埋桩待其稳定后重新复测检查，经验收无误后做好标识，记录相对位置关系，形成工程定位测量放线记录。其中“▼”表示主轴线标识线，“◓”表示定位轴线桩，

“Ⓑ”表示轴线。控制桩及角桩的埋设示意图如图 5-76 所示。

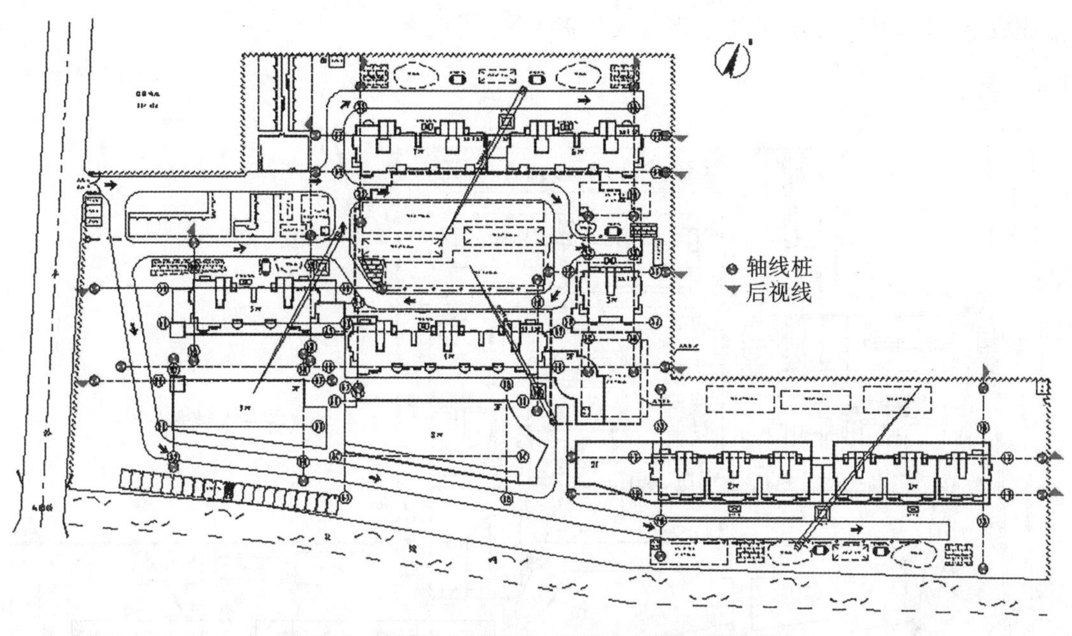

图 5-76　建筑物主轴线控制桩及角桩的埋设示意图

3. 建立高程控制网

对已有水准高程的控制点 F314、F315 进行联测，将高程引测至施工现场，采用三级水准测量标准，往返测并进行闭合校算，经平差后将正确的高程标示在现场固定的地方，并在场区内选择六个合适的地方作水准点，水准点的埋设形式如图 5-77 所示，水准控制点的布设位置如图 5-78 所示。

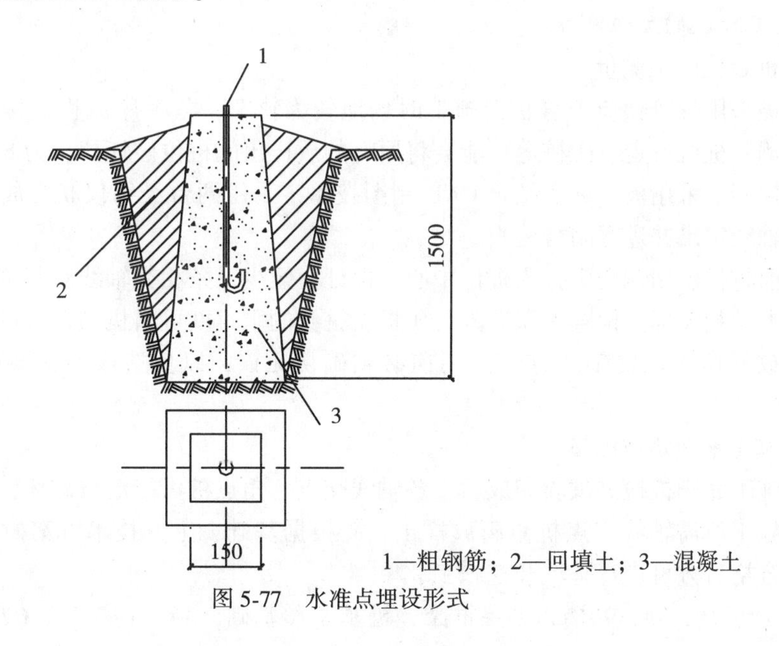

图 5-77　水准点埋设形式

水准点埋设好后，待其稳定后将高程引测至其上，对整个水准控制网进行高程平差(到同一绝对高程上)，形成记录，经复核无误后报请验收，验收无误后绘制水准网点，形成成果、网图后存档，水准点派专人负责保护。

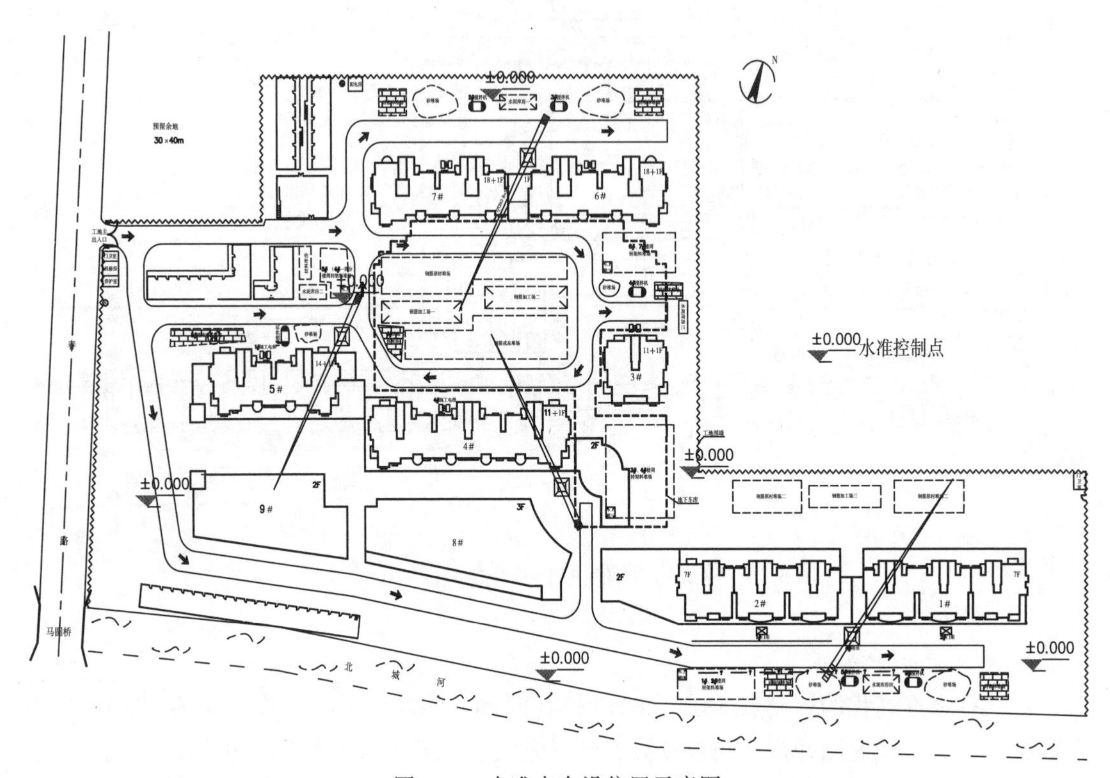

图 5-78　水准点布设位置示意图

4. 各施工阶段的定位测量

1)工程桩定位施工测量

本工程桩采用静压预应力管桩，施工时场地较为狭窄，各工序流程交接时间短，堆场、运桩车辆、桩机行走、压桩等可能会将原有的放样出的桩位破坏掉，为此可依据建筑物的主轴线控制桩采用极坐标法结合 CAD 制图技术，采用两台经纬仪联合放样两次将施工所需要的轴线定出并进行闭合检查。

在压桩前将桩位用钢筋头打入桩位中心，保证有至少三条相交轴线对其位置检查，经施工、监理方及相关部门检查无误后方可压桩，桩身的垂直度可由机械自身机构控制。工程桩施工时放样所采用的轴线控制点用前必须确认无误，以免造成不必要的工程质量事故。

2)基础施工平面定位测量

工程桩施工完毕桩检测试验完成后，各轴线交点、角点桩可能已被破坏，此时需将各建筑物基础施工所需轴线交点桩重新放样出，并根据基础、土方技术方案撒出基坑开挖线，经复核合格后方可进行基坑开挖施工。

本工程 1#、2#、8#、9#楼为多层框架，桩基条形基础，3#、4#、5#、6#、7#楼为桩基地下室框剪小高层结构，人防地下车库为箱形基础，初步定位1#~9#楼作为一期工程同时开工，人防车库作为二期工程在6#、7#楼主体结构完成后开始施工。有地下室的采用整体大开挖，条形基础的采用开挖基槽。在基础开挖的过程中由于挖土、运土机械、车辆的频繁移动，会造成开挖灰线的破坏，在挖土过程中，随时采用经纬仪对开挖白灰线进行恢复，确保基坑、基槽的开挖平面尺寸、位置符合要求。

在基础挖土到人工清理时，可采用经纬仪将主轴线投测到基坑、基槽底，打轴线控制桩，拉钢尺以指导基坑、基槽的清理。

基坑、基槽验收合格后，依据现有的基坑、基槽底轴线桩，定出基础砼垫层施工的模板线。垫层施工完毕后可将轴线直接投测到垫层上，用墨斗弹出主轴线，主轴线经复验无误后，将中心线、模板线、洞口等各构件施工时所需平面基准线依次弹出，经复核无误后方可进行下道工序施工。

基础底板、承台、地基梁施工完毕后，将主轴线投测到底板、承台、地基梁上，复验无误后依次弹出轴线、中心线、模板、洞口等基准线，并进行下道工序施工。

3#、4#、5#、6#、7#楼地下室墙体及顶板的平面定位尺寸可依底板上的轴线，由于本工程施工场地狭窄，施工工序浇筑作业多，工期较紧，因而上部结构的平面控制采用结构“内控”法：即在各结构层上选定的位置预留洞口，采用铅垂仪可将底层平面轴线尺寸上选定点(“内控点”)垂直传递到上面各结构层操作面上，架设经纬仪将各点投测出来形成控制轴线。

3)主体结构施工平面定位测量

1#、2#、8#、9#楼主体结构施工主轴线的投测：利用现有的建筑矩形轴线方格网，采用经纬仪仰视法将主轴线投测到结构层操作面上，在操作层上采用经纬仪联测，复核平面轴线尺寸，并向下对控制点进行复核，确保主轴线平面定位尺寸的准确性。每次投测前须对所用主轴线控制网进行复核。

3#、4#、5#、6#、7#楼主体采用“内控法”投测主轴线：

(1)零层板施工完后应将控制轴线引测至建筑物内。根据施工前布设的控制网基准点及施工过程中流水段的划分，在各建筑物内做内控点(每一流水段至少2~3个内控基准点)。基准点的埋设采用10cm×10cm钢板，钢针刻划十字线，钢板通过锚固筋与首层楼面钢筋焊牢，作为竖向轴线投测的基准点。基准点周围严禁堆放杂物，向上各层在相应位置留出预留洞(15cm×15cm)。

(2)竖向投测前，应对钢板基准点控制网进行校测，校测精度不宜低于建筑物平面控制网的精度，以确保轴线竖向传递精度。

(3)轴线控制点的投测采用激光准直仪，先在底层基点处架设激光准直仪，调校到准直状态后，打开激光电源，就会发射和该点铅垂的可见光束。然后在楼板开口处用接收靶接收。通过无线对讲机调校可见光光斑直径，达到最佳状态时，通知观测人员逆时针旋转准直仪，这样在接收靶处就可见到一个同心圆(光环)，取其圆心作为向上的投测点，并将接收靶固定。同样的办法投测下一个点，保证每一施工段至少2~3个点，作为角度及距离校核的依据。控制轴线投测至施工层后，应组成闭合图形，且间距不得大于所用钢尺长度。施工层放线时，应先在结构平面上校核投测轴线，闭合后再测设细部轴线。

(4)在施工过程中，当施工平面测量工作完成后，进入竖向施工，在施工中，当柱浇筑成形拆掉模板后，应在柱侧平面投测出相应的轴线，并在墙柱侧面抄测出建筑1米线或结构1米线(1米线相对于每层楼板设计标高而定)，以供下道工序的使用。

(5)当每一层平面或每段轴线测设完后，必须进行自检，自检合格后及时填写报验单，报送报验单必须写明层数、部位、报验内容并附一份报验内容的测量成果表，以便能及时验证轴线的正确程度状况。

6#、7#楼栋内控点布置示意图见图5-79。

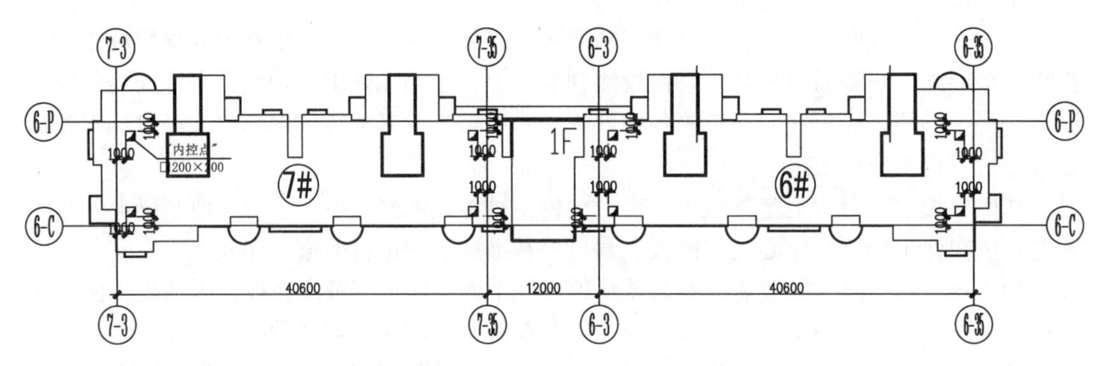

图5-79　6#、7#楼内控点平面布置图

4)装饰工程施工阶段施工测量

本工程装饰工程主要为内、外墙抹灰、外墙涂料及面砖、大理石等一般装饰装修工程，此阶段的平面及立面控制较为细致，在砌体施工完成后，可将楼层主轴线清理出来，必要时可将主轴线弹到墙体、柱子上，室内门窗、洞口、抹灰、冲筋、归方可依此线，室外的抹灰可见建筑物外墙大角垂直度控制方法。

5. 各施工阶段的高程测量

1)基础施工阶段标高控制

本工程基础为桩基条形基础及桩基地下室结构，条基底标高为-2.000m左右，地下室底板底标高为-4.000m左右，现场自然标高为-1.400m，地下室基础土方开挖采用机械大开挖，开挖深度约为3.5m，采用土钉支护，条形基础采用挖基槽，本阶段标高控制为基坑、槽开挖深度、基础底面、顶面标高、基础砌墙皮数杆标高刻度线等。

基坑底标高控制用水准仪直接抄测标高基准点，约15m^{2}一个，基准点采用40cm长圆10钢筋头打入，留出地面20cm，拉线尺测量，控制整个基底平整度。此基准点也作为砼垫层施工基准。条形基础的控制采用水准仪抄测模板标直接控制，基础砼顶面标高可根据模板标高控制，在构造柱钢筋定位好后也可以此控制砼浇筑标高。基础砌墙的标高采用立皮数杆控制。地下室底板模板、砼面标高、墙体标高等采用水准仪直接抄测。

2)主体结构施工阶段

结构主体二层以上楼层标高控制采用高强度钢卷尺挂大铅锤从塔吊、外架及楼梯向上引，每层楼至少引测三个不同位置的标高，在楼层上架设水准仪进行闭合复核，验收合格后可引测在楼层操作面上相对固定的地方，以这几个基准点来控制模板、钢筋、砼的标高，结构拆模可将标高弹在柱子上，作为砌体施工依据。

3)装饰、安装施工阶段

在主体结构完工后，将各楼层的柱墙上标高放样出来，做上明显标识，作为结构验收的依据。同时也作为装饰施工地面标高、坡度的标高控制依据。

6. 特殊部位施工测量控制

1) 建筑物大角铅直度的控制

首层墙体施工完成后，分别在距大角两侧 30cm 处外墙上，各弹出一条竖直线，并涂上两个红色三角标记，作为上层墙体支模板的控制线。上层墙体支模板时，以此 30cm 线校准模板边缘位置，以保证墙角与下一层墙角在同一铅直线上。如此层层传递，从而保证建筑物大角的垂直度，如图 5-80 所示。考虑到现场场地狭窄，待主体结构上至 10 层以上时，经纬仪观测仰角较大，可采用经纬仪弯管目镜配合进行观测。

2) 剪力墙施工精度测量控制方法

为了保证剪力墙、隔墙的位置正确以及后续装饰施工的及时插入，放线时首先根据轴线放测出墙位置，弹出墙边线，然后放测出墙 50cm 的控制线，并和轴线一样标记红三角，每个房间内每条轴线红三角的个数不少于两个，如图 5-81 所示。在该层墙施工完后要及时将控制线投测到墙面上，以便用于检查钢筋和墙体偏差情况，以及满足装饰施工测量的需要。

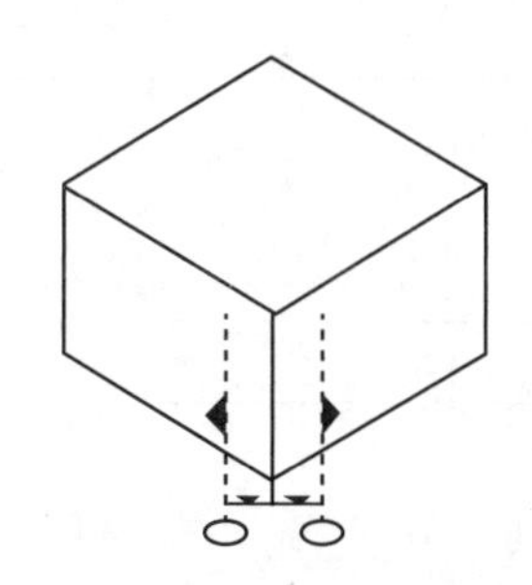

图 5-80　建筑物大角垂直度控制

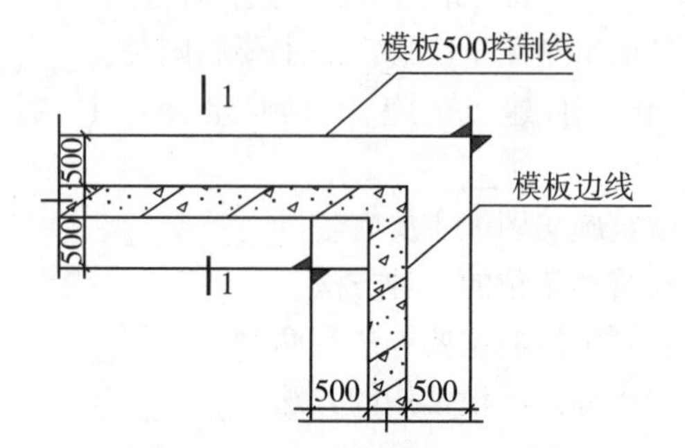

图 5-81　剪力墙施工精度控制

3) 门、窗洞口测量控制方法

结构施工中，每层墙体完成后，用经纬仪投测出洞口的竖向中心线。横向控制线用钢尺传递，并弹在墙体上。室内门窗洞口的竖直控制线由轴线关系弹出，门、窗洞口水平控制线根据标高控制线由钢尺传递弹出。以此检查门、窗洞口的施工精度。

4) 电梯井施工测量控制方法

结构施工中，在电梯井底以控制轴线为准弹测出井筒 30cm 控制线和电梯井中心线，并用红三角标识。在后续的施工中，每层都要根据控制轴线放出电梯井中心线，并投测到侧面上用红三角标识。

拓展学习

建筑施工测量流程：施工准备→建立平面、高程控制网→报验→复核无误→配合楼层放线、抄测标高→报验→复核轴线、标高→无误后进入下一层→中间复核控制网→配合结构楼层放线、抄测标高→报验→复核无误→装饰放线、全程标高测量→报验→外墙垂直度控制→无误进入下一工序→竣工图绘制。

【项目小结】

本项目单元主要学习民用建筑工程施工测量知识，掌握民用建筑工程施工测量的主要内容。包括施工测量准备工作、建筑物的定位、建筑物的主轴线和细部轴线放样、建筑物基础施工放线、墙体施工测量、高层建筑物施工测量基础知识等。

【课后习题】

一、名词解释

施工控制网、施工坐标系、建筑基线、建筑红线、建筑方格网、±0.000标高水准点、场地平整、建筑物定位点、建筑物放线、引测轴线、龙门桩

二、填空题

1. 建筑基线的布设形式有：__________、__________、__________、__________。

2. 建筑基线的测设方法有：__________、__________。

3. 建筑场地水准点距离建(场)筑物不宜小于__________m；距离震动影响范围不宜小于__________m；距离回填土边线不宜小于__________m。

4. 场地平整测量应遵守的主要原则是：______________________________。

5. 民用建筑施工测量的主要内容有：__________、__________、__________、__________。

6. 建筑施工图纸主要有：__________、__________、__________、__________。

7. 建筑物定位的三种方法：__________、__________、__________。

8. 引测轴线的主要方法有两种：__________和__________。

9. 墙体标高测设常用的方法：____________________。

课后习题5答案

【课堂测验】

请同学们扫描以下二维码，完成本项目课堂测验。

课堂测验5

项目 6　工业建筑施工测量

【项目简介】

本项目单元主要学习工业建筑工程施工测量知识，工业建筑工程主要指各种厂房及工业设施，如图 6-1 所示为一单层工业厂房。民用建筑多为基础、墙壁、楼板及门窗等结构，而工业建筑多为基础、柱子、梁及门窗等结构。两种施工方法各有特点，但其施工测量工作基本类似，主要包括场地平整、定位轴线放样、基础轴线放样、柱列轴线放样、轴线传递及高程传递等工作。

图 6-1　单层工业厂房

工业建筑的特点是主要以厂房为主，多为排柱式建筑，跨距和间距大，隔墙少，平面布置相对简单，其施工测量精度要求又明显高于民用建筑，故其定位一般是根据现场建筑基线或建筑方格网，采用由柱轴线控制桩组成的矩形方格网作为厂房的基本控制网。工业厂房按层数有单层和多层之分，按结构有装配式和浇筑式之分。单层工业厂房主要以装配式为主，多采用预制构件进行现场安装。预制构件的主要种类有：钢筋混凝土柱、吊车梁、屋架、大型屋面板等构件等。由于构件都是按设计尺寸预制的，施工时必须按设计要求的位置和相互关系进行安装，因此测量人员应保证各构件的位置和相互关系符合设计要求，使安装工作顺利完成。厂房的预制构件有柱子、吊车梁和屋架等，工作主要是保证这些预制构件安装到位。具体任务为：厂房矩形控制网测设、厂房柱列轴线放样、杯形基础施工测量、厂房预制构件安装测量、设备安装测量等。

【教学目标】

1. 掌握工业建筑工程施工测量主要知识。

2. 掌握工业建筑工程施工各阶段的测量方法。

项目单元教学目标分解

目　标	内　容
知识目标	1. 熟悉工业建筑工程设计图纸(建筑总平面图、建筑平面图、基础平面图、基础详图、立面图和剖面图等)； 2. 了解工业建筑施工测量的基本概念和基础知识； 3. 掌握工业建筑工程施工各阶段的测量方法
技能目标	1. 能够完成民用建筑施工测量准备工作(包括熟悉图纸、踏勘现场、校核控制点、制定施工测量方案)； 2. 能够完成厂房矩形控制网测设(单一厂房矩形控制网、大型工业厂房矩形控制网、厂房柱列轴线测设)； 3. 能够完成厂房基础施工测量(柱基定位和放线、柱基施工测量、混凝土杯型基础放样、钢柱基础放样)； 4. 能够完成厂房构件安装测量(柱子安装测量、吊车梁和吊车轨道安装测量、屋架安装测量)； 5. 能够完成高耸型建筑物施工测量(中心定位测量、基础施工测量、筒身施工测量、标高传递)
态度及思政目标	1. 培养学生扎根基层、不怕困难的奉献精神，使其能够从事建筑等各行业的野外测绘工作； 2. 培养学生吃苦耐劳、追求卓越的优秀品质，使其能够在工作环境相对较差的工地环境认真工作

任务6.1　厂房矩形控制网的测设

工业厂房测设的精度要求高于民用建筑，而厂区原有的测图控制点的密度和精度往往不能满足厂房测设的要求，因此，对于每个厂房还应在原有控制网的基础上，根据厂房的规模大小，建立满足精度要求的独立矩形控制网。

厂房矩形控制网测设方案，通常是根据厂区总平面图、厂区控制网、厂房施工图和现场地形等资料来制定。主要内容为：确定主轴线位置、矩形控制网位置、距离指标桩点位。确定主轴线点及矩形控制网位置时，要考虑到控制点能长期保存，应避开地上和地下管线。

子任务6.1.1　单一厂房矩形控制网的测设

对于单一的中小型工业厂房而言，测设一个简单的矩形控制网即可满足放样的要求。矩形控制网的测设可以采用直角坐标法、极坐标法和角度交会法等。厂房矩形控制网应布置在基坑开挖范围线以外1.5~4m处，其边线与厂房主轴线平行，除控制桩外，在控制网各边每隔若干柱间距埋设一个距离控制桩(距离指示桩)，其间距一般为厂房柱距的倍数。下面以直角坐标法为例，介绍依据建筑方格网建立厂房矩形控制网的方法。

如图 6-2 所示，*L*、*M*、*N* 为建筑方格网点，5*A*、6*A* 为建筑方格网横向轴线，3*B*、4*B*、5*B* 为建筑方格网纵向轴线。首先将仪器安置在建筑方格网点 *M* 上，分别精确瞄准 *L*、*N* 点。自 *M* 点沿视线方向按设计距离各量取 *Mb* 和 *Mc*，定出 *b* 和 *c* 两点。然后将仪器分别搬至 *b*、*c* 两点上，用直角坐标法放样出 *bS* 和 *cP* 方向线，再沿 *bS* 方向放样出 *R*、*S* 两点，沿 *cP* 方向放样出 *Q*、*P* 两点，分别在 *P*、*Q*、*R*、*S* 点打木桩并投钉做好标志。角度放样可使用经纬仪或全站仪，距离放样可使用钢尺或全站仪(测距仪)。放样完毕之后检查控制桩 *P*、*Q*、*R*、*S* 各点的直角是否符合精度要求，通常要求其误差不应超过±10″。再检查各边长是否满足精度要求，边长相对中误差通常要求不应超过 1/10000～1/25000。然后就可以根据放样略图测设距离指标桩，以便对厂房进行细部测量工作。

子任务 6.1.2 大型工业厂房矩形控制网的测设

对于大型厂房，机械化程度较高或者有连续生产设备的工业厂房，就需要建立较为复杂的矩形控制网，并且要有主轴线。主轴线一般应与厂房某轴线方向平行或重合，如图 6-3 所示。主轴线 *AOB* 和 *COD* 分别选定在厂房柱列轴线Ⓒ轴和③轴上，*P*、*Q*、*R*、*S* 为控制网的四个控制点。

实际放样时，首先按主轴线测设方法将 *AOB* 测设于地面上，再以 *AOB* 轴为依据测设短轴 *COD*，并对短轴方向进行方向改正，使轴线 *AOB* 和 *COD* 垂直相交，其限差为±5″。主轴线方向确定后，以 *O* 点为中心，用钢尺或测距仪精确放样出纵横轴线的四个端点 *A*、*B*、*C*、*D*，主轴线相对中误差要求小于 1/5000。主轴线放样后即可放样矩形控制网，放样时分别在 *A*、*B*、*C*、*D* 四点安置仪器，瞄准 *O* 点定向，拨角 90°放样出 *P*、*Q*、*R*、*S* 四个角点，精确丈量 *AP*、*AQ*、*BR*、*BS*、*CP*、*CS*、*DQ*、*DR* 的长度，精度要求同主轴线，不满足时应进行调整。然后就可按照放样略图测设距离指标桩，以便进行厂房细部施工放样。

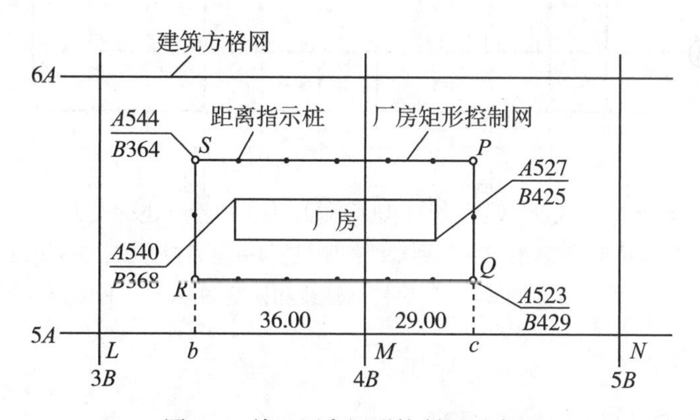

图 6-2 单一厂房矩形控制网示意图

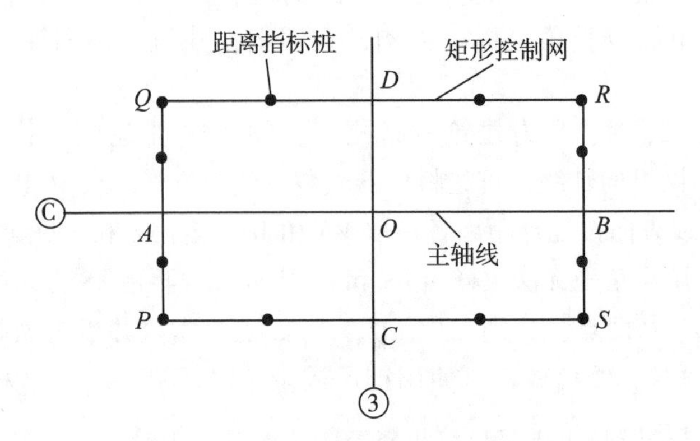

图6-3 大型厂房矩形控制网示意图

子任务6.1.3 厂房柱列轴线测设

根据图纸上的厂房平面图上所注的柱间距和跨距尺寸，用钢尺沿矩形控制网各边量出各柱列轴线控制桩的位置，如图6-4中的1′、2′……，并打入大木桩，桩顶用小钉标出点位，作为柱基测设和施工安装的依据。丈量时应以相邻的两个距离指标桩为起点分别进行，以便检核。

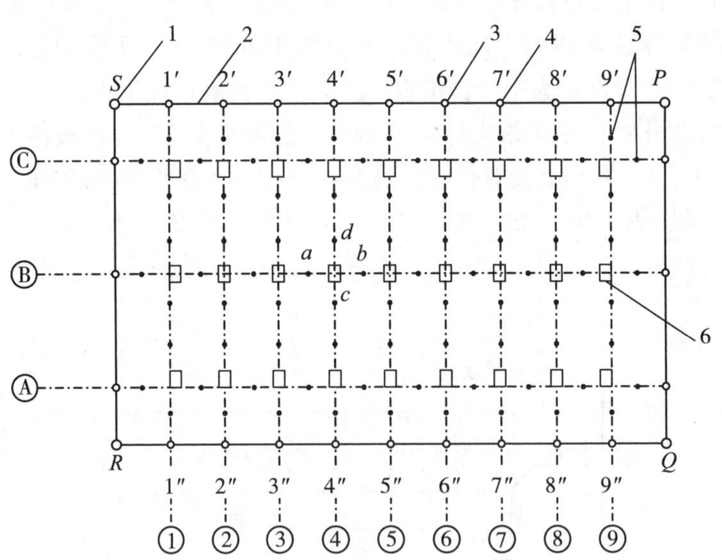

1—厂房控制桩；2—厂房矩形控制网；3—柱列轴线控制桩；4—距离指标桩；5—定位小木桩；6—柱基础

图6-4 厂房柱列轴线和柱基测量

任务 6.2 厂房基础施工测量

建筑物的主轴线和细部轴线放样完毕之后，再放样龙门板、轴线控制桩、距离指标桩，然后就可以开始基础施工。建筑物的基础形式与建筑物的结构有关，常见的有一般房屋基础、各种柱子基础、各种设备基础，其结构和施工方法各不相同，所以基础施工测量工作也有所区别。基础施工测量大致分为以下几类：柱基定位、基底抄平、垫层处理、模板安装、杯口抄平、地脚螺丝安装、中心标板投点。

子任务 6.2.1 柱基定位和放线

(1)在两条互相垂直的柱列轴线控制桩上，安置两台经纬仪，沿轴线方向交会出各柱基的位置(即柱列轴线的交点)，此项工作称为柱基定位。

(2)在柱基的四周轴线上，打入4个定位小木桩 a、b、c、d，如图 6-4 所示，其桩位应位于基础开挖边线以外，比基础深度大 1.5 倍的地方，作为修坑和立模的依据。

(3)按照基础详图所注尺寸和基坑放坡宽度，用特制角尺，放出基坑开挖边界线，并撒出白灰线以便开挖，此项工作称为基础放线。

(4)在进行柱基测设时，应注意柱列轴线不一定都是柱基的中心线，而一般立模、吊装等习惯用中心线，此时，应将柱列轴线平移，定出柱基中心线。

子任务 6.2.2 柱基施工测量

1. 基坑开挖深度的控制

当基坑挖到一定深度时，应在基坑四壁，离基坑底设计标高 0.5m 处，测设水平桩，作为检查基坑底标高和控制垫层的依据。

2. 杯形基础立模测量

杯形基础立模测量有以下三项工作：

(1)基础垫层打好后，根据基坑周边的定位小木桩，用拉线吊锤球的方法，把柱基定位线投测到垫层上，弹出墨线，用红漆画出标记，作为柱基立模板和布置基础钢筋的依据。

(2)立模时，将模板底线对准垫层上的定位线，并用锤球检查模板是否垂直。

(3)将柱基顶面设计标高测设在模板内壁，作为浇灌混凝土的高度依据。

子任务 6.2.3 混凝土杯形基础的放样

柱子是工业厂房常见的结构部件，杯形基础是装配式柱子基础的一种形式。装配式柱子由柱身和基础组成，常分别制作，现场装配，如图 6-5 所示。

杯形基础是独立基础的一种，当建筑物的上部结构采用框架结构或单层排架及门架结构承重时，其基础常采用方形或矩形的单独基础，这种基础称为独立基础或柱式基础。独立基础是柱下基础的基本形式，当采用预制构件时，基础做成杯口形，然后将柱子插入并嵌固在杯口内，故称杯形基础。

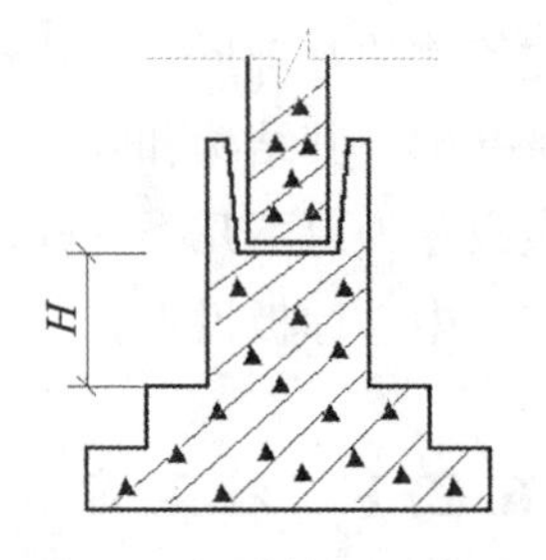

图 6-5　杯形柱子示意图

1. 柱基定位

柱基定位即在实地放样出柱子基础的开挖位置及尺寸。通常是在柱子轴线方向上，根据轴线控制桩在距离柱基开口 0.5~1m 处放样出 4 个定位木桩，并在木桩顶部精确投钉作为中线标志。然后在木桩侧面放样出某一整数标高线，作为高程传递的依据。用该办法将所有柱子基础放样出定位桩和高程控制桩，即可破土开挖。

2. 基底抄平

当柱子基础开挖即将到达设计深度时，在基坑四壁上放样出距离基底设计高程某一整数值(如 0.5m)的标高，水平方向打木桩标定，以控制坑底修整。

3. 垫层处理

基坑修整到设计深度和尺寸后，即可打垫层。垫层的厚度以设计为依据，根据基坑四壁上的高程桩控制垫层厚度，同时在处理完的垫层表面放样出柱基中心线，作为安装基础模板的依据。此中心线应使用轴线控制桩进行检核。

4. 模板安装

安装模板时，先在模板底部按设计尺寸划出中心标志点，再将其与垫层表面的中心线对准，用固定架使其稳定并垂直，即可浇灌混凝土。

5. 杯口抄平

如图 6-6 所示为常见的杯口式混凝土柱基础。安装时用吊车将预制好的柱子吊入基础杯口中，将柱子中线调整到柱列轴线上，然后进行二次浇灌，使柱身与柱基连为一体。为了保证柱子装配后达到设计标高，柱基拆模后，应在杯口内侧四壁标定低于杯口表面设计高程 5cm 的标高线，并用记号笔绘制标志，注明标高。以此作为高程依据修整杯口底面，使其达到设计标高。

6. 中心标板投点

如图 6-7 所示，中心标板投点之前应全面检查轴线控制桩和柱子中线定位标志，确保无误后方可投点。投点是指根据轴线控制桩将柱列轴线精确投测到埋设在杯口顶面的中心标板上，并刻以十字标志。所有中心标板投点均需做两次，投点误差不大于 2mm。

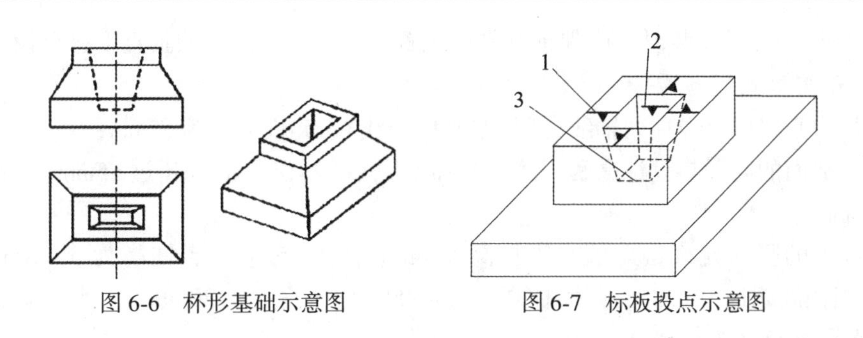

图 6-6　杯形基础示意图　　　　图 6-7　标板投点示意图

子任务 6.2.4　钢柱基础的放样

钢柱也属于装配式结构的柱子，其基础的施工测量过程与杯形基础类似。如图 6-8 所示，钢柱是通过地脚螺丝与基础连接在一起的，所以其施工特点是在基础浇灌混凝土之前要埋设地脚螺丝，使之与混凝土基础形成整体。设置地脚螺丝的方法很多，但无论哪种方法其测量工作都是根据轴线控制桩和基础定位桩控制地脚螺丝的平面位置，根据施工场地的“±0”水准点放样地脚螺丝的高程，从而保证地脚螺丝按设计要求布设，以便顺利地安装钢柱。安装好地脚螺丝后，即可浇灌混凝土。浇灌过程中要随时检查地脚螺丝的平面及高程位置，发现误差时应及时校正。

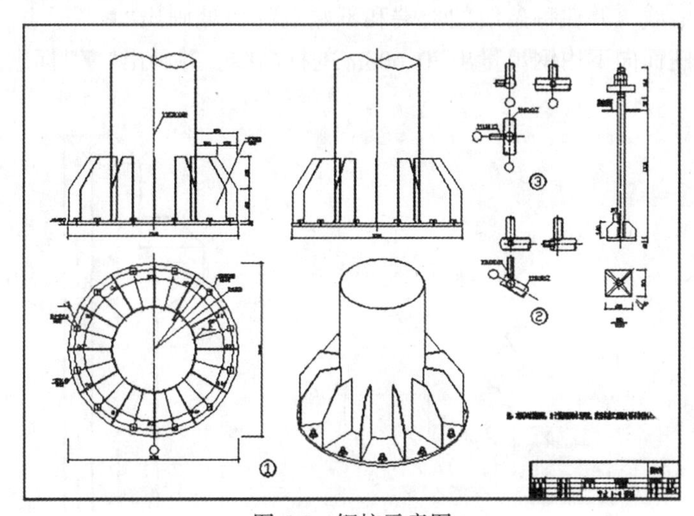

图 6-8　钢柱示意图

任务 6.3　厂房构件安装测量

子任务 6.3.1　柱子安装测量

柱子基础施工完毕之后开始进行柱子安装测量，通常情况下预制的柱子应满足设计要求。大型厂房的柱子安装时，应保证其平面位置、高程及其柱身的垂直度符合设计要求。

1. 柱子安装的精度要求

(1)柱中心线应对准柱列轴线(或柱基础中心线)，允许偏差为±5mm；

(2)牛腿面的高程与设计高程一致，5m 以下柱子其误差不应超过±5mm，5m 以上不应超过±8mm；

(3)柱子的竖向允许偏差值，当柱高≤5m 时，为±5mm；当柱高为 5～10m 时，为±10mm；当柱高超过 10m 时，则为柱高的 1/1000，但不得大于 20mm。

2. 吊装前的准备工作

1)柱子基础中线定位，即在柱基顶面投测柱列轴线

柱子基础拆模后，在柱子安装前，用经纬仪根据轴线控制桩，把柱列中心线(定位轴线)投测到杯形基础的顶面上，如图 6-9 所示，并弹出墨线，用红油漆画上“▲”标明，作为安装柱子时确定轴线的依据。如果柱列轴线不通过柱子的中心线，应在杯形基础顶面加弹柱中心线。

同时，用水准仪在杯口内壁测出一条高程线，从高程线起向下量取一整分米数(如-0. 6m，一般杯口顶面的标高为-0. 500m)，即到杯底的设计高程。在柱子的三个侧面弹出柱中心线，每一面又需分为上、中、下三点，并画小三角形“▲”标志，以便安装校正。

2)柱身弹线

柱子安装前，应将每根柱子按轴线位置进行编号。如图 6-10 所示，在每根柱子的三个侧面弹出柱中心线，并在每条线的上端和下端近杯口处画出“►”标志。根据牛腿面的设计标高，从牛腿面向下用钢尺量出-0. 600m 的标高线，并画出“▼”标志。

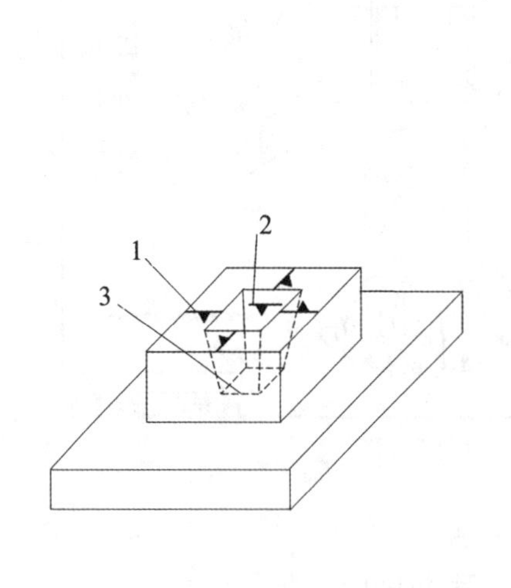

1—柱中心线；2—60cm 标高线；3—杯底

图 6-9　杯形基础

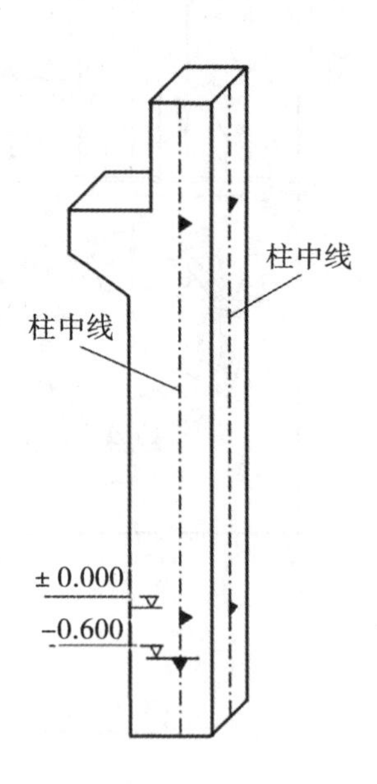

图 6-10　柱身弹线

3)柱子长度检查及杯底抄平

柱子在预制时，由于模板制作和模板变形等原因，不可能使柱子的实际尺寸与设计尺

寸一样，为了解决这个问题，往往在浇注基础时把杯形基础底面高程降低 2~5cm，先量出柱子的-0.600m 标高线至柱底面的长度，再在相应的柱基杯口内，量出-0.600m 标高线至杯底的高度，并进行比较，以确定杯底找平厚度，然后用钢尺从牛腿顶面沿柱边量到柱底，根据这根柱子的实际长度，用水泥沙浆在杯底进行找平，使牛腿面符合设计高程。

3. 柱子的安装工作

柱子安装测量的目的是保证柱子平面和高程符合设计要求，柱身垂直。

(1)将预制的钢筋混凝土柱子用吊车吊起，将其底部插入杯形基础的杯口，使柱子三面的中心线与杯口内壁三面的中心线对齐(允许误差为±5mm)，在柱子四周用木楔将柱子大致固定。

(2)在距离柱子 1.5 倍柱高的相互垂直的两条柱基轴线上各安置一台经纬仪，用来调整并校正柱子的垂直度，如图 6-11 所示，先瞄准柱子中心线的底部中心线标志，然后固定照准部，再缓慢抬高望远镜，观察柱子中心线顶部的中心线标志是否偏离十字丝竖丝的方向，如偏离则指挥用钢丝绳拉直柱子，并指挥工人用大锤调节柱子四周的木楔，使柱子逐步趋于垂直，直至从两台经纬仪中观测到柱子中心线都与十字丝竖丝重合为止。

(3)反复进行调整，直到柱子两个侧面的中心线都竖直为止。由于纵轴方向上柱距很小，通常把仪器安置在纵轴的一侧，在此方向上，安置一次仪器可校正数根柱子。调整柱子与基础之间的木楔使柱身垂直度、与基础的吻合度都满足要求后，在基础与柱子的缝隙中注入混凝土使其稳定。

4. 柱子校正的注意事项

(1)校正用的经纬仪事前应经过严格检校，特别是对 $2C$ 误差的校正。因为校正柱子竖直时，往往只用盘左或盘右观测，仪器误差影响很大，操作时还应注意使照准部水准管气泡严格居中。

(2)柱子在两个方向的垂直度都校正好后，应再复查平面位置，看柱子下部的中线是否仍对准基础的轴线。

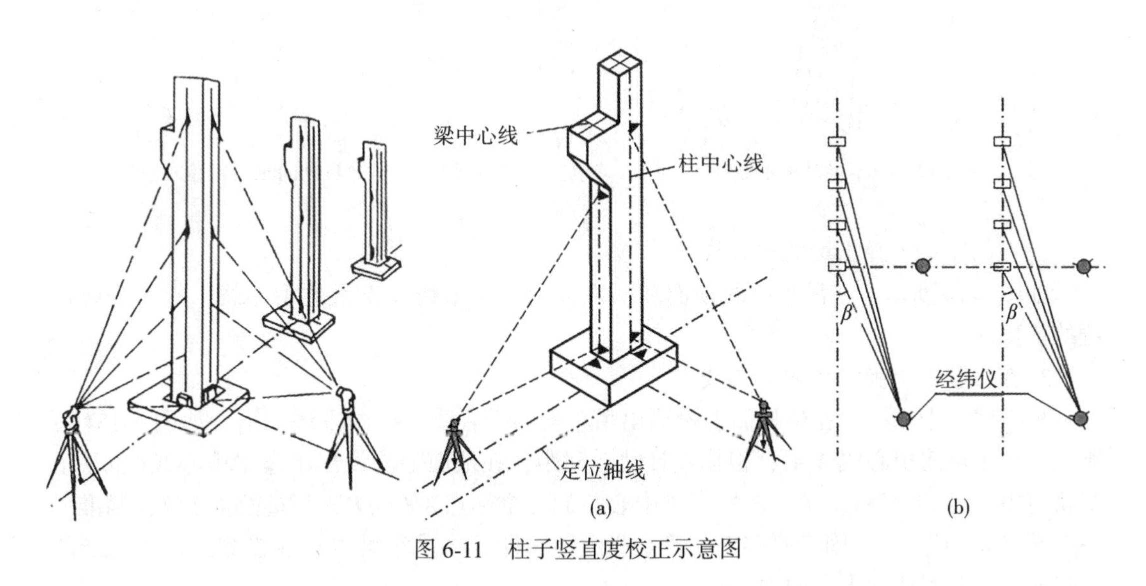

图 6-11 柱子竖直度校正示意图

(3)当校正变截面的柱子时，经纬仪必须放在轴线上校正，否则容易产生差错。

(4)在阳光照射下校正柱子垂直度时，要考虑温度影响，因为柱子受太阳照射后，柱子向阴面弯曲，使柱顶有一个水平位移。为此应在早晨或阴天时校正。

(5)当安置一次仪器校正几根柱子时，仪器偏离轴线的角度最好不超过 15°。

子任务 6.3.2　吊车梁和吊车轨道安装测量

1. 吊车梁安装要求

如图 6-12 所示为常见的吊车梁结构示意图。预制混凝土吊车梁安装时应满足如下设计要求：

(1)梁的上、下中心线应和吊车轨道的设计中心线在同一竖直面内，如图 6-13 所示；

(2)梁顶部标高应与设计标高一致。

2. 吊车梁安装前的准备工作

1)在柱面上量出吊车梁顶面标高

根据柱子上的±0. 000m 标高线，用钢尺沿柱面向上量出吊车梁顶面设计标高线，作为调整吊车梁面标高的依据。

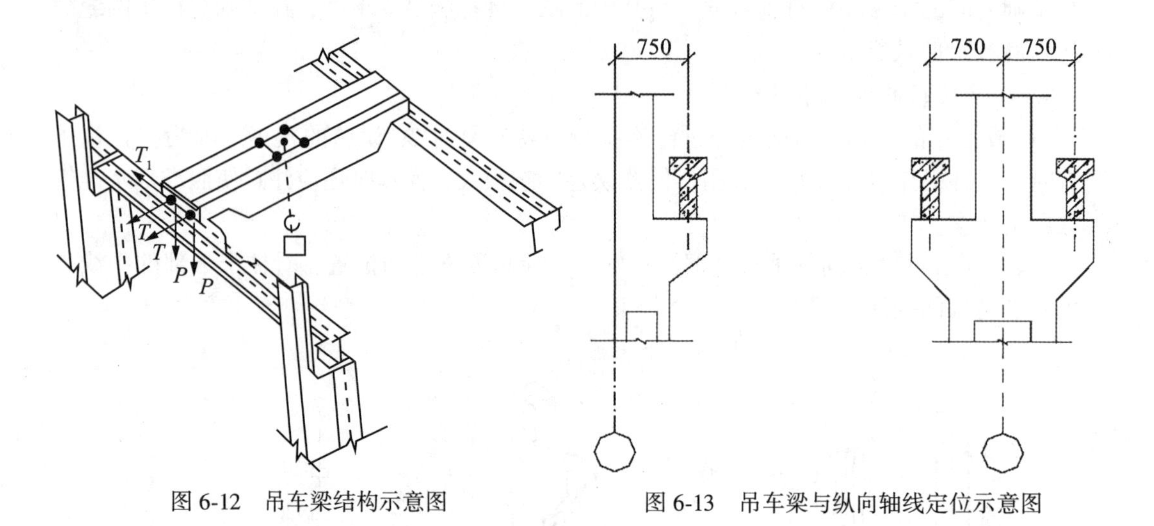

图 6-12　吊车梁结构示意图　　图 6-13　吊车梁与纵向轴线定位示意图

2)在吊车梁上弹出梁的中心线

如图 6-14 所示，在吊车梁的顶面和两端面上，用墨线弹出梁的中心线，作为安装定位的依据。

3)在牛腿面上弹出梁的中心线

根据厂房中心线，在牛腿面上投测出吊车梁的中心线，投测方法如下：如图 6-15(a)所示，利用厂房中心线 A_1A_1，根据设计轨道间距，在地面上测设出吊车梁中心线(也是吊车轨道中心线)$A'A'$和 $B'B'$。在吊车梁中心线的一个端点 A'(或 B')上安置经纬仪，瞄准另一个端点 A'(或 B')，固定照准部，抬高望远镜，即可将吊车梁中心线投测到每根柱子的牛腿面上，并墨线弹出梁的中心线。

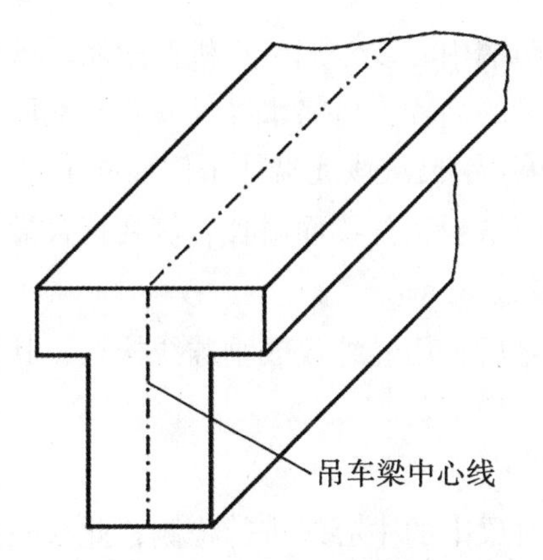

图 6-14　在吊车梁上弹出梁的中心线

3. 吊车梁中心线投测

安装前先在吊车梁顶面中心线和两端中心线作出标记线，再将吊车轨道中心线投到牛腿面上。利用厂房中心线和柱列中心线，根据设计轨道距离在地面上测设出吊车梁中心线，并在中心线两端打木桩做出标志。

分别安置经纬仪于吊车梁中心线的一个端点上，瞄准另一端点，仰起望远镜，即可将吊车轨道中线投测到每根柱子的牛腿面上并弹以墨线。

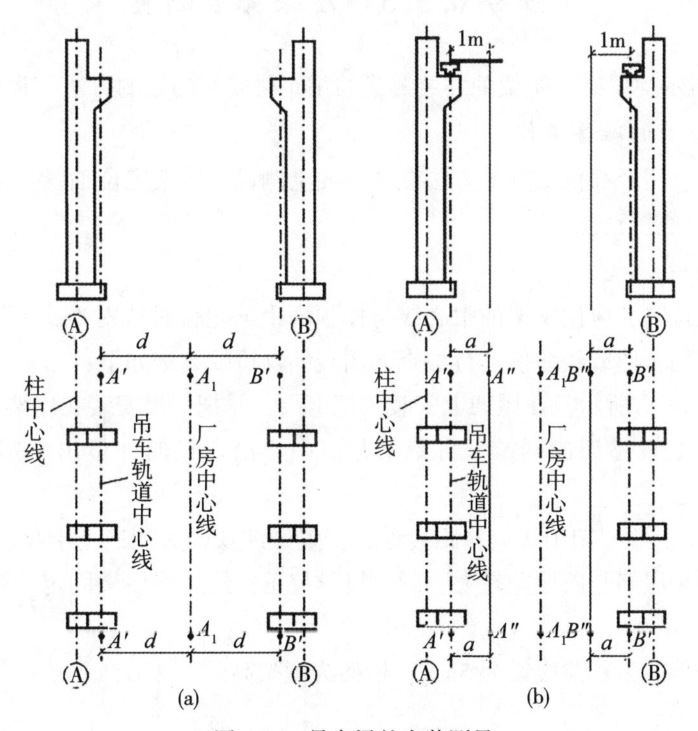

图 6-15　吊车梁的安装测量

4. 吊车梁的安装测量

根据牛腿面的中心线和两端中心线，用起重机及附属设备将吊车梁安装在牛腿上。吊车梁安装完后，应检查吊车梁的高程，可将水准仪安置在地面上，在柱子侧面测设一距离地面约 50cm 高的标高线，再用钢尺从该线沿柱子侧面向上量出至梁面的高度，检查梁面标高是否正确，然后在梁下用铁板调整梁面高程，使之符合设计要求。

5. 吊车梁安装时的垂直度校正

第一根吊车梁安装完毕之后，用经纬仪或垂球线校直，其他各根的安装，就可根据前一根的中线用直接对齐法进行校正。

6. 吊车轨道安装测量

安装吊车轨道前，须先对梁上的中心线进行检测，此项检测多用平行线法。首先在地面上从吊车轨道中心线向厂房中心线方向量出长度，然后安置经纬仪于平行线一端点上，瞄准另一端点，固定照准部，仰起望远镜投测。此时另一人在梁上移动横放的木尺，当视线正对准尺上一米刻划时，尺的零点应与梁面上的中线重合。如不重合应予以改正，可用撬杠移动吊车梁。

吊车轨道按中心线安装就位后，可将水准仪安置在吊车梁上，水准尺直接放在轨顶上进行检测，每隔 3m 测一点高程，与设计高程相比较，误差应在±3mm 以内。还要用钢尺检查两吊车轨道间跨距，与设计跨距相比较，误差不得超过±5mm。

子任务 6.3.3　屋架安装测量

如图 6-16 所示为屋架。屋架的安装测量与吊车梁安装测量的方法、程序基本相同。

1. 屋架安装前的准备工作

屋架吊装前，用经纬仪或其他方法在柱顶面上测设出屋架定位轴线。在屋架两端弹出屋架中心线，以便进行定位。

2. 屋架的安装测量

屋架吊装就位时，应使屋架的中心线与柱顶面上的定位轴线对准，允许误差为 5mm。屋架的垂直度可用垂球或经纬仪进行检查。用经纬仪检校方法如下：

(1)如图 6-16(a)所示，在屋架上安装三把卡尺，一把卡尺安装在屋架上弦中点附近，另外两把分别安装在屋架的两端。自屋架几何中心沿卡尺向外量出一定距离，一般为 500mm，作出标志。

(2)在地面上，距屋架中线同样距离处，安置经纬仪，观测三把卡尺的标志是否在同一竖直面内，如果屋架竖向偏差较大，则用机具校正，最后将屋架固定。图 6-16(b)所示为安装的屋架。

垂直度允许偏差为：薄腹梁为 5mm；桁架为屋架高的 1/250。

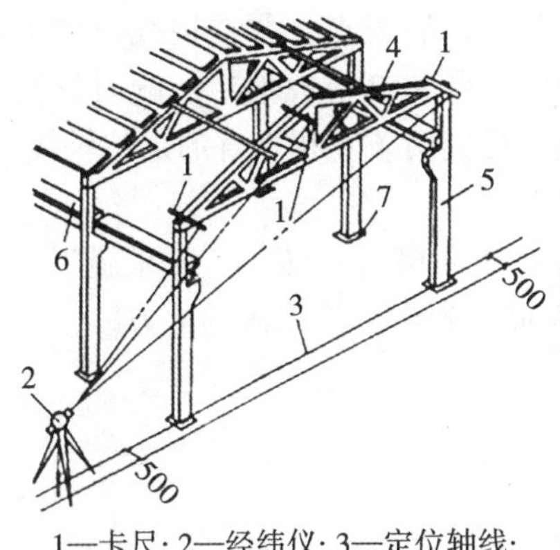

1—卡尺; 2—经纬仪; 3—定位轴线;
4—屋架; 5—柱; 6—吊车梁; 7—柱基

(a)

(b)

图 6-16　屋架示意图

任务6.4　高耸型建筑物施工测量

高耸型建筑物是指竖直尺寸与平面尺寸之比较大的建筑物。如烟囱、水塔、发射天线等都属于高耸型建筑物。特点是基础面积小、主体高、地基负荷大、垂直度要求高、施工技术要求高。其施工测量主要任务是解决轴线、中心线在不同高度的定位及高程控制问题。

高层建筑物施工测量中的主要问题是控制竖向偏差，也就是各层轴线如何精确地向上引测的问题。住房和城乡建设部2011年10月1日开始实施的《高层建筑混凝土结构技术规程》(JGJ 3—2010)中对高层竖向轴线传递和高程传递的允许偏差规定如表6.1所示。

表6.1　　竖向轴线传递和高程传递允许偏差

H	每层	$H\leq 30\text{m}$	$30\text{m}<H\leq 60\text{m}$	$60\text{m}<H\leq 90\text{m}$	$90\text{m}<H\leq 120\text{m}$	$120\text{m}<H\leq 150\text{m}$	$H>150\text{m}$
允许偏差	3mm	5mm	10mm	15mm	20mm	25mm	30mm

《钢筋混凝土高层建筑结构设计与施工规程》(JGJ 3—91)中指出：竖向误差在本层内不得超过5mm，全楼的累积误差不得超过20mm。按国家《烟囱工程施工及验收规范》(GB 50078—2008)要求，当烟囱高 $H\leq 100\text{m}$ 时，筒身中心线的垂直偏差不得大于 $0.0015H$；当 $H>100\text{m}$ 时，筒身中心线的垂直偏差不得大于 $0.001H$。

子任务6.4.1　中心定位测量

烟囱的定位是指定出基础中心的位置。其方法如下：

(1)依据设计要求和现场控制点分布情况，在实地测设出烟囱中心位置 O(即中心桩)。

(2)如图 6-17 所示，在 O 点安置经纬仪，任选一点 A 作后视点，并在视线方向上定出 a 点，倒转望远镜，通过盘左、盘右分中投点法定出 b 点和 B 点；然后，顺时针测设 90°，定出 d 点和 D 点，倒转望远镜，定出 c 点和 C 点，得到两条互相垂直的定位轴线 AB 和 CD。

(3)A、B、C、D 四点至 O 点的距离为烟囱高度的 1~1.5 倍。a、b、c、d 是施工定位桩，用于修坡和确定基础中心，应设置在尽量靠近烟囱而不影响桩位稳固的地方。

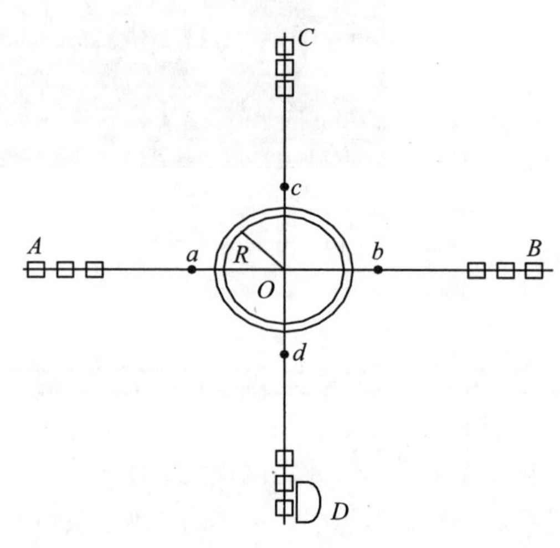

图 6-17　烟囱中心控制桩的布设

子任务 6.4.2　基础施工测量

(1)如图 6-17 所示，定出烟囱中心 O 后，以 O 为圆心，以 $R+b$(R 为烟囱底部半径，b 为基坑放坡宽度)为半径，在地面画圆并撒白灰线，标明挖坑范围。

(2)当基坑开挖到接近设计高程时，用水准仪在坑底四壁测设比坑底设计标高大整分米数的木桩，作为检查基坑底标高和打垫层的依据。

(3)坑底夯实找平后，从四壁的定位木桩拉紧两根细线，用垂线球将烟囱中心投测到坑底，打入木桩并标明点位，作为浇筑垫层的中心控制点。

(4)浇灌混凝土基础时，应在基础中心埋设钢筋作为标志，根据定位轴线，用经纬仪把烟囱中心投测到标志上，并刻上“+”字，作为施工过程中控制筒身中心位置的依据。

子任务 6.4.3　筒身施工测量

烟囱施工目前主要使用“升梁提模法”，在烟囱施工中，应随时将中心点引测到施工的作业面上，主要步骤如下：

(1)在烟囱施工中，通常每砌一步架或每升模板一次，就引测一次中心线，以检核该施工作业面的中心与基础中心是否在同一铅垂线上。引测方法如下：在施工作业面上固定一根木枋，在木枋中心处悬挂 8~12kg 的垂球，逐渐移动木枋，直到垂球对准基础中心为止。此时，木枋中心就是该作业面的中心位置。如图 6-18 所示。

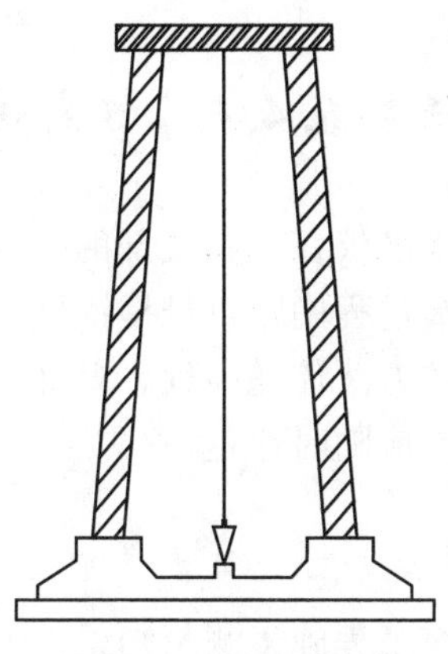

图 6-18　烟囱中心投点

(2)烟囱每砌筑完 10m，必须用经纬仪引测一次中心线。引测方法如下：如图 6-17 所示，分别在控制桩 A、B、C、D 上安置经纬仪，瞄准相应的控制点 a、b、c、d，将轴线点投测到施工作业面上，并作出标记。然后，按标记拉两条细绳，其交点即为烟囱的中心位置，并与垂球引测的中心位置比较，以作校核。烟囱的中心偏差一般不应超过砌筑高度的$\frac{1}{1000}$。

(3)对于高大的钢筋混凝土烟囱，烟囱模板每滑升一次，就应采用激光铅垂仪进行一次烟囱的铅垂定位，定位方法如下：在烟囱底部的中心标志 O 上，安置激光铅垂仪，在作业面中央安置接收靶，接收靶上显示的激光光斑中心，即为烟囱的中心位置。

(4)在检查中心线的同时，以引测的中心位置为圆心，以施工作业面上烟囱的设计半径为半径，用旋转标尺画圆，以检查烟囱壁的位置。如图 6-19 所示。

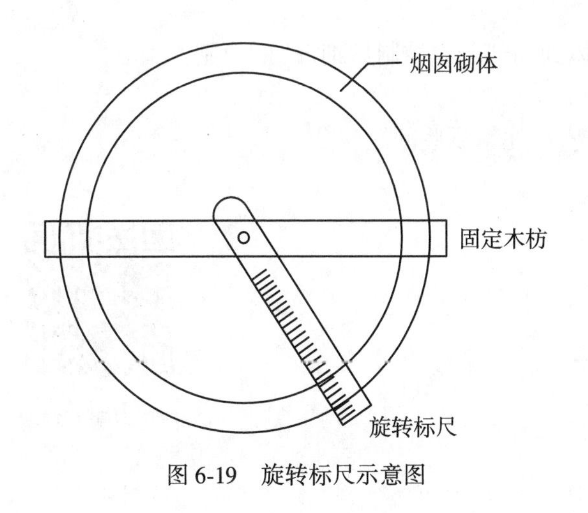

图 6-19　旋转标尺示意图

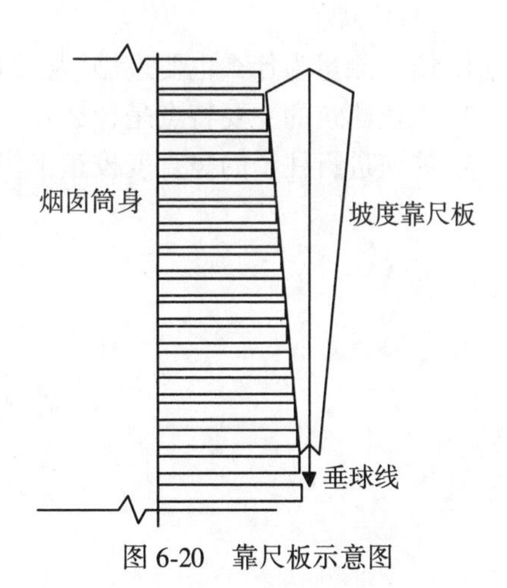

图 6-20　靠尺板示意图

(5)烟囱的外筒壁收坡，在砌筑时用靠尺板随时检查。靠尺板的斜边是按设计筒壁的倾斜度制作的。使用时，将斜边紧贴筒体外壁，若垂球线通过下端缺口中央，说明筒壁收坡正确。如图6-20所示。

子任务6.4.4　标高传递

烟囱砌筑的高度，通常是用水准仪在烟囱底部的外壁上测设出某一高度(如0.5m)的标高线，以此线为准，在升梁提模过程中竖直悬挂钢尺，从而传递高程。如果钢尺量取不方便，也可使用全站仪悬高测量的方法传递高程。筒身四周应保持水平，在施工过程中应经常检查上口是否水平，发现偏差应随时纠正。

【项目小结】

本项目单元主要学习工业建筑工程施工测量知识，工业建筑工程主要指各种厂房及工业设施，工业建筑多为基础、柱子、梁及门窗等结构，其施工测量主要包括场地平整、定位轴线放样、基础轴线放样、柱列轴线放样、轴线传递及高程传递等工作。

【课后习题】

一、名词解释

工业建筑、杯形基础、高耸型建筑物

二、填空题

1. 民用建筑多为__________、__________、__________等结构，而工业建筑多为__________、__________、__________等结构。

2. 工业厂房按层数有__________和__________之分，按结构有__________和__________之分。

3. 工业厂房的预制构件主要有__________、__________、__________、__________等种类。

三、简答题

1. 施工测量为什么也要遵循“从整体到局部，先控制后细部”的原则？

2. 工业建筑的主要特点是什么？

3. 如何进行柱子的竖直度校正工作？应注意哪些问题？

课后习题6答案

【课堂测验】

请同学们扫描以下二维码，完成本项目课堂测验。

课堂测验 6

项目 7　道路工程施工测量

【项目简介】

线路工程测量是铁路、公路、渠道、输电线路及管道等线路工程，在勘测设计、施工建造和运营管理的各个阶段进行的测量。其目的是按设计意图和要求，将线路的空间位置测设于实地，以指导线路施工。即在勘测设计阶段，主要是为工程设计提供必要的测绘资料和其他数据；施工建造阶段，是对线路中线和坡度按设计位置进行实地测设，包括施工控制网的布设及施测、施工导线测量、线路中线及腰线的放样、水平曲线与竖曲线的测设、纵断面测量与横断面测量，以及竣工测量和验收；在运营管理阶段，是对线路工程的危险地段进行定期和不定期的变形监测，以掌握工程的安全状态，便于必要时采取永久性或应急性措施，或为线路工程的维修和局部改线提供测量服务。

本项目单元主要了解道路工程基础知识，掌握道路工程中线测量、纵横断面测量、施工测量的主要内容与方法，掌握公路铁路等线性工程曲线放样数据计算及放样方法。

公路的勘测设计一般是分阶段进行的，通常按其工作的顺序可划分为可行性研究、初测、定测三个阶段。

建设项目的可行性研究工作，应根据各行业各部门颁发的各种建设项目可行性报告编制办法执行。在工作中应根据该地区的资源开发利用、工业布局、农业发展、国防、运输等情况，结合各种线路工程规划，通过深入勘查和研究，对建设项目在技术、经济上是否合理和可行，进行全面分析、论证，做多种方案以供选择，提出方案的评价和各方案的投资估算，为编制和审批设计书提供可靠依据。设计阶段必须利用 1∶5 万或 1∶1 万比例尺地形图，利用地形图可以快速、全面、宏观地了解该地区的地形条件，地形图也提供一部分地质、水文、植被、居民点分布及各种线路工程的分布信息。因此，通常以地形图为主要资料在室内选择方案。

在经过可行性调查研究定出方案后，需要实地进行初测。初测工作主要是沿小比例尺地形图上选定的线路，去实地测绘大比例尺带状地形图，以便在该地形图上进行较为精准的纸上定线；确定公路工程的具体位置和走向，为确定线路方案、主要技术指标、主要设计原则、主要工程量等提供基础数据，为线路方案比选、优化和编制初步设计文件提供依据。

带状地形图比例尺通常为 1∶2000 或 1∶1000，有时也采用 1∶5000 比例尺。其成图宽度按照公路建设等级以及新建或改扩建等因素，一般为 200~600m。对于同深度方案比选的路段，对比较路线、路段也应绘制大比例尺带状地形图。有了大比例尺带状地形图后，设计人员进行纸上定线。除了要考虑站场的布置及各种工程建筑物、构造物的布置及处理，还要从公路工程建造的造价、安全、环保及运维等多方面因素加以综合考虑。设计人员在初测的图纸上进行多方案比选，并进行初步的线路优化，在图纸上进行中线定线和初步的工程量计算，提供初步的路线设计方案并以逐桩表加地形图的形式提供设计资料，将这些资料测设到实地的工作称为定测。这部分工作包括三个方面的内容，一是把设计在图上的中线在实地标出来，即实地放样；二是沿实地标出的中线测绘纵横断面图；三是对与路线交叉或相邻较近的重要地物进行数据采集，前两项工作为主要工作。

【教学目标】

1. 掌握道路中线施工放样、曲线放样、路基路面、道路构造物施工放样方法。
2. 掌握曲线计算的基本方法。

项目单元教学目标分解

目　标	内　容
知识目标	1. 了解公路工程测量基础知识和基本概念(里程、桩号、整桩、加桩、短链、主点、细部点、变坡点、初测、定测、偏角法、坐标法等概念)； 2. 理解公路工程初测、定测相关知识； 3. 掌握公路工程平曲线及竖曲线测设的相关知识； 4. 掌握道路施工测量与竣工测量的基础知识
技能目标	1. 掌握公路工程初测阶段的测量工作(准备工作、平面控制测量、高程控制测量、纵横断面测量、带状地形图测量等)； 2. 掌握公路工程定测阶段的测量工作(准备工作、中桩测设、边桩测设、纵横断面测量、平曲线测设、竖曲线测设)； 3. 掌握公路平曲线计算的主要方法(偏角法、切线支距法、坐标法；整桩号法和整桩距法)； 4. 掌握公路竖曲线计算的方法
态度及思政目标	1. 培养学生吃苦耐劳、追求卓越的优秀品质，使其能够在工作环境相对较差的工地环境认真工作； 2. 培养学生团队协作、勇挑重担的责任担当，使其能够与所在行业的其他人员团结协作完成好工作； 3. 在讲述公路工程时，适当加入中国在道路交通工程建设中取得的伟大成就，培养大学生的爱国情怀

任务 7.1　公路初测阶段的测量工作

初测是指根据项目批复的《工程项目可行性研究报告》所拟定的修建原则和设计方案，进行现场勘测，确定采用方案，并搜集编制初步设计所需的勘察资料。

初测中路线方案选定应采用“纸上定线法”，当受地形、地物及设备等条件限制时，可采用“现场定线法”。

初测是在现场踏勘的基础上，根据已经批准的计划任务书和踏勘报告，对拟定的几条路线方案进行初测，初测阶段的测量工作有控制测量、地形测量和线路测量。

一、准备工作

1. 收集资料

收集各种比例尺的地形图、影像资料，国家及有关部门设置的 GNSS 点、三角点、导线点、水准点等资料。

2. 室内方案研究

根据工程可行性研究报告拟定的路线基本走向方案，在地形图(1∶10000~1∶50000)或影像图上进行室内研究，经过对路线方案的初步比选，拟定出需勘测的方案(包括比较线)以及需现场重点落实的问题。

二、平面控制测量

公路平面控制测量包括路线、桥梁、隧道及其他大型建筑物的平面控制测量。平面控制网的布设应符合因地制宜、技术先进、经济合理、确保质量的原则。

路线平面控制网是公路平面控制测量的主控制网，沿线各种工点平面控制网应联系于主控制网上，主控制网宜全线贯通，统一平差。

平面控制网的建立，可采用全球导航卫星系统(GNSS)测量、三角测量、三边测量和导线测量等方法。平面控制测量的等级，当采用三角测量、三边测量时依次为二、三、四等和一、二级小三角；当采用导线测量时依次为三、四等和一、二、三级导线。

《公路勘测规范》(JTG C10—2017)规定，各级公路、桥梁、隧道及其他建筑物的平面控制测量等级的确定，应符合表 7.1 的规定。

表 7.1　　平面控制测量等级

等　级	公路路线控制测量	桥梁桥位控制测量	隧道洞外控制测量
二等三角	—	>5000m 特大桥	>6000m 特长隧道
三等三角、导线	—	2000~5000m 特大桥	4000~6000m 特长隧道
四等三角、导线	—	1000~2000m 特大桥	2000~4000m 特长隧道
一级小三角、导线	高速公路、一级公路	500~1000m 特大桥	1000~2000m 中长隧道
二级小三角、导线	二级及二级以下公路	<500m 大中桥	<1000m 隧道
三级导线	三级及三级以下公路	—	—

目前公路工程控制网中的首级控制网主要采用 GNSS 控制网，局部加密控制采用导线。当采用 GNSS 测量平面控制网时，应符合《公路勘测规范》(JTG C10—2017)的规定。根据公路及特殊桥梁、隧道等构造物的特点及不同要求，GNSS 控制网分为一级、二级、三级、四级共四个等级。各级 GNSS 控制网的主要技术指标见表 7.2。

表 7.2 **GNSS 控制网主要技术指标**

级别	每对相邻点平均距离 d(km)	固定误差 a(mm)		比例误差 b(mm)		最弱相邻点点位中误差(mm)	
		路线	特殊构造物	路线	特殊构造物	路线	特殊构造物
一级	4.0	≤10	5	≤2	1	50	10
二级	2.0	≤10	5	≤5	2	50	10
三级	1.0	≤10	5	≤10	2	50	10
四级	0.5	≤10		≤10		50	

注：①各级 GNSS 控制网每对相邻点间的最小距离应不小于平均距离的 1/2，最大距离不宜大于平均距离的两倍。②特殊构造物是指对施工测量精度有特殊要求的桥梁、隧道等构造物。

《公路勘测规范》(JTG C10—2007)规定，导线测量的技术要求应符合表 7.3 的规定。

表 7.3 **导线测量的技术要求**

等级	附合导线长度(km)	平均边长(km)	每边测距中误差(mm)	测角中误差(″)	导线全长相对闭合差	方位角闭合差(″)	测回数		
							DJ1	DJ2	DJ6
三等	30	2.0	13	1.8	1/55 000	$\pm3.6\sqrt{n}$	6	10	—
四等	20	1.0	13	2.5	1/35000	$\pm5\sqrt{n}$	4	6	—
一级	10	0.5	17	5.0	1/15000	$\pm10\sqrt{n}$	—	2	4
二级	6	0.3	30	8.0	1/10000	$\pm16\sqrt{n}$	—	1	3
三级	—	—	—	20.0	1/2000	$\pm30\sqrt{n}$	—	1	2

注：表中 n 为测站数。

选择路线平面控制网坐标系时，应使测区内投影长度变形值不大于 2.5cm/km。选择大型构造物平面控制测量坐标系时，其投影长度变形值不大于 1cm/km。根据上述要求并结合测区所处地理位置和平均高程，可按下列方法选择坐标系：

(1)当投影长度变形值不大于 2.5cm/km 时，采用高斯正形投影 3°带平面直角坐标系。

(2)当投影长度变形值大于 2.5cm/km 时，可采用：

①投影于抵偿高程面上的高斯正形投影 3°带或 1.5°带平面直角坐标系统。

②投影于 1954 年北京坐标系或 1980 西安坐标系或 CGCS2000(2000 国家大地坐标系)椭球面上的高斯正形投影任意带平面直角坐标系。

(3)投影于抵偿高程面上的高斯正形投影任意带平面直角坐标系。

(4)当采用一个投影带不能满足要求时，可分为几个投影带，但投影带位置不应选择大型构造物处。

(5)假定坐标系。根据在 1∶5 万或 1∶1 万比例尺地形图上标出的经过批准规划的线路位置，结合实际踏勘情况，选择线路转折点并在地形图上标定点位，同时标定初步设置的大型桥梁、隧道等构造物的位置。设计人员将标定后的地形图以及路线转角表交付测量人员进行下一步工作。

初测平面控制点的选点工作依据设计人员提供的基础资料并结合现场情况进行。控制点的位置应满足以下要求：

(1)尽量接近线路通过的位置，交通便利。构造物附近应布设控制点。大型构造物附近应至少设置1对互相通视的平面控制点。

(2)地层稳固，便于保存。

(3)视野开阔，方便测绘。

(4)控制点距离路线中线应大于50m，宜小于300m。

(5)便于加密、扩展，也便于测角、测距及地形图测量和中桩放样。

(6)便于高程联测。

平面控制点应埋设或设置稳固长久标志，并尽量减少人为破坏的可能，应进行统一编号并书写或标识清楚，做好其点之记，如条件允许，可在距点3~5m处设置指示桩，在指示桩上注明点名。

平面控制点可采用GNSS观测或采用全站仪按照导线来进行测定。

下面介绍平面控制测量的数据采集、数据处理以及公路独立坐标的计算。

1. 平面控制测量的数据采集

平面控制测量的数据采集通常采用静态相对定位方式，布网按“先整体，后局部”的原则进行。即首级网必须在观测时段、平均设站数、点位间距、最弱点点位中误差、最弱边精度等精度指标达到要求，并且须与国家高等级三角点或A、B、C级GNSS点进行联测，联测的国家控制点应沿设计路线两侧均匀分布，用于转换计算的控制点数不得少于4个。

布设的网形必须有充分的检核条件，兼顾全网的精度性和可靠性指标。应采取相应措施提高网的精度指标。网中不允许有单节点和自由基线存在，即网形只能采用边连式或网连式，最好保证每个测站点至少与三条以上的独立基线相连。观测时做到短边必测，尤其是那些位于特大桥、隧道洞口处的短边，保证其为独立基线。观测时段长度除参照规范要求进行以外，还应视点位的净空条件、卫星状况、基线长度、使用仪器性能等情况，酌情决定是否做适当的延长或缩短。要精心进行仪器对中，至少量测两次仪器高度。

2. 平面控制网的数据处理

(1)GNSS基线解算通过率必须达到100%。重复基线数量和观测精度指标要高于规范规定的30%以上；数据检核应严格按规范及程序操作规程进行。

(2)GNSS网进行平差时，应首先进行三维无约束平差，并进行内部精度指标检验。进行二维约束平差时，必须严格进行国家三角点之间兼容性分析和检验。剔除不兼容点，防止GNSS网因起算点的误差发生扭曲，使其精度受损。

(3)若数据格式或解算软件允许，应尽量组成一个网进行整体平差。如果分区布网，数据处理时必须考虑不同网间相邻控制点数据的一致性。如若出现不同时期或需要进行补充测量，则后期测量的控制点的WGS-84坐标应以前期控制点为准，进行WGS-84坐标的约束平差。

(4)计算数据输出应包括各已知点起算数据、独立环闭合差统计、重复测量基线较差统计、基线向量改正数、方位角、边长、控制点点位精度(含最弱点)、边长相对精度(含最弱边)、坐标等指标内容。

3. 公路独立坐标的计算

需进行公路独立坐标计算时，要以国家 3°带坐标为基础，即采用 1980 西安坐标、CGCS2000 坐标或 1954 年北京坐标系 3°带坐标作为数学转换的基础。根据确定的抵偿参数，即投影中央子午线和投影面高程，利用专用软件完成坐标换算。也可利用 GNSS 软件自身功能根据确定的抵偿参数进行计算。

三、高程控制测量

公路高程系统宜采用 1985 国家高程基准。同一条公路应采用同一个高程系统，并应与相邻项目高程系统相衔接。不能采用同一系统时，应给定高程系统的转换关系。独立工程或三级以下公路联测有困难时，可采用假定高程。

公路高程测量应采用水准测量或三角高程测量的方法进行。在高程异常、变化平缓的地区可使用 GNSS 测量的方法进行，但应对作业成果进行充分的检核与验证。

各级公路及构造物的高程控制测量等级应按表 7.4 选定。

表 7.4　**高程控制测量等级选用**

高架桥、路线控制测量	多跨桥梁总长 L(m)	单跨桥梁 L_K(m)	隧道贯通长度 L_G(m)	测量等级
—	$L \geqslant 3000$	$L_K \geqslant 500$	$L_G \geqslant 6000$	二等
—	$2000 \leqslant L < 3000$	$300 \leqslant L_K < 500$	$3000 \leqslant L_G < 6000$	三等
高速公路、一级公路	$L < 1000$	$L_K < 150$	$L_G < 1000$	四等
二、三、四级公路	—	—	—	五等

各等级路线高程控制网最弱点高程中误差不得大于 25mm，用于跨水域和深谷的大桥、特大桥的高程控制网最弱点高程中误差不得大于 25mm，每千米观测高差中误差和附合(环线)水准路线长度应小于表 7.5 的规定。

表 7.5　**高程控制测量的主要技术要求**

等级	每千米高差中误差(mm)		往返较差、附合或环线闭合差(mm)		附合或环线水准路线长度(km)		检测已测测段高差之差(mm)
	偶然中误差 M_Δ	全中误差 M_W	平原微丘区	山岭重丘区	路线隧道	桥梁	
二等	±1	±2	$\leqslant 4\sqrt{l}$	$\leqslant 4\sqrt{l}$	600	100	$\leqslant 6\sqrt{L_i}$
二等	±3	±6	$\leqslant 12\sqrt{l}$	$\leqslant 3.5\sqrt{n}$ 或 $\leqslant 15\sqrt{l}$	60	10	$\leqslant 20\sqrt{L_i}$
四等	±5	±10	$\leqslant 20\sqrt{l}$	$\leqslant 6.0\sqrt{n}$ 或 $\leqslant 25\sqrt{l}$	25	4	$\leqslant 30\sqrt{L_i}$
五等	±8	±16	$\leqslant 30\sqrt{l}$	$\leqslant 45\sqrt{l}$	10	1.6	$\leqslant 40\sqrt{L_i}$

注：计算往返较差时，l 为水准点间的路线长度(km)；计算附合或环线闭合差时，l 为附合或环线的路线长度(km)。n 为测站数。L_i 为检测测段长度(km)。

公路的高程控制测量主要是通过水准测量来完成的。在施测过程中，不仅需要联测沿线布设的水准点，还要尽量将布设的平面控制点纳入水准路线中，联测其水准高程。联测较为困难的点位，可通过三角高程或 GNSS 方式测定其高程。

初测阶段，可每 3~5km 设立一个水准点，遇有大型桥梁和隧道、大型工点或重点工程地段应加设水准点。水准点应选在离线路中线 50m 以外 300m 以内的范围，设在未被风化的基岩或稳固的建筑物上，亦可埋设混凝土桩、条石等永久性测量标志。也可在坚硬稳固的岩石上刻制水准点，或利用建筑物、构造物基础的顶面作为其测量标志。

水准测量应采用精度等级不低于 S3 的水准仪，用双面水准尺、中丝法进行测量，或两台水准仪组同时进行单程双测站观测。如具备条件，最好采用数字(电子)水准仪进行施测。使用过程中应注意光线影响、最低视线、路面温度影响、测量模式等环节。

GNSS 测量的大地高高差可以作为检查水准测量中是否含有粗差的手段，特别是各独立段测量高差的检查。

水准测量观测的主要技术要求见表 7.6。

表 7.6　**水准测量观测的主要技术要求**

测量等级	仪器类型	水准尺类型	视线长(m)	前后视较差(m)	前后视累积差(mm)	视线离地面最低高度(mm)	基辅(黑红)面读数差(mm)	基辅(黑红)面高差较差(mm)
二等	DS05	因瓦	≤50	≤1	≤3	≥0.3	≤0.4	≤0.6
三等	DS1	因瓦	≤100	≤3	≤6	≥0.3	≤1.0	≤1.5
	DS2	双面	≤75				≤2.0	≤3.0
四等	DS3	双面	≤100	≤5	≤10	≥0.2	≤3.0	≤5.0
五等	DS3	单面	≤100	≤10	—	—	—	≤7.0

水准路线宜布设成附合或闭合路线。当水准路线长度超出表 7.5 中规定时，应将水准路线形成节点，构成水准网。

下面介绍高程控制测量的数据处理。

水准观测数据应视需要加入大地水准面不平行改正。平差时应按照水准路线的布置，进行附合水准路线平差。如果路线超过规范要求，应组成水准网统一进行整体平差。需要计算每千米水准测量偶然中误差 M_{Δ}。平差计算输出结果中应包括：各已知水准点起算数据、附合(闭合)路线高差闭合差、各测段高差改正数、高差中误差、测量距离、各点平差后高程等内容。

光电测距三角高程应事先计算与联测的几何水准点的高程闭合差。如果符合要求，可纳入水准网进行整体平差。应进行 GNSS 拟合高程计算，其成果不得作为最终成果使用，但可作为水准测量的检查依据，亦可作为日后碎部测量或图根点、像控点加密计算精度可靠性的分析依据。

四、地形测量

公路勘测中的地形测量，主要是以平高控制点为基准，测绘线路数字带状地形图。数字带状地形图比例尺多数采用 1：2000 和 1：1000，测绘宽度为中线两侧各 200~600m。对于地物、地貌简单的平坦地区，比例尺可采用 1：5000，但测绘宽度每侧不应小于 250m。对于地形复杂或是需要设计大型构筑物或工点的地段，应测绘专项工程地形图，比例尺采用 1：500~1：1000，测绘范围视设计需要而定。

地形图测绘可根据实际情况采用不同的方法实现。对于线路较短、沿线建筑物不密集、植被一般、通视条件尚可的地段，可采用全野外数字测图方式进行。

如果线路较短，但房屋等建筑物密集，植被茂密，通行、通视条件较差，则可利用无人机航摄的方式进行地形图成图。

如果路线长，地形复杂，地物繁多，则可采用大型飞机进行数码航摄成图，也可搭载激光雷达，利用激光点云结合影像的方式成图。

如果公路等级较低，对于地形图的精度特别是高程精度要求不高时，也可利用卫星遥感影像进行地形图成图。

成图时应把握公路设计重点关注的要素，包括：成图范围内的各级道路，含田间作业道和人行通道，需测绘准确。对于乡级以上道路(含村村通公路)，特别是县级以上公路，应注明公路的等级、路线编号和铺装材料。如果在整个图幅内，还必须在调绘线以外注明通至地名。

除公路外，设计线路穿越的铁路、大型河流、沟壑、高压线、输油输水管线、各类光缆桩、坟地等地物也是重点测绘调绘内容，需描绘清楚，平面位置测绘准确，保证上述之处加设构造物尺寸及规格的准确性，同时按规范要求测注高程注记点。

对于路线沿途经过的厂矿企业的名称、范围应仔细调绘。特别是那些容易对路线方案造成严重影响的军队或生产化工、制药、鞭炮等易燃、易爆、有毒物品企业的名称调绘一定要准确无误。对于自然或生态及文物保护区需要准确测定其范围，名称标注正确。

案例一：ZY 至 BJ 高速公路基础测绘

ZY 至 BJ 高速公路是国家高速公路网第十二条横线高速公路贵州省境内的一部分。项目地处云贵高原东北部、贵州高原的黔北山地，地势西高东低，其下降趋势主要集中在西部。起点地势相对平缓，中段地形复杂，山势陡峻。路线所经海拔最低点为 828m，最高点为 1760m，路线全长 165km，其中东西向长约 90km。

根据路线大型构造物的设置情况，即存在 2800m 的大型桥梁，桥梁同时来链接中长隧道，因此，对于路线 K85+000~K95+000 及 K125+000~K135+000 区间采用三等 GNSS 网为首级控制网，通过加密四等 GNSS 点(网)来完成，高程采用三等水准测量。路线其他部位平面控制采用四等 GNSS 网为首级控制网，通过加密一级 GNSS 点(网)来完成，高程控制采用四等水准测量。

根据实际情况，建立了两个独立坐标系：以 1980 西安坐标系 3°带坐标为转换基准，建立投影中央子午线为 106°50′，投影高程为 870m 和投影中央子午线为 105°20′，投影高程1500m为投影参数的两套独立(抵偿)坐标系统。独立坐标系在建立过程中充分利用了高程投影和高斯投影互抵的特性，有效地增加了独立坐标系的覆盖宽度。

初测阶段测绘共进行航空摄影测量460余千米，测量1：2000地形图310千米，10个立交区，总测绘面积约200平方千米；联测国家一、二、三等三角点6个，国家一、二等水准点10个。埋设和测量三等GNSS控制点26个，四等GNSS控制点159个，一级GNSS控制点(5秒导线点)235个，四等水准点10个。共进行三等水准测量61千米，四等水准测量466千米，所有控制点的高程均为几何水准高程。

首期控制测量精度优良，控制点平面位置坐标分量最大误差值分别为0.013m，0.013m，最大点位中误差为0.018m，最弱边相对中误差为1：43500，平均闭合环为2.12ppm。水准测量每千米高程中误差为0.008m，均满足规范规定。全站仪实地测量边长与独立坐标反算边长吻合良好，高程检测及地形图实地检测精度良好。

案例二：LN省滨海公路LH特大桥施工控制网

LH特大桥北起盘锦市大洼区辽滨镇，与滨海公路辽滨段相接，南至营口市新兴大街，与滨海大道相连，大桥全长4400m，其中桥梁长度为3326m，两岸引线长度为1074m，最大跨径436m，桥梁采用双塔双索面钢箱梁斜拉桥结构，跨水区域近700m长，是当时我国黄河以北最大跨径斜拉桥，建立该控制网时兼顾了大桥运营后的安全监测的需要，在满足规范规定的前提下，还高出了规范的等级规定，在精度上做了储备预留，在将来的用途上同样做出了预留空间。

大桥施工控制网建立之前，必须面对的实际问题有：设计单位不同，基础测绘资料的基准选用存在问题，可选用的基础测绘资源较少，2003年曾进行过基础测量，现保留部分三级GNSS控制点，但测区内高等级国家三角点较少且远离测区，有国家一等水准路线经过，水准点保存状况良好，但由于该地区地质条件较差，经联测发现国家水准点有一定的沉陷。

经过测绘技术人员的共同努力，本项目达到了很高的技术水准，表现在：

(1)建立了辽宁省公路建设史上最高等级的高精度施工控制网。

在满足工程需要的前提下，还高出了规范规定，在精度上做了储备预留，在将来的用途上同样做出了预留空间。

(2)建立了高标准的观测墩，解决了不良地质基础地区，特别是冲积淤泥堆积地质条件下如何制造稳定的观测墩的难题。

项目所处的滨海平原基岩为震旦纪混合花岗岩及第三系砂岩、泥岩，基岩埋深180~300m，如果按照常规做法打桩至基岩，既不经济又不实用。然而地表覆盖层主要为淤泥、亚黏土、粉砂、细砂，无法建立稳定的控制点。经过与地质专家协商，决定采用现场灌注的孔径为0.8m的摩擦桩，参照《公路桥涵地基与基础设计规范》(JTG D63—2007)中桩长计算公式，计算得到当桩长取6~10m时，均能满足变形值不大于5mm的要求。实际施工中采用地下10m桩长，地上1.2m桩长，同时搭建观测台，如图7-1所示。

另外，对于选设在一些永久建筑物上的观测墩，则采用马架标的样式，全部观测墩顶部均镶嵌强制对中装置，钢筋混凝土观测墩同时设置了下标志样式的凹陷二等水准点，为联测二等水准及施工所用，如图7-2所示。

图 7-1　混凝土强制对中观测墩

图 7-2　马架标样式观测墩

(3)进行了控制网方案优化，点位布设兼顾了使用上的方便性与效果上的实用性。

在控制点的布设上，多次到现场进行点位优化，不仅重点考虑了主桥施工的便捷性，同时兼顾了主桥两侧引桥施工的使用方便。对于布设在建筑物上的控制点，为了联测水准方便，就近增设了墙脚水准点，如图 7-3 所示，使平面和高程精密定位得到了快捷有效的保障。同时为了保证控制点的可靠性及使用便利，每个平面控制点至少有 3 个以上定向点，预先防止施工中临时建筑物或周边环境变化对控制网控制点间通视造成影响。

(4)使用了 TCA2003 测量机器人全站仪，引入高精度测距边作为测距尺度，提高了成果质量。

(5)解决了长距离跨河(海)精密水准测量的难题。

根据实地踏勘，跨河宽度为 660m。因此在辽河两岸设立跨河水准点，辽河北岸两个跨河点命名为 N_1、N_2，两点间距约 13m；南岸两个跨河点命名为 S_1、S_2，两点间距约 15m。根据跨河测段实际情况三高程法观测，观测图形采用大地四边形，如图 7-4 所示，其中 N_1、S_2 两点为主跨点，N_2、S_1 两点采用测距三角为辅助点。

图 7-3　墙脚水准点

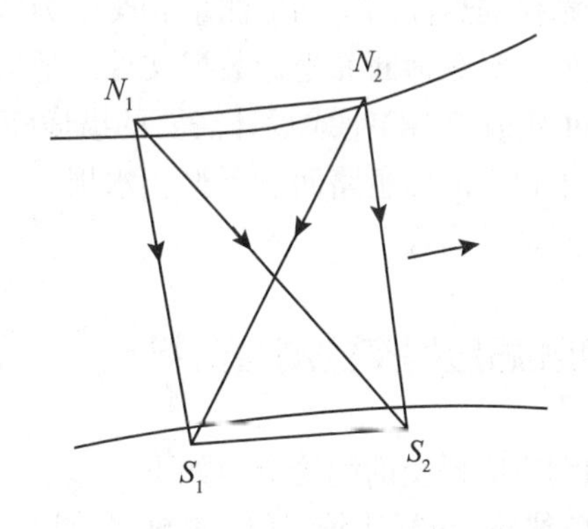

图 7-4　跨河水准测量示意图

（6）解决了如何选择合适的测绘基准并将既有测量资料与之有效衔接的问题。

大桥控制网采用独立坐标系。由于 2003 年所做的基础测绘成果，平面采用的是 1954 北京坐标系高斯 6°带坐标（投影中央子午线为 123°），为便于与原成果相接，大桥独立坐标系采用 1954 北京投影椭球，投影中央子午线为 122°11′，投影椭球面高程为 0m。

（7）解决了国家起算点精度不足，如何消除起算点误差的难题。

在数据处理方面，为了消除起算点误差，更好地与既有成果资料衔接，在二维约束平差时采用一点一方位的平差方案，作为起算点和方向点的控制点均为原有控制点。平差时以 GNSS3 作为已知点，GNSS3 到 GNSS8 作为已知方位角，其中 GNSS8 坐标以重新测得并归化后的距离计算得到，然后计算出两点之间的方位角作为新的起算方位。这样就有效地消除了起算误差，同时可与原有成果顺利衔接。

高程起算点经过现场检测，证明有一定的沉降情况存在，为了消除起算数据对高程控制网平差结果产生影响，保持原始观测数据的高精度，决定利用国家一等水准点Ⅰ沟盖 20 和Ⅰ营口重力水准基点作高程起算点进行概算，然后以 BM2（该点位置稳定并利于长期保存）的概算高程作为整个高程网起算数据，进行高程控制网整体平差。平差后每千米水准测量的全中误差为 6mm，精度明显优于规范规定的指标。

项目的成果提交后，由业主组织施工单位对控制网进行了前后 3 次复测，复测误差均符合规范要求，证明成果准确可靠。施工单位提供的承台、塔座、墩身以及主塔的施工放样精度数据统计，利用本成果指导施工，桥梁施工放样数据点位三维误差均在毫米级以内。

据施工最终统计的贯通精度测量数据：在大桥最终合拢时，中跨沿轴线方向贯通误差为±2mm，高程贯通误差平均为±7mm。

五、初测阶段的线路测量

初测阶段线路测量的主要内容包括：被交路测量、中线放样及纵段测量，特殊路段横断面测量，影响路线方案的主要地物的坐标测量，例如天然气管线、污水管线、热力管线，自来水管、房屋等。

测量方法是在线路基础控制点的基础上，采用 GNSS-RTK 辅助全站仪测量方法进行，利用全站仪的悬高测量功能测量相交电力线的悬高。

此外，对纵横断面坐标数据文件与地形图进行现势性检查验证，二者吻合后，再通过数模（DEM 或 DTM）生成设计需要的纵横断面。

对于相交的黑色路面、干渠、水坝、河堤、管线、铁路等地物的高程，采用水准测量的方式测量其高程。

六、初测后应提交的测绘资料

初测后应提交的测绘资料如下：

（1）线路（包括比较线路）的数字带状地形图及重点工程地段的数字地形图电子版；

（2）控制测量成果，包括平面和高程控制网图，控制网平差计算书，控制点成果表，控制点点之记，仪器检定证书复印件；

(3)技术设计书和技术总结报告；
(4)纵横断面成果；
(5)重要地物数据采集成果；
(6)各种测量表格，如各种测量记录本，原始记录电子版等。
(7)有关调查资料。

任务 7.2　线路定测阶段的测量工作

定测应根据批准的初步设计文件及确定的修建原则和工程方案，结合自然条件与环境，通过优化设计后进行实地定桩放线，准确测定路线线位和构造物位置。高速公路、一级公路采用分离式路基时，应按各自的中线分别进行定测。定测应进行路线中线、高程、横断面、桥涵、隧道、路线交叉、沿线设施、环境保护等测量和资料调查，为施工图设计提供资料。

定测的主要任务是把图纸上初步设计的线位测设到实地，并要根据现场的具体情况，对不能按原设计测设之处作局部的调整。另外，在定测阶段还要为下一步施工设计准备必要的资料。

定测具体工作如下：
(1)定线测量，将批准了的初步设计中线测设于实地下的测量工作，也称放线；
(2)中线测量，在中线上设置标桩并测量其坐标和高程；
(3)横断面测量；
(4)对初测阶段施测的路线平面、高程控制点进行全面检查；
(5)对设计使用的地形图进行现势性检查，特殊工点如隧道洞口施测 1∶500 地形图。

一、准备工作

1. 资料搜集
(1)工程可行性研究报告及有关文件；
(2)初步设计文件及审批意见；
(3)初测有关的记录、计算、控制点成果、点之记及设计资料；
(4)检查核实初步设计阶段所收集的资料。
2. 现场核查
(1)初测控制点的保存情况；
(2)沿线地形、地貌及地物的变化情况；
(3)初设路线的走向、控制点及桥隧、立交等工程方案情况；
(4)局部改移和调整方案的意见。

二、路线放线的主要方法

检查初步设计阶段设置的测量控制点，如有丢失不能满足放线要求时，应增设或补设。

应对原有测量控制点进行检查，其成果与初测成果的较差在限差以内时，采用原成果作为放线的依据；超出限差时，应予重测。

对新增或补设的测量控制点，应予联测。

根据批复的初步设计方案，结合现场地形、地物条件进一步优化、调整与完善线形线位及构造物位置，确定定测路线，并重新进行纸上定线成果的计算与复核。

根据测量控制点和纸上定线计算成果，可采用极坐标法、GNSS-RTK 法、拨角法、支距法、直接定交点法放线。

高速公路、一级公路应采用极坐标法、GNSS-RTK 法放线；二、三、四级公路可采用拨角法、支距法或直接定交点法放线。

1. 极坐标法放线

(1)采用极坐标法放线，可不设置交点桩，其偏角、间距和桩号均以计算资料为准。

(2)可不设置交点桩而一次放出整桩与加桩，亦可只放直、曲线上的控制桩。

(3)采用极坐标法放线，测站转移前，应观测和检查前后相邻控制点间的角度和边长；角度观测左角一测回，测得的角度与计算角度互查应满足相应等级的测角精度要求。

(4)测站转移后，应对前一测站所放桩位重放 1~2 个桩点，以资校核。采用支导线敷设个别中桩，只限于两次传递，并应与控制点闭合。

2. GNSS-RTK 法放线

采用 GNSS-RTK 法放线时，求取转换参数采用的控制点应涵盖整个放线路段，采用的控制点数应大于 4 个，流动站至基准站的距离应小于 5km，流动站至最近的高等级控制点应小于 2km，并应利用另外一个控制点进行检查，检查点的观测坐标与理论坐标之差应小于桩位检测之差的 0.7 倍。

3. 拨角法放线

(1)根据纸上定线，计算各线段的方向、距离、交角等资料，在现场拨角量距，定出路线转点和交点。

(2)拨角法放线，应重新实测偏角和距离，并据以敷设中线，其数据以实测值为准。

(3)一般每隔 3~5 个交点与导线点闭合一次，必要时应调整线位，消除实地放线与纸上定线间的累积误差。

4. 支距法放线

(1)根据纸上定线线位与控制点位置的相互关系，采用量取支距的办法放出路线上的特征点，并据此穿线定出交点和转点。

(2)实地放线后，应结合地形、地物复查线位与线形，必要时予以现场修改，使之完善。

(3)放线后，应实测交角、距离，并据以测定中桩，其数据以实测值为准。

5. 直接定交点法放线

(1)利用图纸上和地面上明显特征点的位置，直接在现场定出路线交点，并测角量距，敷设中线，其数据以实测值为准。

(2)直接定交点法，通常用于地形平坦、路线受限不严、地面目标明显，或公路改建等定测放线。

三、中桩放样

中线测量的任务是沿定测的线路中心线设置里程桩及加桩，并根据测定的交角、设计的曲线半径 R 和缓和曲线长度计算曲线元素、放样曲线的主点和曲线的细部点。

1. 里程桩及桩号

在路线定测中，当路线的交、转角测定后，即可沿路线中线设置里程桩(由于路线里程桩一般设置在道路中线上，故又称中桩)，以标定中线的位置。里程桩上写有桩号，表达该中桩至路线起点的水平距离。如果中桩距起点的距离为 3150.00m，则该桩桩号记为 K3+150.00，如图 7-5(a)所示。

如图 7-5 所示，中桩分整桩和加桩两种。路线中桩的间距，不应大于表 7.7 的规定。

表 7.7　**中桩间距要求**

直线(m)		曲线(m)			
平原微丘区	山岭重丘区	不设超高的曲线	$R>60$	$30<R<60$	$R<30$
≤50	≤25	≤25	≤20	≤10	≤5

整桩是按规定间隔(一般为 10m、20m、50m)桩号为整倍数设置的里程桩。如百米桩、公里桩均属于整桩。

加桩是指在线路上为了某些特殊需要而设置的桩位，其尾数不是整十米数。加桩有地形加桩、地物加桩、曲线加桩、关系加桩等种类。图 7-5(b)为地物加桩，图 7-5(c)为曲线加桩。

地形加桩：是指沿中线地面有显著起伏变化处，地面横坡有显著变化处以及土石分界处等位置设置的里程桩。

地物加桩：是指沿中线为拟建桥梁、涵洞、管道、防护工程等人工构建物处，与公路、铁路、田地、城镇等交叉处及拆迁处理地物处所设置的里程桩。

曲线加桩：是指在线路工程曲线段设置的桩位，如公路平曲线的直圆点、圆直点、曲中点等，竖曲线的起点、变坡点、终点等。

关系加桩：是指线路工程的转点(为解决通视)或交点(线路转角处)而设置的桩位。

钉桩时，对于交点桩、转点桩、距路线起点每隔 500m 处的整桩、重要地物加桩(如桥、隧位置桩)以及曲线主点桩，均应打下断面为 6cm×6cm 的方桩，如图 7-5(d)所示，桩顶露出地面约 2cm，并在桩顶中心钉一小钉，为了避免丢失，在其旁边钉一指示桩，如图7-5(e)所示。

为节约成本，同时提倡低碳环保的理念，现在多数用竹签代替了木质方桩。

交点桩的指示桩就钉在圆心和交点连线外交点约 20cm 处，字面朝向交点。曲线主点的指示桩字面朝向圆心。其余里程桩一般使用板桩，一半露出地面，以便书写桩号，字面一律背向路线前进方向。

加桩应取位至米，特殊情况可取位至 0.1m。

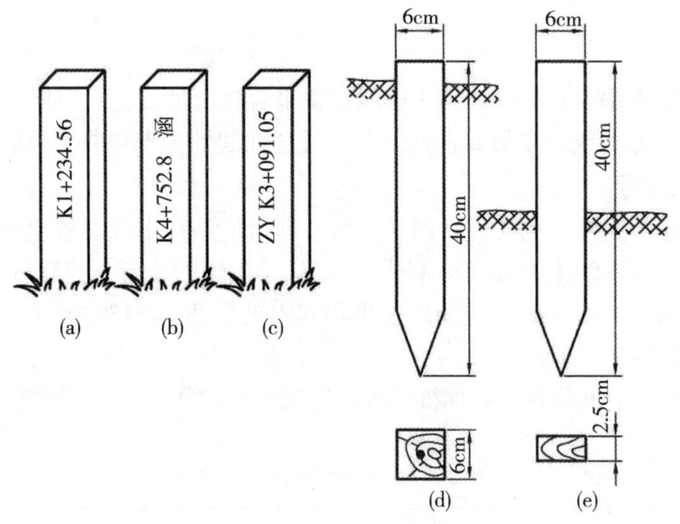

图 7-5　里程桩示意图

以下为具体的加桩情况：

(1)路线与等级路相交时，应在路基坡脚、路肩、路中心及边沟处加桩，边沟加桩按第(4)条执行，如图 7-6 所示。

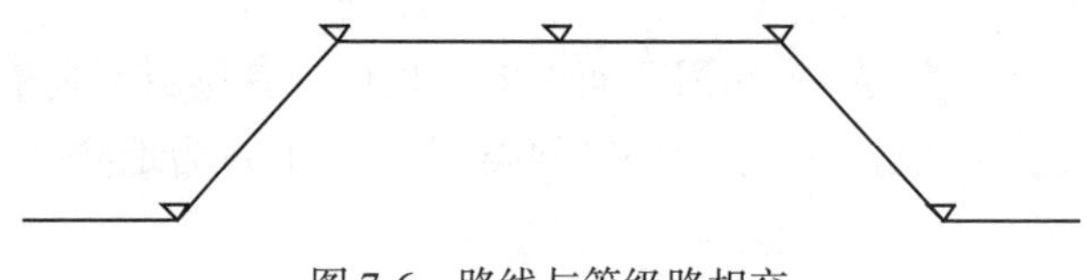

图 7-6　路线与等级路相交

(2)路线与铁路相交时，应在路基坡脚、坡顶及轨顶处加桩，如图 7-7 所示。

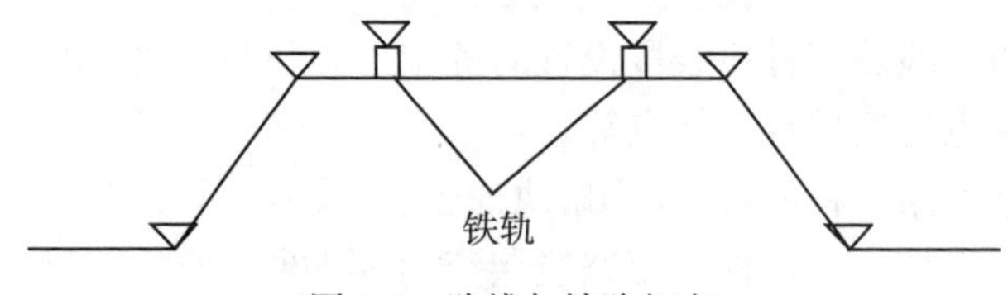

图 7-7　路线与铁路相交

(3)路线与农田作业道相交时在道两侧加桩。

(4)路线与陡坎相交时，当坎高≥30cm 时，应在坎上、坎下加桩。其他地形变化较大处同上处理。

(5)路线与沟渠相交时，当沟宽≥50cm 时，应在沟顶边缘、沟底边缘、沟底中心加桩，如图 7-8 所示。

当沟宽<50cm 时，应在沟顶边缘、沟底中心加桩。

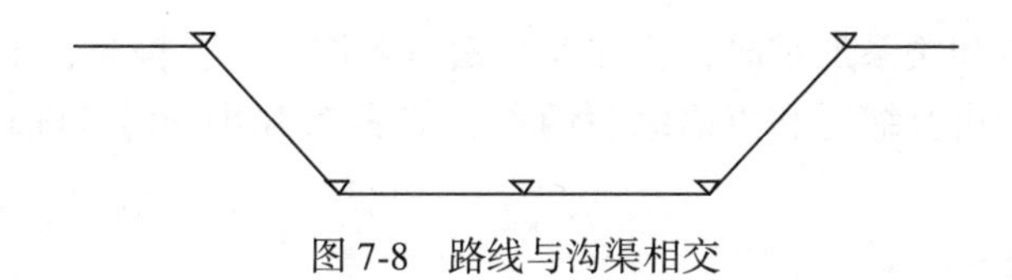

图 7-8　路线与沟渠相交

(6)路线与高压线相交时，应在交叉点加桩，同时测量高压线高度并记录测量时的温度。

(7)路线与民房等建筑物交叉而无法采集整桩号时，应在墙壁外侧底部加桩，并指示出整桩位的准确位置。

(8)路线与水塘、干渠及河流交叉时，应在塘边及河流常水位边加桩，水塘应测量水深，如图 7-9 所示。

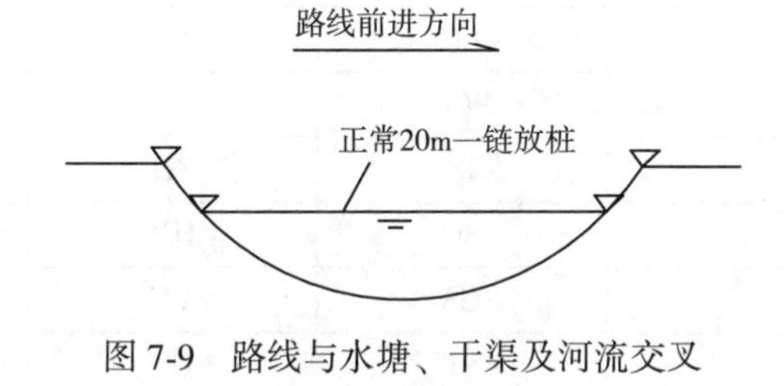

图 7-9　路线与水塘、干渠及河流交叉

(9)路线与光缆、油管、自来水管道等管线交叉处应加桩。

(10)路线纵、横向地形变化处。

(11)土质变化及不良地质地段起终点处及省、地(市)、县级行政区划分界处。

中桩放样桩位限差应符合表 7.8 的规定。

表 7.8　**中桩放样桩位限差**

公路等级	中桩位置中误差(cm)		桩位检测之差(cm)	
	平原微丘区	山岭重丘区	平原微丘区	山岭重丘区
高速公路，一、二级公路	≤±5	≤±10	≤10	≤20
三级及三级以下公路	≤±10	≤±15	≤20	≤30

采用链距法、偏角法、支距法等方法测定路线中桩，其闭合差应符合表 7.9 的规定。

表 7.9　**距离偏角测量闭合差**

公路等级	纵向闭合差		横向闭合差(cm)		曲线偏角闭合差(″)
	平原微丘区	山岭重丘区	平原微丘区	山岭重丘区	
高速公路，一、二级公路	1/2000	1/1000	10	10	60
三级及三级以下公路	1/1000	1/500	10	15	120

在书写曲线加桩和关系加桩时，应先写其缩写名称，后写桩号，如图7-1所示。曲线主点缩写名称有汉语拼音缩写和英语缩写两种，如表7.10所示，目前我国公路主要采用汉语拼音缩写名称。

表7.10 **公路测量符号**

名　称	英文符号	汉语拼音或国际通用符号	备　注
交点	IP	JD	(交点)
转点	TMP	ZD	(转点)
导线点	TP	*D*	(导点)
圆曲线起点	BC	ZY	(直圆)
圆曲线中点	MC	QZ	(曲中)
圆曲线终点	EC	YZ	(圆直)
复曲线公切点	PCC	GQ	(公切)
第一缓和曲线起点	TS	ZH	(直缓)
第一缓和曲线终点	SC	HY	(缓圆)
第二缓和曲线终点	CS	YH	(圆缓)
第二缓和曲线起点	ST	HZ	(缓直)
变坡点	PVI	SJD	(竖交点)
竖曲线起点	BVC	SZY	(竖直圆)
竖曲线终点	EVC	SYZ	(竖圆直)
公里标	K	K	符号书写在里程桩号前
缓和曲线角	β	β	
缓和曲线参数	A	A	
平、竖曲线半径	R	R	
曲线长(包括缓和曲线长)	L	L	
圆曲线长	L_C	L_Y	(L圆)
缓和曲线长	L_s	L_h	
平、竖曲线切线长(包括设置缓和曲线所增切线长)	T	T	
平曲线外距(包括设置缓和曲线所增外距)、竖曲线外距	E	E	

2. 断链处理

中线测量，在正常情况下，整条路线上的里程桩号应当是连续的。但是当出现局部改线，或者在事后发现距离测量中有错误，都会造成里程的不连续，称为"断链"。断链桩宜设于直线段，不得设在桥梁、隧道、立交等构造物范围之内。断链桩上应标明换算里程及增减长度。

断链有长链与短链之分，当原路线记录桩号的里程长于地面实际里程时为短链，反之则叫长链。出现断链后，要在测量成果和有关设计文件中注明断链情况，并要在现场设置断链桩。断链桩要设置在直线段中的 10m 整倍上，桩上要注明前后里程的关系及长(短)多少距离。例如在 K7+550 桩至 K7+650 桩之间出现了断链，所设置的断链上写有

K7+581.80=K7+600(短 18.20m)

其中，等号前面的桩号为来向里程，等号后面的桩号为去向里程。即表明断链桩与 K7+500 桩间的距离为 31.8m，而与 K7+650 桩的距离为 50m。

任务 7.3　线路纵横断面测量

线路定测阶段在完成中线测量以后，还必须进行线路纵、横断面测量。路线纵断面测量又称为中桩高程测量，它的任务是在道路中线测定之后，测定中线上各里程桩(简称中桩)的地面高程，并绘制线路纵断面图，来表示沿路线中线位置的地形起伏状态，主要用于路线纵坡设计。横断面测量是测定中线上各里程桩处垂直于中线方向的地形起伏状态，并绘制横断面图，供路基设计、施工放边桩使用，并通过计算横断面图的填、挖断面面积，即相邻中桩的距离便可计算施工的土石方数量。

线路纵断面测量可采用水准测量、三角高程测量或 GNSS-RTK 方法施测，并应起闭于路线高程控制点。

初测阶段布设的平高控制点或水准点是中桩高程测量的主要控制点。有时把建立高程控制点的测量过程称为基平测量；按等外水准测量的精度测量中桩高程的过程称为中平测量。

一、基平测量

水准点根据需要和用途的不同，可设置永久性和临时性水准点。线路起点和终点、需长期观测的工程附近均设置永久性水准点，永久性水准点应埋设标石，也可设置在永久性建筑物的基础上或用金属标志嵌在基岩上。水准点密度应根据地形和工程需要而定，在丘陵和山区每隔 2~3km 设置一个，在平原地区每隔 3~5km 设置一个。

基平测量时，应将起始水准点与附近的国家水准点联测，以获得绝对高程，同时在沿线水准测量中，也应尽量与附近国家水准点联测，形成附合水准路线，以获得更多的检核条件。当公路建设等级较低，而路线附近没有国家水准点或引测有困难时，也可参考地形图选定一个与实地高程接近的作为起始水准点的假定高程。

基平测量应使用不低于 DS3 级水准仪，可采用一组往返或两组单程在水准点之间进行观测的方式进行。水准测量的精度要求，往返观测或两组单程观测的高差不符值应满足：

$$f_h \leqslant \pm 30\sqrt{L}\ \text{mm}(\text{平原微丘区})\text{或}\ \pm 45\sqrt{L}\ \text{mm}(\text{山岭重丘区})$$

式中，L 为水准路线长度，以 km 计(具体可参考《公路勘测规范》(JTG C10—2007)。

若高差不符值在限差以内，取其高差平均值作为两水准点间高差，否则需要重测。最后由起始点高程及调整后高差计算各水准点高程。

二、中平测量

中平测量即线路中桩的高程测量，可从一个水准点开始，用视线高法逐点施测中桩的地面高程，附合到下一个水准点上。相邻两转点间观测的中桩，称为中间点。为了削弱高程传递的误差，观测时应先观测转点，后观测中间点。转点应立在尺垫上或稳定的固定点上，尺子读数至毫米，视线长度不大于100m；中间点水准尺应立在紧靠中桩的地面上，水准尺读数至厘米，视线长度可适当放长。

中桩高程测量的精度要求，一般取测段高差与两端水准点已知高差之差的限差为 $\pm 40\sqrt{L}$ mm(三级及三级以下公路，L 以 km 计)，在容许范围内，即可进行中桩地面高程的计算，否则应重测。

三、横断面测量

横断面测量精度的高低不仅关系到工程量计算的准确性，而且关系到征地线位置的准确性，对工程造价会造成一定的影响。横断面测量可采用水准仪配合皮尺量距、经纬仪视距、全站仪、光电测距仪、GNSS-RTK 等测量仪器、方法进行，对其他经过试验能保证测量精度的方法亦可采用，但不提倡用抬杆比高法，严禁目测估计。横断面测量应逐桩施测，其方向应和路线中线垂直，曲线路段与测点切线垂直。

1. 测量范围的规定

横断面应从道路中线向两侧进行测量，其测量宽度应根据路基填挖高度和沿线设施、互通式立交、分离式立交等的设计需要分段确定。

对于双向四车道的高速公路，其主线横断面测量沿中线向两侧各自测量的宽度不得少于50m；对于大的挖方段，沿中线向两侧各自测量的宽度不得少于70m或按设计人员现场指定的长度进行测量。若测量断面与已有公路(含已建高速公路)相交，则需测量出原有公路断面形状。

分离式立交(跨线桥)断面测量自中心线开始，每侧测量宽度不得少于30m，互通式立交匝道断面测量自匝道中心线向两侧测量，每侧测量宽度不得少于25m。

低等级公路横断面测量按照路基宽度及填挖方高度，由设计人员确定。

2. 碎部测量要求

断面测量的碎部点间距要适中，且具有一定的代表性，反映实地的真实状况。对于双向四车道的高速公路，若两侧地形变化较小或坡度均匀，如实地为水田或旱田，则中线每侧应至少测量3个碎部点，且这些测点距中线距离分别为14～17m、25～30m、47～50m。若遇到地形变化较大处，特别是遇到重丘或山岭地形，除上述部位必须取点之外，还应加密碎部点。加点方法类似于中桩加桩要求，但每侧最少不得少于3个测点。如遇较大的填挖方段，则应根据设计人员的具体要求延长两侧的测量距离。距路中心线 100m 以内的铁路、50m 以内的高压(线)电塔及重要建筑物应在横断面数据中反映其位置及形状。

具体精度执行见表 7.11。

表 7.11　**横断面检测互差限差**

公路等级	距离(m)	高差(m)
高速公路，一、二级公路	$\leqslant \frac{L}{100}+0.1$	$\leqslant \frac{h}{100}+\frac{L}{200}+0.1$

注：L 为测点至中桩的距离(m)，h 为测点至中桩的高差(m)。

此外，对于大型桥梁的桥台、隧道进出口、防护挡墙等处需要进行横断面加密测量，其纵向间隔一般为 10m 或 5m。

任务 7.4　曲线测设

一、曲线及其种类

公路、铁路等线状工程在直线段方向发生变化时，需要用曲线来过渡，从而保证车辆平稳顺利通过。曲线的形式较多，其中，圆曲线(又称单曲线)是最常用的曲线形式。曲线从位置上分为平曲线和竖曲线。平曲线根据其形式可以分为圆曲线、综合曲线(缓和曲线+圆曲线+缓和曲线)、回头曲线、复曲线等形式。竖曲线根据其形式可分为圆形竖曲线和抛物线形竖曲线。在线路上选用的连接曲线的种类应取决于线路的等级、曲线半径及地形因素等。如图 7-10 所示为几种平曲线的示意图。

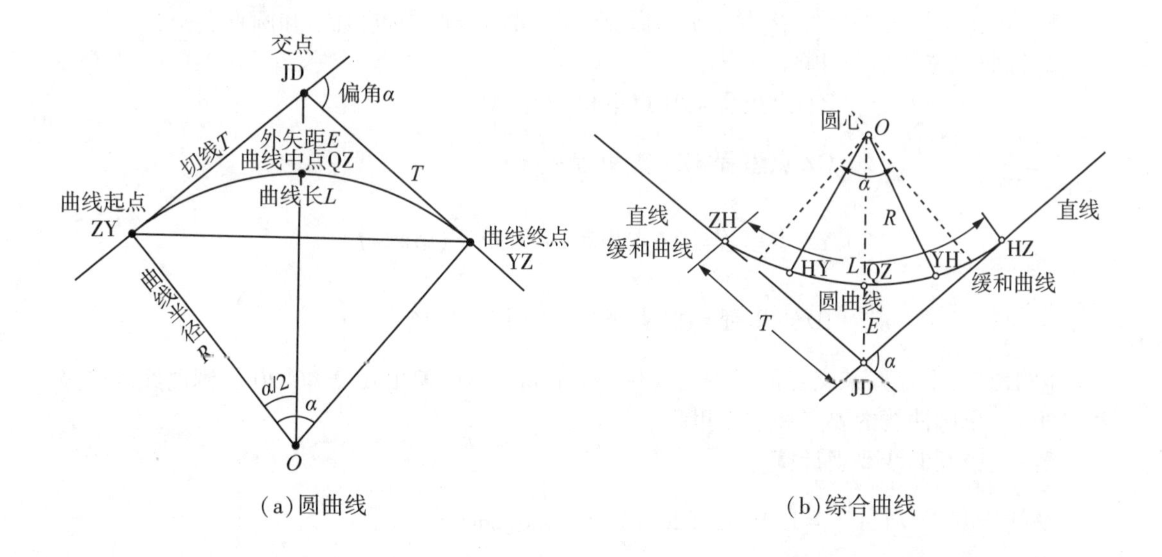

(a)圆曲线　　(b)综合曲线

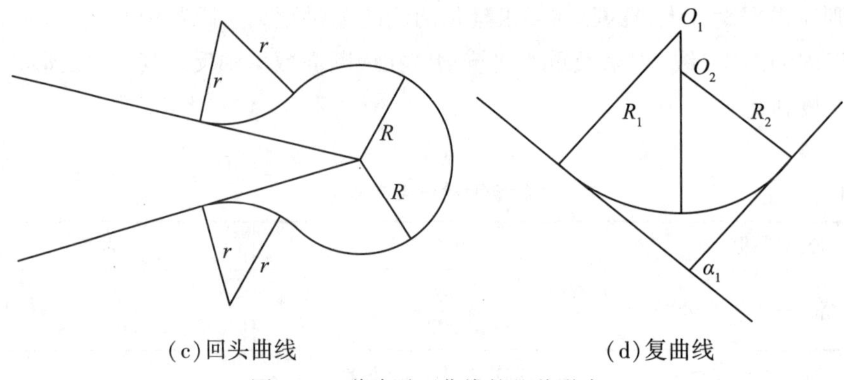

(c)回头曲线　　　　(d)复曲线

图7-10　道路平面曲线的几种形式

二、圆曲线要素、主点及其里程

1. 圆曲线要素的计算

如图7-10(a)所示，已知圆曲线转向角为α(分左偏和右偏)，半径为R，则圆曲线的四个要素分别为

$$\text{切线长 } T=R\tan\frac{\alpha}{2} \tag{7-1}$$

$$\text{曲线长 } L=R\alpha\frac{\pi}{180°} \tag{7-2}$$

$$\text{外矢距 } E=R\left(\sec\frac{\alpha}{2}-1\right) \tag{7-3}$$

$$\text{切曲差 } q=2T-L \tag{7-4}$$

2. 圆曲线主点里程的计算

1)圆曲线的三个主点

圆曲线的起点、中点、终点分别叫做直圆点(ZY)、曲中点(QZ)和圆直点(YZ)。

2)圆曲线主点里程计算

$$\left.\begin{aligned}&\text{ZY 点里程}=\text{JD 点里程}-T\\&\text{QZ 点里程}=\text{ZY 点里程}+\frac{L}{2}\\&\text{YZ 点里程}=\text{QZ 点里程}+\frac{L}{2}=\text{ZY 点里程}+L\\&\text{JD 点里程}=\text{QZ 点里程}+\frac{q}{2}(\text{用于校核})\end{aligned}\right\} \tag{7-5}$$

【例题7.1】已知某交点的里程为$K3+135.12$m，测得偏角$\alpha_{右}=40°20'$，圆曲线的半径$R=120$m，求圆曲线的要素和主点里程。

解：(1)圆曲线要素计算：

切线长度 $T=R\tan\frac{\alpha}{2}=120\cdot\tan(20°10')=44.072$m

曲线长度 $L=R\alpha\dfrac{\pi}{180^\circ}=120\times40^\circ20'\times\dfrac{\pi}{180^\circ}=84.474\text{m}$

外矢距 $E=R\left(\sec\dfrac{\alpha}{2}-1\right)=120(\sec20^\circ10'-1)=7.837\text{m}$

切曲差 $q=2T-L=2\times44.072-84.474=3.670\text{m}$

(2)主点里程的计算：

已知交点里程：$K_{JD}=K3+135.12$

直圆点里程 $K_{ZY}=K_{JD}-T=K3+135.12-44.07=K3+091.05$

曲中点里程 $K_{QZ}=K_{ZY}+\dfrac{L}{2}=K3+091.05+42.24=K3+133.29$

圆直点里程 $K_{YZ}=K_{QZ}+\dfrac{L}{2}=K3+133.29+42.24=K3+175.53$

检核：交点里程 $K_{JD}=K_{QZ}+\dfrac{q}{2}=K3+133.29+1.835=K3+135.12$

通过对交点 JD 的里程校核，说明计算正确。

拓展训练

扫描二维码，下载以下电子表格，计算曲线要素和主点里程，使用学生的学号作为计算数据，每个学生的计算成果不同，老师可以使用电子表格快速地检查不同学生计算成果的正确性，并给出实时评分。

圆曲线要素及里程计算考核工具									
转向角			转向角	转向角	半径	切线长	曲线长	外矢距	切曲差
度	分	秒	(度)	(弧度)	m	m	m	m	m
30	30	0	30.5	0.532325413	230.000	62.705	122.435	8.395	2.976
请输入学生学号					30				
圆曲线里程计算表									
JD					3330.000				
ZY			=JD−T		3267.295				
QZ			=ZY+L/2		3328.512				
YZ			=ZY+L		3389.730				
检查 YZ			=JD+T−q		3389.730				

考核工具 2：圆曲线要素及里程计算

三、圆曲线放样

圆曲线放样的方法有很多种，随着放样仪器的不同可采用不同方法。

1. 偏角法

偏角法是指在曲线起点或终点上设置测站，照准交点方向定向并配盘，然后依次拨角(偏角值 δ)并量距，从而依次放样出圆曲线细部点的方法。其本质是经纬仪极坐标法，是在测距仪和全站仪发明之前主要使用的方法。

偏角法依据细部点桩号的取位方法可分为整桩距法和整桩号法。依据量距方法的不同又可以分为短弦偏角法和长弦偏角法。

1)整桩距法

整桩距法是指从圆曲线起点(ZY)开始，每隔固定距离逐个设置细部点的方法。各细部点里程尾数可以是小数，但要从曲线起点开始均匀等距分配，这种方法实际中使用较少。如图7-11所示，圆曲线上细部点 P_1、P_2、P_3 到ZY点的弧长分别为 l、$2l$、$3l$，三段弧长对应的圆心角分别为 φ_1、φ_2、φ_3，则 $\varphi_1=\varphi$，$\varphi_2=2\varphi$，$\varphi_3=3\varphi$。

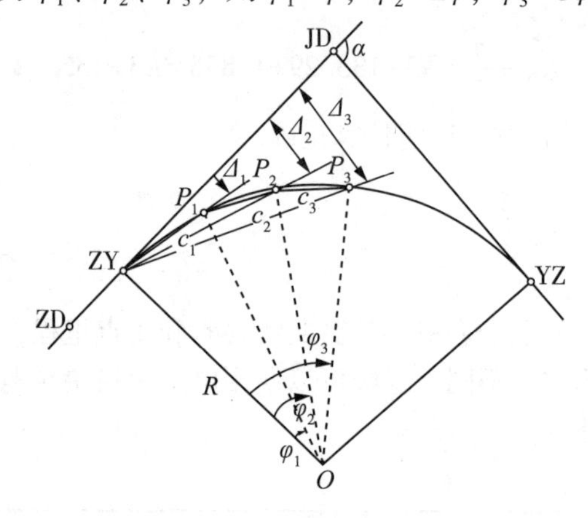

图7-11 整桩距法示意图

其中 l 是细部点间距，如10m或20m。公式(7-6)适合于使用EXCEL计算，其偏角值结果为弧度数，还应转换成度分秒形式。

$$\left.\begin{aligned}
&\varphi=\frac{1}{R}\\
&\delta_1=\frac{\varphi}{2}=\frac{1}{2R}\\
&\delta_2=\frac{2\varphi}{2}=\frac{2l}{2R}=\frac{l}{R}\\
&\delta_3=\frac{3\varphi}{2}=\frac{3l}{2R}\\
&\cdots\cdots\\
&\delta_i=\frac{i\varphi}{2}=\frac{il}{2R}\\
&\delta_{YZ}=\frac{L}{2R}
\end{aligned}\right\}\tag{7-6}$$

如图7-11所示，在ZY点上安置经纬仪，照准JD点完成定向，配盘为0°00′00″，然后依次拨角 δ_1、δ_2、δ_3……，并量取距离 C_1、C_2、C_3……，即可放样细部点 P_1、P_2、P_3……

$$\left.\begin{aligned}\delta_1&=\frac{\varphi}{2}=\frac{l\cdot 180^\circ}{2\pi R}\\ \delta_2&=2\delta\\ \delta_3&=3\delta\\ &\cdots\cdots\\ \delta_i&=i\delta\\ \delta_{YZ}&=\frac{L}{2R}\end{aligned}\right\}\tag{7-7}$$

【例题7.2】 已知某圆曲线三个主点里程，半径为120m，细部点间距为10m，要求按整桩距法计算曲线上各细部点的偏角值。

解： 计算结果如表7.12所示。

表7.12　**圆曲线细部点偏角法计算表(整桩距法)**

点号	里程	相邻细部点间弧长	各细部点到起点的弧长	偏角	偏角		
	m	m	m	°	°	′	″
ZY	3091.05			0	0	0	0
1	3101.05	10.00	10.00	2.387324187	2	23	14
2	3111.05	10.00	20.00	4.774648374	4	46	28
3	3121.05	10.00	30.00	7.161972561	7	9	43
4	3131.05	10.00	40.00	9.549296748	9	32	57
QZ	3133.28	2.23	42.23	10.08167004	10	4	54
5	3141.05	7.77	50.00	11.93662094	11	56	11
6	3151.05	10.00	60.00	14.32394512	14	19	26
7	3161.05	10.00	70.00	16.71126931	16	42	40
8	3171.05	10.00	80.00	19.0985935	19	5	54
YZ	3175.52	4.47	84.47	20.16572741	20	9	56

拓展训练

考核工具3：
圆曲线细部点偏角计算(整桩距法)

扫描二维码，下载电子表格，按照整桩距法计算曲线细部点偏角值，使用学生的学号作为计算数据，每个学生的计算成果不同，老师可以使用电子表格快速地检查不同学生计算成果的正确性，并给出实时评分。

2)整桩号法

整桩号法是指从圆曲线起点(ZY)开始，第一个细部点的里程必须是细部点间距的整倍数，以后各细部点按步长依次增加的方法，各细部点里程尾数必须是整数。(如ZY点里程为$K13+225.42$，圆曲线细部点间距为20m，则第一个细部点里程应为$K13+120.00$。如图7-12所示，圆曲线上细部点P_1、P_2、P_3、P_4到ZY点的弧长分别为l_1、l_1+l、l_1+2l、l_1+3l，四段弧长对应的圆心角分别为φ_1、φ_2、φ_3、φ_4，则$\varphi_1=\varphi_1$、$\varphi_2=\varphi_1+\varphi$、$\varphi_3=\varphi_1+2\varphi$、$\varphi_4=\varphi_1+3\varphi$。细部点偏角计算公式如下：

$$\left.\begin{aligned}
&\varphi_1=\frac{l_1}{R}\qquad \varphi=\frac{1}{R}\\
&\delta_1=\frac{\varphi_1}{2}=\frac{l_1}{2R}\\
&\delta_2=\frac{\varphi_1+\varphi}{2}=\frac{l_1+l}{2R}\\
&\delta_3=\frac{\varphi_1+2\varphi}{2}=\frac{l_1+2l}{2R}\\
&\cdots\cdots\\
&\delta_i=\frac{\varphi_1+(i-1)\varphi}{2}=\frac{l_1+(i-1)l}{2R}\\
&\delta_{YZ}=\frac{L}{2R}
\end{aligned}\right\}\tag{7-8}$$

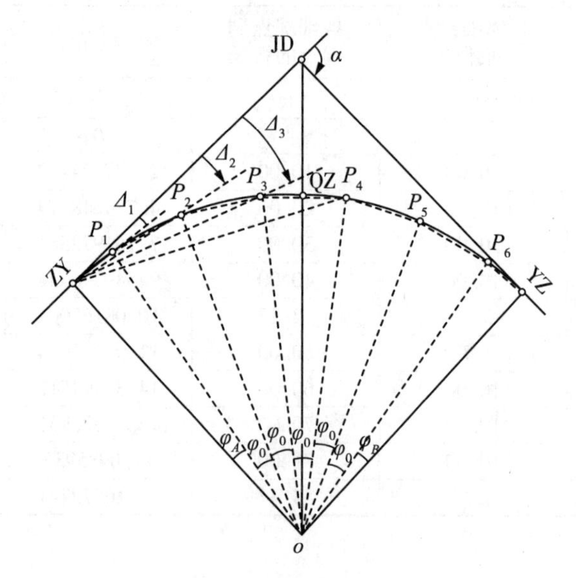

图 7-12　整桩号法示意图

其中 l_i 是指曲线上第 i 个细部点至曲线的弧长。其中 l_1 为首分弧，l 为圆曲线上细部点间距。若要使用普通计算器计算，并直接计算出度分秒，则公式应为

$$\left.\begin{aligned}
&\delta=\frac{\varphi}{2}=\frac{l\cdot 180°}{2\pi R}\\
&\delta=\frac{\varphi}{2}=\frac{l_1\cdot 180°}{2\pi R}\\
&\delta_2=\delta_1+\delta\\
&\delta_3=\delta_1+2\delta\\
&\cdots\cdots\\
&\delta_i=\delta_1+(i-1)\delta\\
&\delta_{YZ}=\frac{L}{2R}
\end{aligned}\right\}\tag{7-9}$$

【例题 7.3】 已知某圆曲线三个主点里程，半径为 120m，细部点间距为 10m，要求按整桩号法计算曲线上各细部点的偏角值。

解：计算结果如表 7.13 所示。

表 7.13　**偏角法计算表(整桩号法)**

圆曲线细部点偏角计算(整桩号法)							
点号	里程	相邻细部点间弧长	各细部点到起点的弧长	偏角	偏角		
	m	m	m	°	°	′	″
ZY	3091.05			0	0	0	0
圆曲线细部点偏角计算(整桩号法)							
点号	里程	相邻细部点间弧长	各细部点到起点的弧长	偏角	偏角		
	m	m	m	°	°	′	″
1	3100.00	8.95	8.95	2.136655147	2	8	11
2	3110.00	10.00	18.95	4.523979335	4	31	26
3	3120.00	10.00	28.95	6.911303522	6	54	40
4	3130.00	10.00	38.95	9.298627709	9	17	55
QZ	3133.28	3.28	42.23	10.08167004	10	4	54
5	3140.00	6.72	48.95	11.6859519	11	41	9
6	3150.00	10.00	58.95	14.07327608	14	4	23
7	3160.00	10.00	68.95	16.46060027	16	27	38
8	3170.00	10.00	78.95	18.84792446	18	50	52
YZ	3175.52	5.52	84.47	20.16572741	20	9	56

拓展训练

考核工具 4：圆曲线细部点偏角计算(整桩号法)

扫描二维码，下载电子表格，按照整桩号法计算曲线细部点偏角值，使用学生的学号作为计算数据，每个学生的计算成果不同，老师可以使用电子表格快速地检查不同学生计算成果的正确性，并给出实时评分。

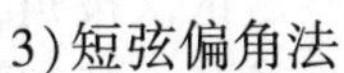

3)短弦偏角法

短弦偏角法就是量取距离时，逐段量取相邻两个细部点间的弧长，因为细部点间距较近，所以对应的弧长和弦长接近相等(如表 7.14 所示，当弧长为 10.000m 时，对应的弦长为 9.999m)，可以用弦长代替弧长，所以使用钢尺逐段量取细部点间距，即放样1号细部点时从ZY点量到1点，而放样2号点时，钢尺端点在1号点上，另一人将钢尺拉紧，并将l长度处(即细部点间距)的位置移动到全站仪视线方向上，即可放样出2号点，依此类推，放样出其他各点。

这种方法在测距仪发明之前曾广泛使用，因为钢尺量取长距离非常不方便，所以逐段量取有效解决了量距的问题，但是速度较慢，易受放样场地不平整等因素影响，目前已经基本上不再使用。

【例题7.4】已知某圆曲线三个主点里程，半径为200m，细部点间距为10m，要求按整桩号法和短弦偏角法计算曲线上各细部点的偏角值、相邻细部点的弧长和弦长。

解：计算结果如表7.14所示。

表7.14　**短弦偏角法计算表**

圆曲线细部点偏角计算(短弦偏角法)							
点号	里程	各细部点间的弧长	偏角	偏角			各细部点间的弦长
	m	m	°	°	′	″	m
ZY	3265.43	0.000	0	0	0	0	0.000
1	3270	4.570	0.65460429	0	39	16	4.570
2	3280	10.000	2.0869988	2	5	13	9.999
3	3290	10.000	3.51939332	3	31	9	9.999
4	3300	10.000	4.95178783	4	57	6	9.999
5	3310	10.000	6.38418234	6	23	3	9.999
QZ	3318.517	8.517	7.60415275	7	36	14	8.516
6	3320	1.483	7.81657685	7	48	59	1.483
7	3330	10.000	9.24897137	9	14	56	9.999
8	3340	10.000	10.6813659	10	40	52	9.999
9	3350	10.000	12.1137604	12	6	49	9.999
10	3360	10.000	13.5461549	13	32	46	9.999
11	3370	10.000	14.9785494	14	58	42	9.999
YZ	3371.604	1.604	15.2083055	15	12	29	1.604

4)长弦偏角法

长弦偏角法就是在ZY点上设置测站，照准JD方向定向并配盘，然后依次拨角，但是量距使用测距仪或全站仪配合棱镜进行，每个细部点都是从ZY点量取弦长。长弦偏角法有效地解决了钢尺量取距离中因尺长有限而使得放样效率低下的问题，也克服了钢尺量距过程中易受地形起伏影响放样精度的问题。长弦偏角法其本质也是极坐标法。

长弦偏角法各细部点至ZY点的弧长和弦长并不相等，离ZY点越远，差值越大(如表

7.15 中 YZ 点到 ZY 点的弧长和弦长分别为 106.174m 和 104.932m），所以不能像短弦偏角法那样直接用弧长代替弦长，而要单独计算各细部点到曲线起点的弦长 C_i，公式如下

$$C_i = 2R\sin\frac{\varphi_i}{2} = 2R\sin\delta_i = 2R\sin\frac{l_i}{2R} \tag{7-10}$$

其中 l_i 是圆曲线上各细部点到圆曲线起点的弧长。

【例题 7.5】已知某圆曲线三个主点里程，半径为 200m，细部点间距为 10m，要求按整桩号法和长弦偏角法计算曲线上各细部点的偏角值、各细部点至曲线起点的弧长和弦长。

解：计算结果如表 7.15 所示。

表 7.15　**长弦偏角法计算表**

圆曲线细部点偏角计算(长弦偏角法)							
点号	里程	各细部点到曲线起点的弧长	偏角	偏角			各细部点到曲线起点的弦长
	m	m	°	°	′	″	m
ZY	3265.43	0.000	0	0	0	0	0.000
1	3270	4.570	0.65460429	0	39	16	4.570
2	3280	14.570	2.0869988	2	5	13	14.567
3	3290	24.570	3.51939332	3	31	9	24.555
4	3300	34.570	4.95178783	4	57	6	34.527
5	3310	44.570	6.38418234	6	23	3	44.478
QZ	3318.517	53.087	7.60415275	7	36	14	52.931
6	3320	54.570	7.81657685	7	48	59	54.401
7	3330	64.570	9.24897137	9	14	56	64.290
8	3340	74.570	10.6813659	10	40	52	74.139
9	3350	84.570	12.1137604	12	6	49	83.941
10	3360	94.570	13.5461549	13	32	46	93.691
11	3370	104.570	14.9785494	14	58	42	103.383
YZ	3371.604	106.174	15.2083055	15	12	29	104.932

2. 切线支距法和坐标法

1）切线支距法

如图 7-13 所示，切线支距法是指在圆曲线上建立独立直角坐标系，求出曲线上各细部点的独立平面直角坐标(x_i，y_i)，再使用经纬仪和钢尺进行直角坐标法放样，需要首先在 ZY 点上安置经纬仪，照准 JD 方向定向，依据各细部点的 X 坐标 x_1、x_2、x_3，依次测定出 N_1、N_2、N_3 等点，然后分别将仪器安置在 N_1、N_2、N_3 等点处，再照准 JD 定向，拨直角，量取 y_1、y_2、y_3 得各细部点 P_1、P_2、P_3，目前此方法已经不再使用，此处不再赘述。

2）坐标法

坐标法是指直接使用全站仪或 GNSS-RTK 放样曲线细部点坐标的方法。这种方法自由灵

活，不必在曲线主点上设站，只要有线路控制点，即可放样细部点，如自由设站法就是在任意靠近曲线的位置选择点位，用全站仪后方交会法测得其坐标，然后使用全站仪放样。

如果使用GNSS-RTK放样，则只需要在具有线路七参数和点校正的基础上就可方便地放样曲线上任何一个细部点。使用全站仪或GNSS-RTK坐标法放样曲线细部点都是在公路工程/独立坐标系下进行的，所以需要对GNSS的有关坐标系统参数设置成与工程/独立坐标系相同，即选定投影椭球、投影中央子午线和投影面高程。

(1)细部点曲线独立坐标的计算。

如图7-13所示，以ZY点为坐标原点，以JD方向作为X轴方向，以圆心方向作为Y轴方向，构建曲线独立坐标系，则曲线上细部点(采用整桩号法)的坐标计算公式如下：

$$X_i = R \cdot \sin\varphi_i \tag{7-11}$$

$$Y_i = R \cdot (1 - \cos\varphi_i) \tag{7-12}$$

$$\varphi_i = \frac{l_i}{R} \tag{7-13}$$

其中，l_i是圆曲线上第i个细部点至圆曲线起点(ZY)的弧长，R是圆曲线半径。将上式中的三角函数按其级数形式展开成关于l_i的线性公式如下：

$$X_i = l_i - \frac{l_i^3}{6R^2} + \frac{l_i^5}{120}R^4 \tag{7-14}$$

$$Y_i = \frac{l_i^2}{2R^2} - \frac{l_i^4}{24R^3} + \frac{l_i^6}{720R^5} \tag{7-15}$$

(2)细部点线路统一坐标的计算。

目前在实际工作中，通常使用全站仪或者RTK放样细部点，没有必要事先放样主点，再在主点上安置仪器，使用曲线独立坐标系放样细部点，而是直接按照线路工程坐标放样，所以要将独立坐标转换到线路工程坐标系下。

如图7-14所示，xoy为曲线上建立的独立坐标系，XOY为整条线路的工程坐标系，两坐标系的夹角为α，即ZY至JD的方位角为α，首先计算出曲线上细部点P的独立坐标(x_p, y_p)，再将其转换成线路工程坐标(X_p, Y_p)，即可使用全站仪或GNSS-RTK进行坐标放样。

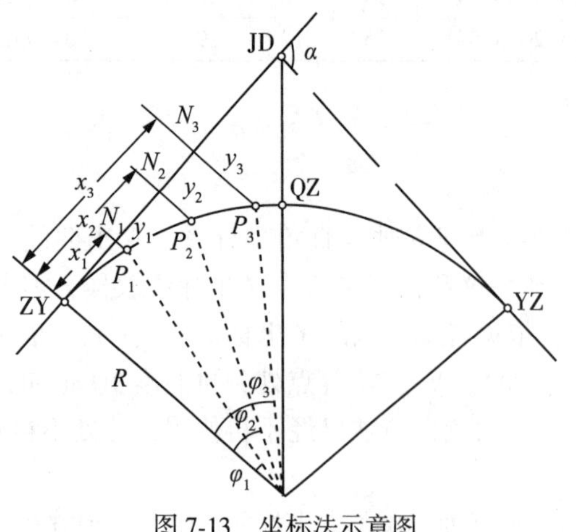

图7-13　坐标法示意图

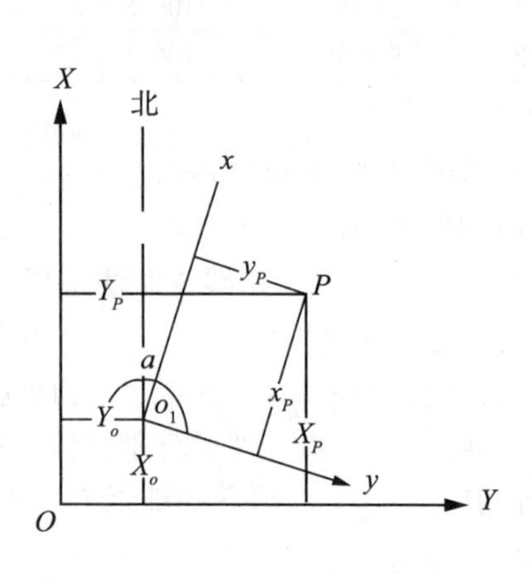

图7-14　坐标系统转换

$$X_P = X_{ZY} + x_P \cdot \cos\alpha - y_P \cdot \sin\alpha \quad (7\text{-}16)$$

$$Y_P = Y_{ZY} + x_P \cdot \sin\alpha - y_P \cdot \cos\alpha \quad (7\text{-}17)$$

其中，(X_P, Y_P)和(x_P, y_P)分别为细部点在线路工程坐标系和曲线独立坐标系中的坐标，(X_{ZY}, Y_{ZY})为 ZY 点在工程坐标系中的坐标，α 为工程坐标系和独立坐标系的夹角。

【例题 7.6】 JD2 的里程为 K1+796.79m，JD1 至 JD2 的方位角为 64°43′36″，在 JD2 处设置圆曲线，半径 R 为 1500m，转向角为 12°59′28″，细部点间距为 20m，求圆曲线要素、主点里程、细部点独立坐标、细部点工程坐标。

解：计算结果如表 7.16、表 7.17 所示。

表 7.16 **圆曲线要素和主点里程计算表**

转向角			转向角		半径	切线长	曲线长	外矢距	切曲差
°	′	″	°	rad	m	m	m	m	m
12	**59**	**28**	12.99111111	0.2267376	**1500.000**	170.786	340.106	9.691	1.465
圆曲线里程计算表									
JD					K1+	**796.790**			
ZY			=JD−T		K1+	626.004			
QZ			=ZY+L/2		K1+	796.058			
YZ			=QZ+L/2		K1+	966.111			

注：表中黑体字为已知数据，其他为计算数据。

表 7.17 **圆曲线细部点坐标计算表**

点号	里程	细部点至 ZY 点弧长(m)	曲线独立坐标		线路工程坐标	
	m		x_i(m)	y_i(m)	X_i(m)	Y_i(m)
ZY	1626.004	0	0.000	0.000	4635960.209	550486.537
1	1640	13.996	13.996	0.065	4635966.125	550499.221
2	1660	33.996	33.993	0.385	4635974.374	550517.441
3	1680	53.996	53.984	0.972	4635982.378	550535.769
4	1700	73.996	73.966	1.825	4635990.138	550554.202
5	1720	93.996	93.934	2.944	4635997.651	550572.737
6	1740	113.996	113.886	4.330	4636004.916	550591.371
7	1760	133.996	133.818	5.981	4636011.932	550610.100
8	1780	153.996	153.726	7.898	4636018.698	550628.920
QZ	1796.058	170.054	169.690	9.629	4636023.948	550644.096
9	1800	173.996	173.606	10.080	4636025.212	550647.829
10	1820	193.996	193.456	12.527	4636031.474	550666.824
11	1840	213.996	213.271	15.239	4636037.482	550685.900
12	1860	233.996	233.048	18.214	4636043.235	550705.054

续表

点号	里程	细部点至ZY点弧长(m)	曲线独立坐标		线路工程坐标	
	m		x_i(m)	y_i(m)	X_i(m)	Y_i(m)
13	1880	253.996	252.784	21.453	4636048.732	550724.284
14	1900	273.996	272.475	24.955	4636053.972	550743.585
15	1920	293.996	292.117	28.719	4636058.955	550762.955
16	1940	313.996	311.708	32.745	4636063.678	550782.389
17	1960	333.996	331.243	37.031	4636068.142	550801.884
YZ	1966.111	340.107	337.200	38.393	4636069.454	550807.852
备注	曲线独立坐标系和线路工程坐标系夹角					
	十进制角度	64.72667774	弧度	1.12969		

拓展训练

扫描二维码，下载电子表格，计算圆曲线细部点坐标，使用学生的学号作为计算数据，每个学生的计算成果不同，老师可以使用电子表格快速地检查不同学生计算成果的正确性，并给出实时评分。

考核工具5：圆曲线细部点坐标计算表

四、竖曲线放样

竖曲线是指线路在纵断面方向坡度变化处设置的曲线。在相邻两段不同坡度的坡段连接处就会出现变坡点，为了使车辆安全平稳地通过变坡点，在相邻两段坡段的变坡点处用竖曲线连接。若变坡点在曲线上方称为凸形竖曲线，反之称为凹形竖曲线，如图7-15所示。竖曲线可以采用圆曲线或二次抛物线，目前在我国公路建设中主要使用圆曲线形竖曲线。

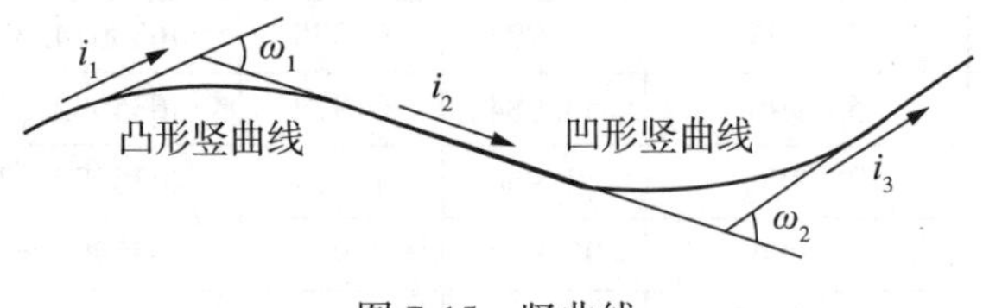

图7-15　竖曲线

1. 竖曲线要素计算

如图7-16所示，相邻两段坡段的坡度分别为 i_1 和 i_2，竖曲线半径为 R，按以下公式计算竖曲线的各要素。

1)变坡角

由于公路纵坡的允许值不大，近似认为

$$\delta = \Delta i = i_1 - i_2 \tag{7-18}$$

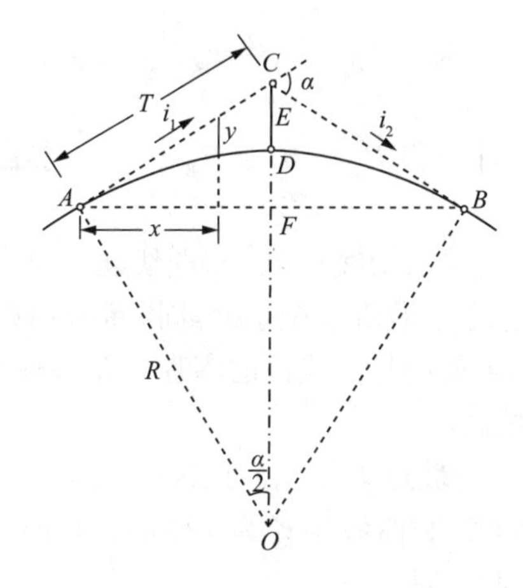

图 7-16 竖曲线要素计算

2)切线长

$T=R\tan\frac{\delta}{2}$，因为 δ 很小，近似认为 $\tan\frac{\delta}{2}=\frac{\delta}{2}=\frac{i_1-i_2}{2}$，所以计算中采用

$$T=R\frac{i_1-i_2}{2} \tag{7-19}$$

3)曲线长

由于变坡角 δ 很小，所以认为

$$L=2T \tag{7-20}$$

4)外矢距

由于变坡角 δ 很小，可认为 y 坐标与半径方向一致，它是切线上与曲线上的高程差，从而得 $(R+y)^2=R^2+x^2$，$R^2+2Ry+y^2=R^2+x^2$，即 $2Ry=x^2-y^2$，因为 y^2 与 x^2 相比较很小，因此略去 y^2，即 $2Ry=x^2$，所以，$y=\frac{x^2}{2R}$，当 x 等于 T 时，y 值最大，约等于外矢距 E，所以计算时采用

$$E=\frac{T^2}{2R} \tag{7-21}$$

2. 竖曲线的测设

竖曲线的测设就是依据线路纵向坡度设计图上的数据，根据线路上的已知高程控制点，按照线路里程依次设置竖曲线桩，然后放样出各里程点的标高，以便指导施工。其测设步骤如下：

(1)已知：变坡点里程 $K_{变}$、变坡点高程 $H_{变}$、变坡点两侧坡度 i_1 和 i_2、竖曲线半径 R。

(2)计算竖曲线要素。切线长 $T=R\frac{i_1-i_2}{2}$，曲线长 $L=2T$，外矢距 $E=\frac{T^2}{2R}$。

(3)推算竖曲线上各点的里程桩号。$K_{起点}=K_{变}-T$，$K_{终点}=K_{变}+T$。

(4)根据竖曲线上各细部点至曲线起点(或终点)的弧长 x，求相应的 y 值。$y_i=\frac{x_i^2}{2R}$。

(5)求竖曲线上各点的坡道高程 $H_{坡}$。$H_{坡}=H_{变}\pm(T-x)i$，若细部点在变坡点下方则式子中取减号，反之取加号。

(6)求竖曲线上各点的设计高程 $H_{设}$。$H_{设}=H_{坡}\pm y_i$，当竖曲线为凸形竖曲线则式子中取减号，反之取加号。

(7)从变坡点向前和向后各量取切线长 T，得曲线起点和终点。

(8)从竖曲线起点(或终点)起，沿切线方向每隔固定距离(如5m、10m)设置竖曲线桩。

(9)测设竖曲线上各细部点处的竖曲线桩的高程，在木桩上标注地面实际高程与设计高程之差，即为该点处的填挖高度。

【例题7.7】已知某竖曲线变坡点里程 $K_{变}$ 为K8+365.42，变坡点高程 $H_{变}$ 为123.46m，两侧坡度分别为-3.2%、2.8%，竖曲线半径为1200m，竖曲线细部点间距为10m，计算竖曲线要素和各细部点的里程及高程。

(1)竖曲线要素及起终点桩号计算如表7.18所示。

表7.18　**竖曲线要素及起终点桩号计算表**

半径 R	坡度 i		切线长 T	曲线长 L	外矢距 E	变坡点里程	起点里程	终点里程	细部点间距	变坡点高程
m	i_1	i_2	m	m	m	m	m	m	m	m
1200	**-3.2%**	**2.8%**	36	72	0.54	**8365.42**	8329.42	8401.42	**10**	**123.46**
以上黑体字为已知数据，其他为计算数据										

(2)竖曲线细部点里程及高程计算如表7.19所示。

表7.19　**竖曲线细部点里程及高程计算表**

$R=1200$m，$H_{变}=123.46$m，$i_1=-3.2\%$，$i_2=+2.8\%$								
点号	里程桩号		里程值 m	至曲线起点或终点的距离 x_i(m)	至变坡点的距离 $T-x_i$(m)	$H_{坡}$ m	y_i m	$H_{设}$ m
起点	K8+	329.42	8329.42	0	36	124.61	0.00	124.61
1	K8+	339.42	8339.42	10	26	124.29	0.04	124.33
2	K8+	349.42	8349.42	20	16	123.97	0.17	124.14
3	K8+	359.42	8359.42	30	6	123.65	0.38	124.03
变坡点	K8+	365.42	8365.42	36	0	**123.46**	0.54	124.00
4	K8+	369.42	8369.42	32	4	123.59	0.43	124.01
5	K8+	379.42	8379.42	22	14	123.85	0.20	124.05
6	K8+	389.42	8389.42	12	24	124.13	0.06	124.19
7	K8+	399.42	8399.42	2	34	124.41	0.00	124.41
终点	K8+	401.42	8401.42	0	36	124.47	0.00	124.47

任务 7.5 道路施工测量与竣工测量

一、道路施工测量

1. 熟悉图纸和施工现场

道路工程测量设计图纸主要包括路线平面图、纵横断面图和附属构筑物结构图等。在明确设计意图及测量精度要求的基础上，应勘察施工现场，验证测量控制点的完好性；找出各交点桩(定义：路线的转折点，即两个方向直线的交点，用 JD 来表示)、转点桩(转点 ZD 的测设：当相邻两交点互不通视时，需要在其连线测设一些供放线、交点、测角、量距时照准之用的点。分为：在两交点间测设转点、在两交点延长线上测设转点)、里程桩和水准点的位置，必要时应实测校核，为施工测量做好充分准备。

2. 控制点复测

控制点是公路施工的基准点，在施工前必须对控制点进行复测。如有控制点遭破坏，现存控制点不能满足施工要求时，应进行恢复。为了施工引测高程方便，应适度加设临时平高控制点。加密的控制点应尽量设在桥涵和其他构筑物附近易于保存、使用方便的地方。

3. 测设施工控制点

由于中心线上的各桩位在施工中都要被挖掉或者被掩埋，为了在施工中控制中线位置和路基高度，需要在不受施工干扰、便于引用、易于保存桩位的地方测设施工控制点。道路施工一般都是先布设道路中桩，按中桩放线挖填方做好路床，然后按中桩向两侧依据设计要求的路宽垂直布设“腰桩”，在腰桩上测好路中沥青面高程后，两侧腰桩拉线来控制道路各层结构的标高。

4. 公路中心线重新放样

公路中心线定测以后，一般情况不能立即施工，在这段时间内，部分标桩可能丢失或者被移动，也有部分路线线位可能发生调整。因此，施工前必须进行路线中线的重新放样工作，以准确恢复公路中心线的位置。

5. 路基边坡桩的放样

路基放样主要是测设路基施工零点和路基横断面边坡桩(即路基的坡脚桩和路堑的坡顶桩)。路基边桩的测设就是根据设计断面图和各中桩的填挖高度，把路基两旁的边坡与原地面的交点在地面上钉设木桩(称为边桩)，作为路基的施工依据。

每个断面上在中桩的左、右两边各测设一个边桩，边桩距中桩的水平距离取决于设计路基宽度、边坡坡度、填土高度或挖土深度以及横断面的地形情况。边桩的测设方法如下。

1) 图解法

图解法是将地面横断面图和路基设计断面图绘在同一张毫米方格纸上，设计断面高出地面部分采用填方路基，其填土边坡线按设计坡度绘出，与地面相交处即为坡脚；设计断面低于地面部分采用挖方路基，其开挖边坡线按设计坡度绘出，与地面相交处即为坡顶。得到坡脚或坡顶后，用比例尺直接在横断面图上量取中桩至坡脚点或坡顶点的水平距离，然后到实地，以中桩为起点，用皮尺沿着横断面方向往两边测设相应的水平距离，即可定出边桩。

2)解析法

解析法是通过计算求出路基中桩至边桩的距离，从路基断面图中可以看出，路基断面大体分为平坦地面和倾斜地面两种情况。

也可以解析出边桩坐标，然后利用全站仪或GNSS-RTK按照坐标法进行边桩的实地放样。

6. 路面的放样

路基施工后，为便于铺筑路面，要进行路槽的放样。在已恢复的路线中线的百米桩、十米桩上，用水准测量的方法测量各桩的路基设计高，然后放样出铺筑路面的标高。路面铺筑还应根据设计的路拱(路拱坡度主要是考虑路面排水的要求，路面越粗糙，要求路拱坡度越大。但路拱坡度过大对行车不利，故路拱坡度应限制在一定范围内。对于六、八车道的高速公路，因其路基宽度大，路拱平缓不利横向排水，《公路工程技术标准》(JTG B01—2014)规定“宜采用较大的路面横坡”。)线形数据，由施工人员制成路拱样板控制施工操作。

7. 其他

涵洞、桥梁、隧道等构筑物，是公路的重要组成部分。其放样测设，亦是公路工程施工测量的任务之一。在实际工作中，施工测量并非能一次性完成，应随着工程的进展不断实施，有的要反复多次才能完成，这是施工测量的一大特征。

二、道路竣工测量

公路在竣工验收时的测量工作，称为竣工测量。在施工过程中，由于修改设计变更了原来设计中线的位置或者是增加了新的建(构)筑物，如涵洞、人行通道等，使建(构)筑物的竣工位置往往与设计位置不完全一致。为了给公路运营投产后改建、扩建和管理养护提供可靠的资料和图片，应该绘制公路竣工总图。

竣工测量的内容与路线测设基本相同，包括中线竣工测量，纵、横断面测量和竣工总图的编绘。

1. 中线竣工测量

中线竣工测量一般分两步进行。首先，收集该线路设计的原始资料、文件及修改设计资料、文件，然后根据现有资料情况分两种情况进行。当线路中线设计资料齐全时，可按原始设计资料进行中桩测设，检查各中桩是否与竣工后线路中线位置相符合。当设计资料缺乏或不完全时，则采用曲线拟合法。即先对已修好的公路进行分中，将中线位置实测下来并以此拟合平曲线的设计参数。

2. 纵、横断面测量

纵、横断面测量是在中桩竣工测量后，以中桩为基础，将道路纵、横断面情况实测下来，看是否符合设计要求。其测量方法同前。

上述中桩和纵、横断面测量工作，均应在已知施工控制点的基础上进行，如已有的施工控制点被破坏，应先恢复控制点。

在实测工作中对已有资料(包括施工图等)要进行详细的实地检查、核对，其检查结果应满足国家有关规范要求。

当竣工测量的误差符合要求时，应对曲线的交点桩、长直线的转点桩等路线控制桩或坐标法施测时的导线点埋设永久桩，并将高程控制点移至永久性建筑物上或牢固的桩上，然后重新编制坐标、高程一览表和平曲线要素表。

3. 竣工总图的编绘

对于已确实证明按设计图施工、没有变动的工程，可以按原设计图上的位置及数据绘制竣工总图，各种数据的注记均利用原图资料。对于施工中有变动的工程，应按实测资料绘制竣工总图。

不论利用原图绘制还是实测竣工总图，其图示符号、各种注记、线条等格式都应与设计图完全一致，对于原设计图没有的图示符号，可以按照《国家基本比例尺地图图式　第1部分：1∶500　1∶1000　1∶2000 地形图图式》(GB/T 20257.1—2017)设计图例。

编制竣工总图时，若竣工测量所得出的实测数据与相应的设计数据之差在施工测量的允许误差内，则应按设计数据编绘竣工总图，否则按竣工测量数据编绘。

【项目小结】

本项目单元主要了解道路工程基础知识，掌握道路工程中线测量、纵横断面测量、施工测量的主要内容与方法，掌握公路、铁路等线性工程曲线放样数据计算及放样方法。掌握道路中线施工放样、曲线放样、路基路面、道路构造物施工放样方法。

【课后习题】

一、名词解释

初测、定测、里程桩、整桩、加桩、地形加桩、地物加桩、断链

二、填空题

1. 公路勘测设计按工作顺序分：____________、____________、____________。

2. 公路初测又称踏勘测量，初测阶段的主要工作有__________、__________、__________。

3. 如果某中桩距起点的距离为1234.56m，则该桩桩号(里程)表示为____________。

4. 公路工程中桩分为整桩和加桩两种。常见的整桩有__________、__________，加桩有__________、__________、__________、__________。

5. 公路横断面测量的主要方法有：__________、__________、__________、__________。

6. 竖曲线按性质分为________________和__________________。

7. 平曲线有____________、____________、____________、____________等形式。

三、计算

1. 已知转向角 $\alpha_{右}=30°60'$，圆曲线半径 $R=700$m，交点的里程为 DK12+334. 28。

(1)求圆曲线的要素。

(2)计算各主点里程。曲线要素和里程均保留到厘米，里程要检核。

2. 某一圆曲线的转向角 $\alpha_{右}=22°50'$，圆曲线半径 $R=500$m，已算得主要点的里程如下表所示，若曲线上每隔 20m 定一个细部桩，试求曲线上各细部点的偏角及弦长。

点号	里程桩号	各相邻点间弧长(m)	偏角			弦长(m)
			°	′	″	
ZY	DK15+211. 30		0	0	0	
		17. 14				
1	DK15+220. 00					
		20				
2	DK15+240. 00					
		20				
3	DK15+260. 00					
		15. 58				
QZ	DK11+275. 87					

3. 某一圆曲线的转向角 $\alpha_{右}=15°20'$，圆曲线半径 $R=600$m，已算得主要点的里程如下表所示，若曲线上每隔 20m 定一个细部桩，试求曲线上各细部点到 ZY 点的弧长及各细部点的直角坐标(独立坐标，以 ZY 点为原点，以圆心方向为 Y 轴，以交点方向为 X 轴)。

点号	里程桩号	细部点至曲线起点的弧长(m)	直角坐标(m)	
			X	Y
ZY	DK11+222. 86	0	0	0
1	DK11+240. 00			
2	DK11+260. 00			
3	DK11+280. 00			
QZ	DK11+295. 58			

4. 已知某竖曲线半径 $R=2200$m，变坡点里程为 K15+380，其高程为 132. 76m，相邻两段坡度 $i_1=+2.8\%$，$i_2=-2.5\%$，完成以下计算：

(1)计算竖曲线测设元素(半径、曲线长、外矢距)。

(2)计算曲线起点、终点的里程及高程。

课后习题 7 答案

【课堂测验】

请同学们扫描以下二维码，完成本项目课堂测验。

课堂测验 7

项目 8　水利工程施工测量

【项目简介】

水利工程包括兴水之利和除水之弊两个方面，即开发利用水利资源和防治水害。开发、利用、节约、包含水资源和防治水害应当遵循全面规划、统筹兼顾、标本兼治、综合利用、讲求效益，发挥水资源的多种功能，人类在生产生活过程中应当保护水资源。党的二十大报告指出“坚持绿水青山就是金山银山的理念，坚持山水林田湖草沙一体化保护和系统治理。”

水利工程测量是指在水利工程规划设计、施工建设和运行管理各阶段所进行的测量工作，是工程测量的一个专业分支。它综合应用天文大地测量、普通测量、摄影测量、海洋测量、地图制图及遥感技术等，为水利工程建设提供各种测量资料。

河道、渠堤及水库是水利工程中的重要组成部分，在消除水害和开发利用水资源中起着至关重要的作用。河道、渠堤及水库测量就是在河道、渠堤及水库规划设计阶段、施工阶段和运营管理阶段进行的测量工作。

【教学目标】

1. 掌握水位、水深、河道纵、横断面测量的方法；
2. 掌握渠道和河堤测量的方法与步骤；
3. 掌握水下地形图的测绘和淹没界线的测量。

项目单元教学目标分解

目　　标	内　　容
知识目标	1. 了解水利工程测量基础知识和基本概念(水深、水位等)； 2. 理解水位测量的相关知识(同时水位、瞬时水位、工作水位)； 3. 掌握河道测量、渠道测量、水库测量的相关知识
技能目标	1. 了解测深仪的使用方法(回声测深仪、多波束测深仪、机载激光测深系统等)； 2. 掌握测深仪水位观测的基本方法(临时水位、同时水位的换算)； 3. 掌握渠道测量的内容和方法(渠道选线测量、中线测量、边坡放样等)； 4. 掌握水库测量的内容和方法(控制测量、水下地形测量、水下地形图的绘制)
态度及思政目标	1. 培养学生扎根基层、不怕困难的奉献精神，使其能够从事水利等各行业的野外测绘工作； 2. 培养学生团队协作、勇挑重担的责任担当，使其能够与所在行业的其他人员团结协作完成好工作

任务 8.1　河道测量

为河流的开发利用、综合整治而对河床及两岸地形进行测绘，并采集和处理有关水位资料的工作称为河道测量。为了开发水利资源，全面进行防洪、灌溉、航运和水力发电等工程的规划与建设，必须掌握河流的水面坡降和过水断面面积的大小，了解水下地形状况。

一、任务目标

河道测量的主要任务就是进行水下地形测量和河道纵、横断面图测量，为工程规划、设计与施工提供必需的水下地形图和河道纵、横断面图。其主要内容包括：①平面、高程控制测量；②河道地形测量；③河道纵、横断面测量；④实测时水位和历史洪水位的联测；⑤某一河段瞬时水面线的测量；⑥沿河重要地物的调查或测量。

测量工作开始前，需要做好各项前期准备工作，并对测区进行实地踏勘、选点。布设控制网要遵守由整体到局部、由高精度到低精度分级布网、逐级控制的原则。河道测量采用的控制测量方法与陆地控制测量基本相同，所采用的平面和高程基准也一致，以便保持陆地和水下成果的一致性。但也有其鲜明的特点，控制点沿河岸布设，视野开阔，测区狭长，与水相伴，因此要选择合适的观测时间，避免受水雾天气和大气折光的影响。

在河流开发整治的规划阶段，沿河 1：10000～1：50000 比例尺地形图以及河道纵横断面图是必不可少的基本资料。在设计阶段应根据工程对象的不同，如河道及库区、灌区等，一般需要施测 1：5000～1：10000 比例尺地形图；对工程枢纽（坝址、闸址、渠首等）需分阶段测 1：500～1：5000 比例尺地形图。地形图的岸上部分一般用航空摄影测量综合法或全站仪全野外测量法施测，水下部分一般采用水下地形测量方法施测。

沿河道施测带状地形图时，现常以 GNSS 测量作为平面控制的主要方法，以适宜等级的水准测量作为高程控制的主要技术手段。河道横断面通常垂直于河道深泓线或中心线，按一定的流向间隔施测。横断面图表示的主要内容是地表点起伏的连线（包括水下部分）及测时水位线。图的纵横比例尺在山区河段一般相同，丘陵和平原河段垂直比例尺常大于水平比例尺。河道纵断面图多利用实测河道横断面及地形图编制。为适当显示河流比降变化，采用的垂直比例尺通常远大于水平比例尺，图上表示的基本内容是河道深泓线和瞬时水位线，有时还要标出历史洪水位线、左右岸线（堤线），主要居民地、厂矿企业的位置和高程，大支流入口位置，水文观测站的水尺位置与零点高程，以及重要拦河建筑物的位置、过流能力与关键部位高程等内容。河道整治的施工阶段要将设计的河道中心线（或其平行线）、开口线、堤防中心线、工程设施的主轴线和轮廓线以及相应的高程，按设计图放样到实地。

二、水深测量

水深测量常用的仪器和设备主要有测深杆、测深锤、回声测深仪、多波束测深仪、水下摄影测量以及近年来发展起来的机载激光测深系统等。根据水下地形状况、水深、流速和测量精度的要求，各种仪器设备的选用见表 8.1。

表 8.1 **仪器设备选用**

水深范围(m)	作业设备	测深点深度中误差(m)
0~5	测深杆	0.10
0~15	测深锤	0.15
0~20	测深仪	0.20
20 以上	测深仪	水深的 1.5%~2.0%H

1. 测深杆

测深杆(图 8-1)可用竹竿、硬塑料管、玻璃钢杆或铝合金管等硬质材料制成。杆底部装一个直径为 10~15cm 的铁底板或木板，以防止测深杆底端插入淤泥深处而影响测深精度。为了便于读数，测深杆上通常用红白油漆进行分划，并且每隔 10cm 做一个刻度标志。如将 1m、3m、5m 漆为白色，并用红漆注明 10cm 的位置；将 2m、4m、6m 漆为红色，并用白漆注明 10cm 的位置，在每隔 50cm 的位置用黑色细线注明。测量深度时要从杆底的铁底板或木板的底面算起。测深时测深杆处于铅垂位置，再读取水面与杆相交处的数据。测深杆适用于水深小于 5m 且流速不大的浅水区。

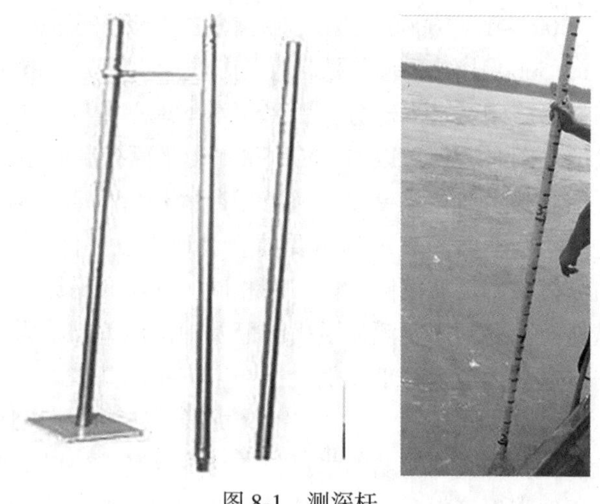

图 8-1 测深杆

2. 测深锤

测深绳一般选用柔软、在水中伸缩性小的材料(如多心电缆，夹有钢丝的棉、麻绳等)制成。在测深绳下端系一个重量 3~4kg 的重锤(图 8-2)。水深较深时，可用 5kg 以上重锤。为了便于读数，在绳上用色带标明尺度，例如可以每 1、3、7、9 整米处结上白色带(或绳)，2、4、6、8 整米处结上红色带，5m 和 10m 处结白黑或红黑两种色带。尺度一般自锤底起算，每隔 10cm 用不同颜色的色带做上标志，这样就可以估读到 1cm。测深时要待测深绳处于铅垂状态时，再读取水面与绳索相交处的数据。测深锤适合在水深小于 20m、流速小于 1m/s、船速慢、底质较硬的水域工作。为了保证测量精度，在使用一段时间后，应对绳索长度进行检测。

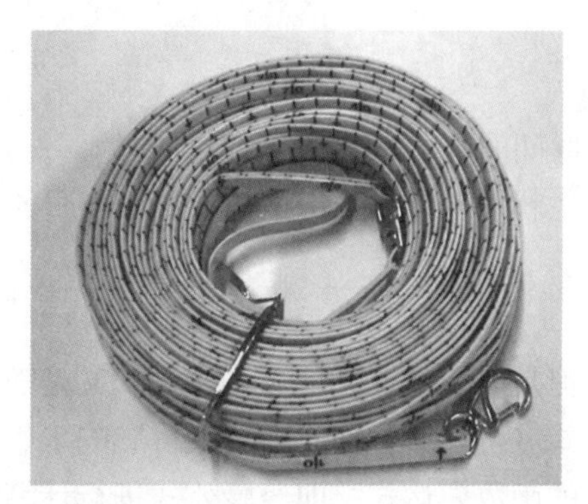

图 8-2　测深锤和测深绳

3. 回声测深仪

当水域面积较大、水深较深、流速较大时，用前面介绍的简单设备测量水深，不仅精度较低、费工费时，有时甚至是难以实现的。回声测深仪(Echo Sounder)的出现很好地解决了这一难题，使测深技术有了新的飞跃。回声测深仪适合范围较广的水域，最小测深为 0.5m，最大测深可达 300m。当流速为 7m/s 时，仍能照常工作。回声测深仪的优点是精度高，且能迅速、连续不断地测量水深。

回声测深仪主要由发射机、接收机、发射换能器、接收换能器、显示设备、电源等部分组成，如图 8-3 所示。

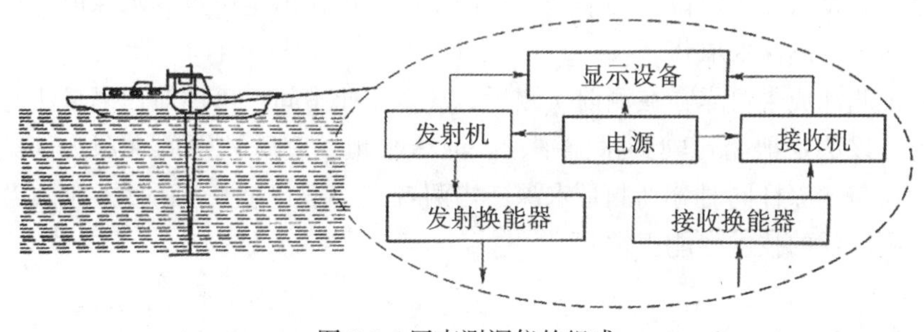

图 8-3　回声测深仪的组成

由发射机周期性地产生电振荡脉冲，经由发射换能器，将电能转换为机械能，再由机械能通过弹性介质转换成超声波向水下发射。该声波自水底反射后向上，其中一部分反射波被接收换能器接收，并还原为电脉冲，接收机将电脉冲信号进行检测放大处理后送入显示设备。

回声测深仪的基本工作原理是利用声波在同一介质中匀速传播的特性，测出声波由水面至水底往返的时间间隔 Δt 就可以推算出水深：

$$h = \frac{1}{2}\sqrt{(c \times \Delta t) - l^2} \tag{8-1}$$

式中，c——水中声速；

l——两换能器之间的距离(又叫基线长)。

当换能器收、发合一时，上式可简化为：

$$h = \frac{1}{2}c \times \Delta t \tag{8-2}$$

时间间隔 Δt 是仪器测量得到的，一旦水中声速 c 确定后，那么换能器到水底的垂直距离也就知道了。水中声速 c 与水介质的体积弹性模量 E 及密度 ρ 相关，用公式表示为：

$$c = \sqrt{\frac{E}{\rho}} \tag{8-3}$$

但是体积弹性模量 E 和密度 ρ 又是随水介质的温度、盐度及静电压力变化的。运用经验公式进行计算，首先必须获得影响水中声速的各种因素的数值，然后再运用声速与各种因素的函数表达式，即经验公式进行计算。目前在工程上应用较多的公式是：

$$c = 1449.2 + 4.6t - 0.055t^2 + 0.00029t^3 + (1.34 - 0.01t)(S - 35) + 0.168P \tag{8-4}$$

式中，t——水介质的温度；

S——盐度；

P——静水压力。

由式(8-4)可知，声速随着水介质的温度、盐度及静水压力的增加而增加。

用声速仪直接测量，可以实时地获取当时当地的声速，有利于实现测量自动化，但需要用专用仪器和设备。在设计时一般以 1500m/s 作为超声波在水中传播的标准声速。

目前，许多测深仪都将发射和接收换能器做在一起，实际作业时，每次定位由船上发出信号，马上按一下定标装置，使记录笔在记录纸上画一条测深定位线，在逢 5、逢 10 的定位点上，按定标装置的时间稍长一些，使所画的测深定位线粗一些，以便于核对。根据船上与岸上记录的测点定位时的信号，在记录纸上可找出定位点的水深值。目前模拟测深仪正逐渐被数字测深仪取代。

为了保证测深成果可靠，在测前、测后，甚至作业中间，可用对比测量法对回声测深仪进行检查。该法是把船行驶到水流平稳、河床平坦、底质较硬的水深为 5m 左右的地方，用测深仪与测深杆同时分别测量水深，当两者之差不超过 0.1m 时，即认为测深成果可靠，回声测深仪的技术性能正常。

4. 多波束测深仪

回声测深仪只能沿测线测量水深值，其实质就是单波束测深仪。而多波束测深仪是一种能够一次给出与航向垂直的剖面内几十个甚至上百个水下测点水深值(使用相干法形成波束的测深系统，可一次给出上千个水深值)的测量仪器。多波束测深技术是自 20 世纪 70 年代在单波束测深技术的基础上发展起来的。与传统的单波束测深仪相比，多波束测深仪具有测量范围大、速度快、精度高、记录数字化以及成图自动化等优点，它把测深技术从点、线扩展到面，并进一步发展到立体测深和自动成图，从而使水下地形测量技术发展到了一个较高的水平。使用多波束测深系统可以测绘各种比例尺的水下地形图，还可以用于扫海测量、探测海底障碍物以及高精度水下工程测量。

多波束测深仪主要用于海底的全覆盖扫测(图 8-4)，特别适用于航道测量和疏浚、铺排等水下工程中。在沿岸浅水区域的港口工程测量中，如港口、航道以及疏浚区域的通航扫测工作，需要进行海底全覆盖的扫测，如果使用单波束测深仪，就无法实现真正意义上的准确高效和低成本的全覆盖扫测，而使用多波束测深仪就可以轻松达到上述工程要求，因此多波束测深仪是大面积水下工程施工的理想选择。

图 8-4　多波束测深仪示意图

多波束测深仪按工作频率分为高频、中频和低频三种类型。一般将工作频率在 95kHz 以上的称为浅水多波束，频率在 36~60kHz 的称为中水多波束，频率在 12~13kHz 的称为深水多波束。目前，国际市场上有多种型号的多波束测深仪，其波束或测深条带的生成原理不尽相同，主要有：单一窄波束机械旋转扫描法、多指向性接收阵列法、单波束电子扫描法、发射和接收端电子多波束形成法、接收端电子多波束形成法、相位比较法(相干法)以及上述方法的组合方法。

在我国水下地形测量实践中应用比较多的多波束主要有美国 RESON 公司生产的 SEABAT 系列多波束、德国 ATLAS 公司生产的 FANSWEEP 系列多波束、挪威 SIMRAD 公司生产的 EM 系列多波束和英国 GEOACOUSTIC 公司生产的 GEOSWATH 多波束。以上这些多波束在有效覆盖宽度内的测量精度满足我国现行水运工程测量规范对测深的精度要求以及国际海道测量组织(IHO)对特级测量(港口、泊位以及有最小富余深度要求的航道区域的测量)精度的要求。我国于 1997 年研制成功了多波束测深系统，该系统的工作频率为 48kHz，具有 48 个波束，波束角为 2°×3°，测深范围 10~1000m，测深覆盖范围可达 4 倍水深。表 8.2 给出了部分浅水多波束测深仪的技术指标。

表 8.2　**多波束测深仪的技术指标**

型号	工作频率(kHz)	波束数	波束宽度(°)	测深范围(m)	扇区开角(°)	扫描宽度
SeaBeam	180	126	1.5×1.5	1~300	153	8 倍水深

续表

型号	工作频率(kHz)	波束数	波束宽度(°)	测深范围(m)	扇区开角(°)	扫描宽度
SeaBat	455	30	1.5×1.5	1~140	90	2~4 倍水深
EM3000S	300	27	1.5×1.5	0.5~200	150	4 倍水深
Echoscan	200	30	2.5×3	2~100	90	2 倍水深
Submetrix	468	2000	0.9	50	300	15 倍水深
EchoScope	300	4096	0.8×0.8	1~100	50	2 倍水深

从测深仪的发展趋势看，现代扫描仪器倾向于小型化、一体化。我国中海达测绘仪器有限公司最初推出了 iBeam 8120 浅水多波束测深系统(图 8-5)，扫描仪的外业采用了多探头多通道采集野外原始数据，它是基于利用同频快速时分扫描测量原理而进行工作的。这种采集方式大大提高了测深精度和稳定性及后处理的简便性。多通道测深仪由一个主机控制多个工作频率为 200kc 的换能器，各个换能器轮流工作，互不干涉，更新率 16 次/秒，在装载多达 16 个换能器的情况下，每个换能器每隔 0.06s 就采集一个数据。通常在低船速的情况下，加上 GPS 的定位和姿态仪的改正，通过海洋测量软件采集数据及相应纠正，就能得到一个准确的带状水底断面图。该套设备能直观地显示水下地形地貌图形，并用不同颜色在屏幕上清晰显示出水下河床实时状况。

iBeam 8120 多通道测深仪应用广泛，如耙吸式挖泥船或抓斗式挖泥船上等工程用户的实时监测作业设备，能实时监测所挖水底状况，并将水深数据同步传递给作业人员，作业人员从而可有的放矢作业，改变了传统作业中需要反复的事后测图才能得知填挖方量，在实际使用工作中大幅度地节约了作业成本，提高了工作效率，能满足诸如抛石护岸监测、港口及疏浚工程测量、工程监理监测。同时在河道断面测量、汛期监测等工作中，能大幅扩大作业面，节约时间和成本。iBeam 8120 还可以用于精密的扫海测量，弥补了旁侧声呐扫海仪以及多波束的浅水弱势。

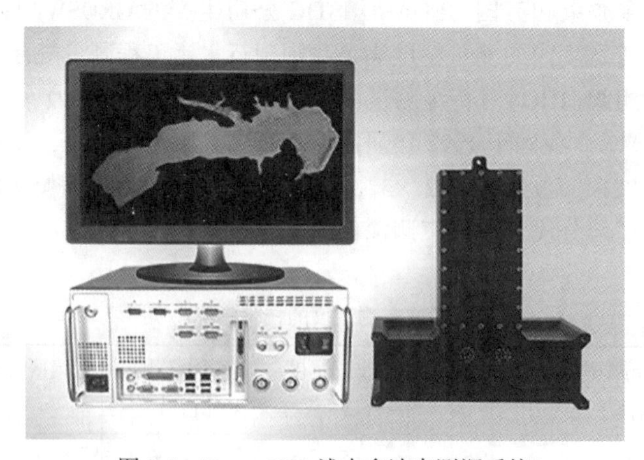

图 8-5　iBeam 8120 浅水多波束测深系统

多波束测深系统由发射接收换能器、信号控制处理器、运动传感器、电罗经、数据采集器和处理计算机组成，工作原理是测量每个波束声波信号的旅行时间和反射角度，结合定位数据、测量船的姿态数据、声速数据来计算每个波束测得的水深。多波束换能器在信号控制处理器的控制下向下发射扇形脉冲信号，声信号经海水传播到海底，经过反射(中央波束附近主要为反射波)和散射(从中央波束向两侧逐渐过渡为散射波)返回换能器，换能器的多阵列接收单元利用窗口原理接收回波信号，并形成一系列放射波束。形成后的波束经放大、滤波和带通处理后返回数据采集和处理计算机进行处理和储存。运动传感器、电罗经等附属设备同步测量换能器的姿态并传输给数据采集和处理计算机。多波束测量软件将采集到的测深数据、定位数据和换能器姿态数据按照时间标签进行合并和对测深数据进行改正，从而得到每一个波束的精确水深。

多波束测深系统可扩展为 16 个通道，主机配通用的 RS-232 数据口(可扩展为多个)、USB 口、LPT 并行打印机口、PS/2 接口，可外接 GNSS 和其他的勘探设备。测深仪集成全防水带触摸屏工业级嵌入式 PC 系统，Windows 操作平台，可将导航测量软件(或者施工定位软件)装载于测深仪一体机内。多波束测深系统可一次性实测由多达 16 个点组成的水下断面，水深数据精确(测量精度优于±2cm+0.1%H)。并能随时将所测数据保存在测深仪内或实时通过串口输出，也可通过外挂 U 盘导出。

5. 机载激光测深系统

机载激光水下探测技术在 20 世纪 60 年代中后期率先由美国和澳大利亚等国的科学家开展研究，于 70 年代中期研制成样机。经过数十年的试验，机载激光测深技术已进入实用阶段。由于它的灵活机动性、高效率以及管理和使用上的方便性，这一技术被认为是当今快速完成浅水测深最具发展潜力的手段之一。机载激光测深技术(图 8-6)是以飞机作为测量平台，向海面发射激光波束，激光穿透海水到达海底后返回机上接收装置，通过测量飞机的空间位置、姿态、激光波束的旅行时间可得到海底水深。

图 8-6 机载激光测深技术

激光测深系统一般由测深系统、导航系统、数据处理分析系统、控制监视系统、地面数据处理系统 5 部分组成。测深系统使用红、绿两组激光束，红外激光因无法穿透海水而被海面反射，该反射光由光学接收系统接收后可用于测定海面高度；绿色激光因处于海水窗口而大部分能量穿透海面到达海底，经海底反射后将沿入射路径返回在航飞机，被光学接收系统接收。根据红外激光与绿色激光返回的时间差，即可计算出被测点的海水深度。导航系统采用 GPS 定位设备。数据处理分析系统用来记录位置数据、载体姿态数据和水深数据并进行处理。控制监视系统用于对设备进行实时控制和监视。地面数据处理系统用来对采集的数据进行滤波、各种改正计算，得到正确的水深。机载激光技术的测深能力受水体浑浊度的影响较大，在理想条件下穿透深度可达 30~100m，测深精度±(0. 3~0. 5)m。

目前世界上机载激光技术比较发达的国家有澳大利亚、美国、加拿大、瑞典、俄罗斯、法国等国家。我国也于 2001 年在上海研制成功了机载海洋测深系统，主要技术指标：激光器重复频率 200Hz，测量航高 500m，飞行速度 6070m/s，测深点格网密度 10m×10m，测线带宽 240m，测深能力 2~50m，测深精度 0. 3m。根据最新研究成果，海洋激光器输出近红外和蓝绿双波长激光，分别用于测量海面和海底的反射信号，重复频率为 1kHz，在Ⅰ类水质环境下，最大测量深度 50m。

我国海域水深为 5~50m 的面积约为 50 万平方千米，当用机载激光测深系统测绘上述浅水海域的海底地形时，若飞机的飞行高度为 500m，飞行秒速为 103m/s，测绘行宽为 250m，采用 1∶50000 的测图比例尺，机载激光测深系统一年内仅作 150 个小时的海底地形测绘数据采集，就相当于水面测量船在上述条件下 10 年所采集的海底地形测绘数据；而机载激光测深所需费用，仅为水面测量船测量费用的 1/5。可见，机载激光测深系统是一种低成本、精密快速测绘海底地形的高新技术设备，具有较高的研究和实用价值。

6. 水下摄影测量

水下摄影测量是利用水下摄影设备对水底目标或局部地形进行的测量工作(图 8-7)，目的是确定水下影像目标的形状、大小、位置和性质，或局部地形的起伏状态，根据摄影设备的不同可分为以下三种方法。

图 8-7　水下摄影测量

一种是运用光源直接拍摄水下目标影像。摄影工作在潜水器上进行，设备有摄影机，用来提供摄影机位置、深度、姿态、曝光时间间隔的传感器和导航设备等。如用两架摄影机并用水声定位系统定位时可获得精确的成果。

另一种是利用光源照射下对水下目标进行电视扫描，设备有电视系统和摄影系统。水下部分由三个接收孔和信息传递器组成，采用立体摄影方法拍摄屏幕上的海底地形或目标。

还有一种是声全息摄影系统，由超声波发射器、水声接收器和电视显示器等组成。在完全不存在光学可视度的情况下，可获得声学图像，经处理可在电视屏幕上显示全息图。这种方法发展快，主要用于水下大比例尺测图、海底工程测量和沉船打捞等。

三、水位观测

水深测量需要与陆地上的平面位置与高程联系起来才具有水下地形测绘的实用价值。测深与高程系统的联系，一般通过水位观测实现。

(一)水位站的设立

为了计算确定深度基准面与航行基准面以及为水深测量提供水位改正值，需要在测区内布设足够数量的水位站。在沿海地区，可布设长期、短期与临时等三种水位站，而在内河地区，则可布设基本水位站以及基本与临时两种水尺。

(1)水位站的建立应符合下列规定：

①沿海长期水位站的建立应连续观测水位 5 年以上。短期水位站应和相邻长期水位站同步观测 30 天以上；临时水位站与长期水位站或短期水位站同步观测水位应在 3 天以上；当采用水准测量联测时，应按四等水准要求进行。

②内河基本水位站的建立应连续观测水位 20 年以上，其中应包括洪、中、枯水典型年的日平均水位资料。基本水尺应在基本水位站之间沿河按 5~10km 间隔设置，在枯水期应作同步观测。

③除临时水位站和临时水尺外，均应建立水位站经历簿和测站考证簿。最简单的水位观测站为立在岸边水中的标尺(水尺)，水尺一般是呈直立式的，它有木制和搪瓷两种，上面刻有米、分米、厘米的刻划(图 8-8)。这种水尺可安置在木桩上或钉在现有建筑物(如桥墩、闸墙等)上面。为了减小波浪的影响，提高读取水位的精度，可在标尺周围设置挡浪设备。在易受水流、漂浮物撞击以及河床土质松软，不宜设置直立式水尺时，可设立矮桩式水尺。它是用木桩打入土中 1.5m 以下，露出地面 5~20cm，并在桩顶上设置一个圆头钉作为高程测量标志。当设置两根或两根以上水尺时，相邻两根水尺宜有 0.1~0.2m 的重叠。

(2)水尺的设置应能反映全测区内水面的瞬时变化并符合下列规定：

①水尺的位置应避开回流、壅水、行船和风浪的影响，尺面应顺流向岸。

②一般地段 1.5~2.0km 设置一把水尺，山区峡谷、河床复杂、急流滩险河段及海域潮汐变化复杂地段 300~500m 设置一把水尺。

③河流两岸水位差大于 0.1m 时，应在两岸设置水尺。

④测区范围不大且水面平静时，可不设置水尺，但应于作业前后测量水面程。

⑤当测区距离岸边较远且岸边水位观测数据不足以反映测区水位时，应增设水尺。

图 8-8　水尺

(3)水位站的布设应满足下列要求：

①能充分反映测区的水位变化。

②无沙洲、浅滩阻隔，无壅水、回流现象。

③不直接受风浪、急流冲击影响，不易被船只碰撞。

④能牢固设置水尺或自记水位计，便于水位观测和水准测量。

对河口、港湾以及狭窄水道、分汊水道等水位变化复杂地区，应在水深测量处设立水位站观测水位，以便掌握水位变化的特点。

(4)水尺的设置应满足下列要求：

①水尺设置应稳固。

②当设置两根或两根以上水尺时，两相邻水尺的重叠部分，在内河为 0. 1～0. 2m；在沿海，不宜小于 0. 3m。

③当设置两根或两根以上水尺时，应选择其中一根作为基尺。当深度基准面已确定时，水位站零点宜与深度基准面一致。

④水尺的设置范围，应高于高水位，低于低水位。

设置水位站的同时，应埋设基准水准点和工作水准点。基准水准点可利用水位站附近的等级水准点；工作水准点应设置在附近固定的建筑物上。

基准水准点与工作水准点之间的高差，应按国家四等水准测量要求测定；工作水准点与水尺或自记水位计零点之间的高差，应按图根水准测量要求测定。用瞬时水面法求取水尺间的相互关系时，应在水面平静时连续观测水位三次，其高差的互差不应大于 20mm。观测结果取平均值，超限时应重测。

(5)利用其他水位站资料应对下列内容进行调查分析：

①观测方法和精度，水尺和自记水位计的质量；

②水准点的位置以及与水尺或自记水位计零点间的关系；

③深度基准面和有关水位观测计算成果资料。

(二)水位观测

水位观测的目的是得到水下地形点的高程，它是用观测时刻的水深间接推求的，由于测量水深的基准面是水面，而水面的水位通常是变化的(如海平面因潮汐每天有升有降；在江河中的不同地段，水位亦不同)，因此必须对实测的水深值加上改正后，才能推算出成图时所需用的统一高程值。

进行水位改正，必须先进行水位观测。水位观测在统一的基准面上进行。我国目前采用两种基准面：大地水准面，根据青岛验潮站资料计算的多年平均海平面，称为“1985 国家高程基准”，这是绝对基准面；测站基准面，采用观测地点历年的最低枯水位以下 0.5~1.0m 处的平面作为测站基准面，这是相对基准面。

将标尺立在岸边水中观测水位是应用最广泛的水位观测方法。标尺零点高程 H_0 通过与水准点联测求得。观测标尺时，应尽可能地接近它，水面读数至 cm。当上、下比降断面的水位差小于 0.2m 时，比降水位应精确到 5mm。有风浪时，应读定波峰和波谷读数，取其平均值。当水面达到两根标尺重叠范围时，应同时读取两根标尺的读数，并归算为基尺零点上的水位，其差值不应大于 20mm。标尺零点高程加上标尺读数即得水位。对于矮桩式水尺，观测时可用一根轻便木尺置于桩顶圆头钉上，量得水深，加上桩顶高程，即得水位。各标尺的读数，均应归算为基尺零点上的水位。

在水下地形测量中，测点的高程等于水位减去水深，因此，水位观测应与测量水深同时进行。严格地讲，计算每个测点的高程时，应该用测量该点水深时的工作水位。因为水面的涨落是不断变化的，满足这一要求难以做到，也是不必要的。在生产实际中，是利用测区附近的基本水尺或在测区设立临时水尺。按规定时刻连续在标尺上读取水位，记录水位及观测时刻，并以水位为纵坐标，时间为横坐标绘制成水位-时间曲线，见图 8-9。

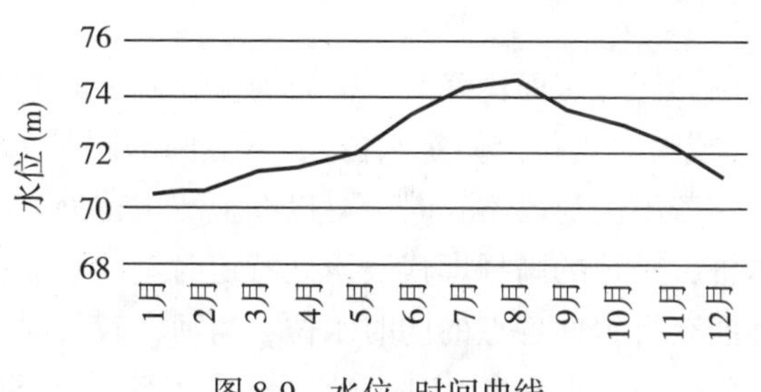

图 8-9　水位-时间曲线

水位观测的时间间隔，一般按测区水位变化大小而定，当水位的日变化小于 0.1m 时，每次测深前、后各观测一次，取平均值作为测深时的工作水位。在受潮汐影响的水域，一般每 10~30min 观测水位一次。测深时的工作水位，根据测深记录纸上记载的时间内插求得。另外，当测区有显著的水面比降时，应分段设立水尺进行水位观测，按上下游两个水尺读得的水位与距离成比例内插，获得测深时的工作水位。

在测深点上测量水深的时刻不会恰好等于标尺上观测水位的时刻。这时可以通过内插求得任意时刻的水位；也可以根据所绘的水位-时间曲线，用比例尺在图上量取任意时刻的水位。

水位观测的技术要求应符合下列规定：

(1)水尺零点高程的联测，不低于图根水准测量的精度。

(2)作业期间，应定期对水尺零点高程进行检查。

(3)水深测量时的水位观测，宜提前 10min 开始，推迟 10min 结束；作业中，应按一定的时间间隔持续观测水尺，时间间隔应根据水情、潮汐变化和测图精度要求合理调整，以 10~30min 为宜；水面波动较大时，宜读取峰、谷的平均值，读数精确至 1cm。

(4)当水位的日变化小于 0.2m 时，可于每日作业前后各观测一次水位，取其平均值作为水面高程。

(三)水位遥测系统

水位遥测系统是现在水利部门对水库、河流、湖泊等水位监测的常用设备，它能够全自动全天候测量、记录与传输水位数值。实时、准确地监测水位变化，掌握水位动态信息，为决策提供依据。水位遥测系统主要由监控中心、通信网络、终端设备、测量设备四部分组成。

(1)监控中心：

主要硬件：服务器、客户端、移动数据专线或 GPRS 数据传输模块。

主要软件：操作系统软件、数据库软件、水位监测系统软件、防火墙软件。

(2)通信网络：Internet 公网+中国移动公司 GPRS 网络。

(3)终端设备：微功耗测控终端，市电供电、太阳能供电、电池供电可选。

(4)测量设备：水位计或水位变送器。

四、同时水位换算

在编制河流纵断面图和计算水面比降时，需要河流在同一时间的各点水面高程，这些高程通常称为同时水位(或瞬时水位、假定水位)，两点间的同时水位之差称落差。

为了获得同时水位，若施测河段不长时，可以在拟测水位处，于规定的同一瞬间，同时打下与水面齐平的木桩，桩顶的高程即代表该处特定时刻的水面高程，然后将桩顶与水准点进行高程联测，即能获得水面各点的同时水位；当河段较长时，则需将不同时间的观测水位(工作水位)换算成所需时刻的同时水位。可采用落差内插法或距离内插法进行换算。

如图 8-10 所示，设 H_A、H_B 和 H_M分别为某一日期于上游水位站 A，下游水位站 B 和中间任一水位点 M 测得的工作水位。下面介绍如何将 M 点的工作水位换算为另一日期的同时水位。

假定各点间落差改正数的大小与各点间的落差成正比。这时，用下面的公式计算水位点 M 的落差改正数。由上游水位站推算得：

$$\Delta H_M = \Delta H_A - \frac{\Delta H_A - \Delta H_B}{H_A - H_B}(H_A - H_M) \tag{8-5}$$

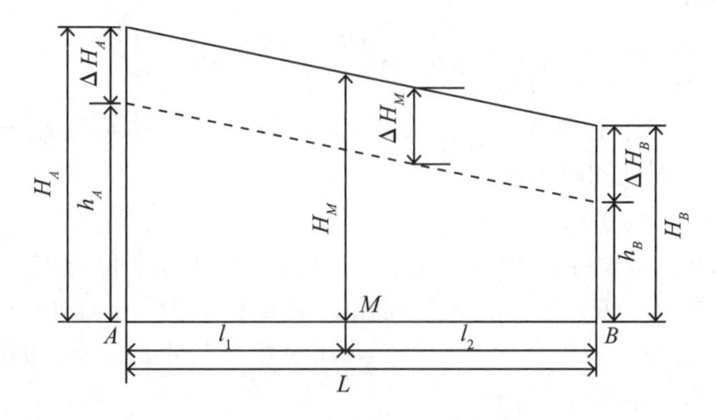

图 8-10　换算同时水位图

由下游水位站推算得：

$$\Delta H_M = \Delta H_B + \frac{\Delta H_A - \Delta H_B}{H_A - H_B}(H_M - H_B) \tag{8-6}$$

以上两式可以相互校核。

【例题 8.1】 已知 M 点 6 月 15 日 8 时 30 分的工作水位 $H_M = 48.121\text{m}$，试求换算到 6 月 10日12时的同时水位。

解：步骤如下：

由 A、B 两水文站观测手簿中查得 6 月 15 日 8 时 30 分水位为 $H_A = 49.232\text{m}$，$H_B = 47.043\text{m}$，则其落差为 $\Delta H = H_A - H_B = 2.189\text{m}$，又查得 6 月 10 日 12 时的水位为 $h_A = 48.938\text{m}$，$h_B = 46.618\text{m}$。

计算 A、B 两水位站涨落数 $\Delta H_1 = H_1 - h_1$，即

$$\Delta H_A = H_A - h_A = 49.232 - 48.938 = 0.294\text{m}$$

$$\Delta H_B = H_B - h_B = 47.043 - 46.618 = 0.362\text{m}$$

$$\Delta H_A - \Delta H_B = -0.068\text{m}$$

利用式(8-5)计算 ΔH_M：

$$\Delta H_M = 0.294 + \frac{-0.068}{2.189} \times (49.232 - 48.121) = +0.328\text{m}$$

再利用式(8-6)进行检核得：

$$\Delta H_M = 0.362 + \frac{-0.068}{2.189} \times (48.121 - 47.043) = +0.328\text{m}$$

计算 M 点 6 月 10 日 12 时的同时水位为

$$h_M = H_M - \Delta H_M = 48.121 - 0.328 = 47.793\text{m}$$

假定各点间落差改正数的大小与各点间的距离成正比，按距离进行内插求改正数，其计算公式如下：

由图 8-10 可以看出，从上游水位站推算求得

$$\Delta H_M = \Delta H_A - \frac{\Delta H_A - \Delta H_B}{L} \times l_1 \tag{8-7}$$

由下游水位站推算得：

$$\Delta H_M = \Delta H_B + \frac{\Delta H_A - \Delta H_B}{L} \times l_2 \tag{8-8}$$

【例题 8.2】同上例，已知 M 点 6 月 15 日 8 时 30 分的工作水位 $H_M = 48.121\text{m}$，试求换算到 6 月 10 日 12 时的同时水位。

解：步骤如下：

由 A、B 两水文站观测手簿中查得 6 月 15 日 8 时 30 分水位为 $H_A = 49.232\text{m}$，$H_B = 47.043\text{m}$，则其落差为 $\Delta H = H_A - H_B = 2.189\text{m}$，又查得 6 月 10 日 12 时的水位为 $h_A = 48.938\text{m}$，$h_B = 46.618\text{m}$。从地形图上量出 $L = 8\text{km}$，$l_1 = 4.06\text{km}$，$l_2 = 3.94\text{km}$。

计算 A、B 两水位站涨落数

$$\Delta H_A = 0.294\text{m}$$
$$\Delta H_B = 0.362\text{m}$$

利用式(8-7)与式(8-8)分别计算 ΔH_M，由上游水位站推算得

$$\Delta H_M = 0.294 + \frac{-0.068}{8.0} \times 4.06 = 0.328\text{m}$$

由下游水位站推算进行检核，得

$$\Delta H_M = 0.362 + \frac{-0.068}{8.0} \times 3.94 = 0.328\text{m}$$

计算 M 点 6 月 10 日 12 时的同时水位

$$h_M = H_M - \Delta H_M = 48.121 - 0.328 = 47.793\text{m}$$

根据上面的方法求得各观测点的同时水位后，便可以计算出水底高程 H。下面介绍水底高程的计算方法。

如图 8-11 所示，设某一时刻 t 所测得的水深为 h，计算得该时刻的同时水位为 H_t，标尺零点高程为 H_0，测得瞬时水平面在标尺上的读数为 h_1，则水底的高程为：

$$H = H_0 + h_1 - h \tag{8-9}$$

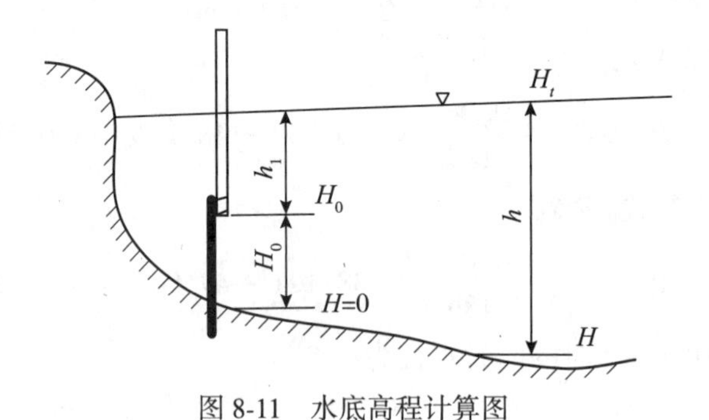

图 8-11　水底高程计算图

任务 8.2　渠道测量

渠道是常见的普通水利工程。无论灌溉、排水或引水发电，都经常兴修渠道。在渠道

勘测、设计和施工中所进行的测量工作，称为渠道测量。渠道测量的内容一般包括：踏勘选线、中线测量、纵横断面测量、土方计算和施工断面放样等。渠道测量的主要任务：一是为渠道工程的规划设计提供地形信息(包括地形图和断面图)；二是将设计的渠道位置测设于实地，为渠道施工提供依据。

渠道测量的内容和方法与铁路、公路、桥梁、城市道路及上下水道、架空送电线路及输油管道等工程的测量基本相同，都是沿着选定的路线方向进行，因此属于线路工程测量的范畴。

一、渠道选线测量

(一)踏勘选线

渠道选线的任务就是根据水利工程规划所定的渠线方向、引水高程和设计坡度在地面上选定渠道的合理路线，标定渠道中心线的位置。渠线的选择直接关系到工程效益和修建费用的大小，一般应符合下列要求：

(1)不占用基本农田，或尽量少占用耕地，而开挖和填筑的土石方量和所需修建的渠系过水建筑物(如渡槽、倒虹吸管等)要少，以减少工程费用和经济损失。

(2)应使尽可能多的土地能够实现自流灌溉和排水。

(3)中小型渠道的布置应与土地规划相结合，做到田、渠、林、路协调布置，为采用先进农业技术和农田园田化创造条件。

(4)渠道沿线应有较好的地质条件，无严重渗漏和塌方现象。

(5)在山丘区应尽量避免填方，以保证渠道边坡的稳定性。

具体选线时除考虑其选线要求外，应依渠道大小的不同按一定的方法进行。对于兴建的渠线较长、规模较大的渠道一般应经过实地查勘、室内选线、外业选线等步骤，对于渠线较短、规模不大的渠道，可以根据已有资料和选线要求直接在实地查勘选线。

1. 实地查勘

首先应收集渠道规划设计区域内各种比例尺地形图及原有渠道工程的平面图和断面图等，然后在中比例尺图上初选几条比较渠线，最后依次对所经地带进行实地查勘，了解和搜集有关资料(如土壤、地质、水文、施工条件等)，并对渠线某些控制点(如渠道起点、转折点、沿线沟谷、跨河点和终点等)进行简单测量，了解其相对位置和高程，以便分析比较，选取渠线。

2. 室内选线

在室内进行图上选线，即在适合的地形图上选定渠道中心线的平面位置，并在图上标出渠道转折点到附近明显地物点的距离和方向(由图上量取)。如该地区没有适用的地形图，则应先沿查勘时确定的渠道线路，测绘沿线宽 50~200m 的大比例尺带状地形图。

平原地区渠道的选线比较简单，一般要求尽量选成直线，只有在必须绕过居民区、厂区或其他重要地区时才需转弯。

山区丘陵区的渠道一般盘山而走，依着山势随弯就弯，但要控制渠线的高程位置，以满足引水高程和设计坡度的要求。因此，环山渠道应先在图上根据等高线和渠道纵坡初选渠线，并结合选线的其他要求对此线路作出必要修改，定出图上的渠线位置。为了确保渠道的稳定，应当力求挖方。

3. 外业选线

外业选线是将室内选线的结果转移到实地上，标出渠道的起点、转折点和终点。外业选线经常需要根据现场的实际情况，对图上所定渠线的设计方案作进一步研究和局部修改，使之完善。实地选线时，一般应借助仪器选定各转折点的位置。对于平原地区的渠线应尽可能选成直线，如遇转弯时，则在转折处打下木桩。在丘陵山区选线时，为了较快地进行选线，可用经纬仪按视距法测出有关渠段或转折点间的距离和高差。由于视距法的精度不高，对于较长的渠线，为避免高程误差累积过大，应每隔 1～3km 与已知水准点校核一次。如果选线精度要求高，则用水准仪根据已知水准点的高程，探测渠线位置。山区丘陵区渠道高程位置的具体确定，须在中线测量时测出各点至渠首(起点)的距离，依据设计坡度算得各点应有的高程之后才能进行。

渠道选线测量，最后应确定渠道的起点、转折点和终点，并用大木桩或水泥桩在地面上标定这些点的位置，绘制点位略图，注明桩点与附近固定地物的相互位置和距离，以便日后寻找。

(二)水准点的布设与施测

为了满足渠线的探高测量和纵断面测量的需要，在渠道选线时，应根据需求设置永久或临时性水准点。渠道起终点或需长期观测的工程附近应设置永久性水准点，永久性水准点需埋设标石，也可设置在永久性建筑/构造物的基础上，或用金属标志嵌在基石上。临时水准点可埋设大木柱，桩顶钉入铁钉以作标志。水准点密度应根据地形和工程需要而定，一般每隔 1～3km 左右应设置一个水准点，点位应选在稳定、醒目、便于施测又靠近渠道的地方，既要便于日后用来测定渠道高程，又要能够长期保存而不会因为施工遭到破坏。

应将起始水准点与附近的国家水准点进行联测，以获得绝对高程，同时在渠线水准测量中，也应尽量与附近国家水准点联测，形成附合水准路线或闭合水准路线，以获得更多的检核条件。当路线长度在 15km 以内时，也可组成往返观测的支水准路线。当渠线附近没有国家水准点或引测困难时，也可参照以绝对高程测绘的地形图上的明显地物点的高程作为起始水准点的假定高程。

水准点高程测量应使用不低于 S3 级水准仪，一般用四等水准测量的方法施测(大型渠道有的采用三等水准测量)，通常采用一台水准仪进行往、返观测，也可使用两台水准仪单程观测(具体观测方法可参阅水准测量)。

水准测量的精度应满足四等精度的要求，对往、返观测或两组单程观测所得高差的不符值应满足：

$$f_h \leqslant \pm 20\sqrt{L}(\text{mm}) \text{ 或 } f_h \leqslant \pm 6\sqrt{n}(\text{mm}) \tag{8-10}$$

式中，L——单程水准路线长度，以 km 计；

n——测站数。

对于采用电磁波测距三角高程测量来实施时，附合或者闭合水准路线闭合差应满足：

$$f_h \leqslant \pm 20\sqrt{[D]}\ (\mathrm{mm}) \tag{8-11}$$

式中，D——测站间水平距离，以 km 计。

若高差不符值在限差以内，取其高差平均值作为两水准点间高差，否则需重测。最后由起始点高程及调整后高差计算各水准点高程。

二、中线测量

中线测量的任务是根据踏勘选线测量所定的渠道起点、转折点和终点，通过量距测角把渠道中心线的平面位置在地面上用一系列木柱或竹桩标定出来。在平原地区，渠道转折处需要测定折线交角和测设曲线；在山区地区，渠道的高程位置需要进行探测确定。

(一) 平原地区的中线测量

为了测定渠道线路的长度、标定中线位置和测绘纵断面图，从渠道起点开始，朝着终点或转折点方向用经纬仪或花杆目测定线，用皮尺或测绳量距，在地面上设置一系列中桩(打入地面上的木桩或竹桩)。隔某一整数设置的桩称为整桩。根据不同的渠道，整桩之间距离也不同，一般为 20m、50m 或 100m。在相邻整桩之间渠线如遇穿越重要地物(如铁路、公路、各种管线等)和计划修建工程建筑物(如涵洞、跌水等)时，要增设地物加桩；在地面坡度变化较大的地方要增设地形加桩。地物加桩和地形加桩可以统称为加桩。

为便于计算，中桩均按渠道起点至该桩的里程进行编号，如渠道起点(渠道起点是以引水或分水建筑物的中心为起点)的桩号为 K0+000，若每隔 50m 打入一木桩或竹桩，则以后各桩的桩号为 K0+050、K0+100、K0+150……，“+”号前的数字为千米数，“+”后的数字是米数，如 K2+300 表示该桩距渠道起点 2km 又 300m，非整数桩号，如 K1+172、K3+223 等均为地物加桩或地形加桩。不同的线路，起点不同，如给水、煤气、热力、电力、电信等线路以其源点为起点，而排水管道则以其下游出水口为起点。

渠线中桩的桩号要用红漆或记号笔书写在木桩面向起点的一侧，为了防止以后测量时漏测加桩，还应在木桩的另一侧依次书写顺序号。

在距离丈量中为避免出现差错，一般需用皮尺丈量两次，当精度要求不高时可用皮尺或测绳丈量一次，再在观测折线交角(或偏角)α 时用视距法进行检核。

距离丈量到转折点，渠道从一直线方向转向另一直线方向时，需将经纬仪安置在转点，测出前一直线的延长线与改变方向后的直线间的夹角 α，称为折线交角(或偏角)，折线交角 α 在延长线左侧的为左偏角，在右侧的为右偏角，所以测出的角应注明左或右。如需测设圆曲线时，应符合《水利水电工程测量规范》(SL 197—2013)的要求，当 $\alpha<6°$ 时，不测设曲线；当 $6°<\alpha<12°$ 时，只测设曲线的三个主点，计算曲线长度；当 $\alpha>12°$，曲线长度 $L<50$m 时，测设三个主点，计算曲线长度，$L>50$m 时，按 50m 间距测设曲线桩，计算曲线长度。

随着测绘技术的进步和先进仪器设备的普及，渠道中线测量也可采用全站仪或 GNSS RTK 按照坐标法进行放线。现场需要放样的整桩号的坐标由设计人员提供，也可根据渠道设计的曲线要素，采用相应的软件计算获取。

在渠道中线测量的同时，还要在现场绘出草图(图 8-12)。图中直线表示渠道中心线，直线上的黑点表示里程桩或加桩的位置，ZD_1(桩号为 K0+325.5)为转折点，在该点处右偏角 $\alpha_{右}=33°00'$，即渠道中线在该点处改变方向右转 33°00′。在绘图时改变方向后的渠线仍按直线方向绘出，仅在转折点用箭头表示渠线的转折方向，并注明偏角值。渠道两侧的地形地物可目测勾绘。

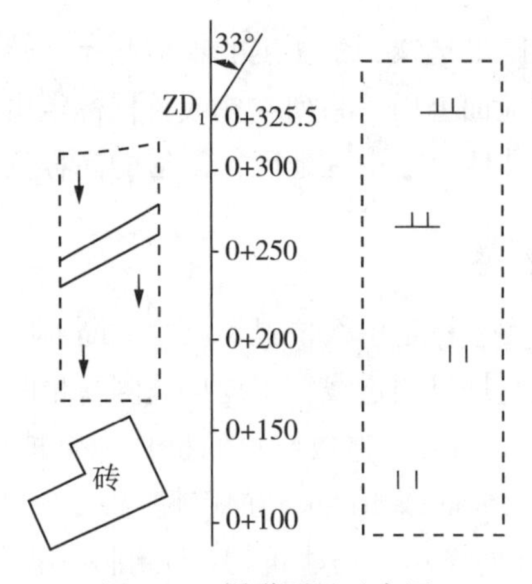

图 8-12　渠道测量示意图

(二)山丘地区的中线测量

在山区进行环山渠道的中线测量时。为了使渠道以挖方为主，将山坡外侧渠堤顶的一部分设计在地面以下(图 8-13)，一般要求用水准仪探测中桩的位置。

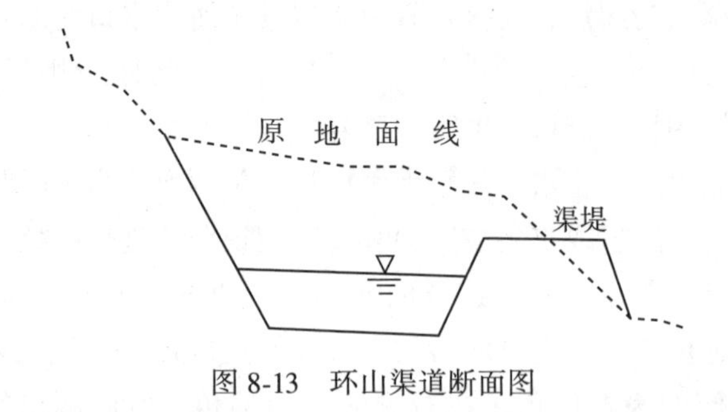

图 8-13　环山渠道断面图

具体实施步骤是从渠道起点开始，用皮尺大致沿着山坡等高线向前量距。按规定要求标定里程桩和加桩，每隔 50m 用水准仪测量地面高程，看渠线位置是否偏低或偏高。如

图 8-14 所示，假设丈量到了 A 点，A 点的桩号是 K1+100，渠道进水底板的高程 $H_{进}=44.08\text{m}$，设计渠深(包括水深和安全超高)$h=2.5\text{m}$，渠底设计坡度 $i=\frac{1}{1000}$，则 A 点(桩号为 K1+400)的堤顶高程为：

$$H_A=(H_{进}+h)-i\times D=(44.08+2.5)-\frac{1}{1000}\times 1400=45.18\text{m}$$

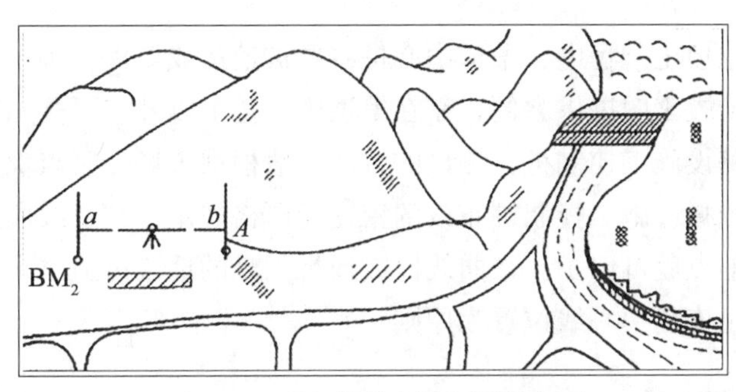

图 8-14　环山渠道中桩探测示意图

而后由 BM_2(高程为 43.366m)测量桩号为 K1+400 的地面 A 点时，测得后视读数为 2.854m，则 A 点上立尺的读数应为 $b_{理论}=(43.366+2.854)-45.18=1.040\text{m}$，但实测读数 $b_{实}=2.482\text{m}$，说明 A 点位置偏低，应向高处(山坡里侧)移至读数正好为 1.040m 时，即得堤顶位置，根据实际地形情况，向里移一段距离(小于或等于渠堤到中心线的距离)，打入 K1+400 里程桩，即地面点 A。按此法继续沿山坡接测延伸渠线。

利用全站仪或 GNSS-RTK 技术可直接测量高程的功能，也可实现环山渠道中桩的实地位置标定。

中线测量完成后，对于大型渠道，一般要求绘出渠道测量路线平面图，在图上绘出渠道走向、各弯道上的圆曲线桩号等，并将桩号和曲线的主要元素数值(α、L 和曲线半径 R、切线长 T)注在图中相应的位置。

有关横、纵断面测量和土石方计算方法，可参照本教材相关章节内容。

三、渠道边坡放样

渠道施工前，首先要在现场进行边坡放样，其主要任务是在每个里程桩和加桩的位置将设计的渠道横断面线与原地面的交点标定出来，并标出开挖线、填筑线以便施工。边坡放样的主要工作包括恢复中线、测设施工控制桩、放样边坡桩等内容。

(一)恢复中线

渠道工程从勘测到设计再到施工需要一段较长的时间，在这段时间里，原来的中心桩有的已丢失，有的已腐烂，有的遭到人为破坏其位置发生了变化，也存在局部地带进行了设计变更，所以施工前必须按设计文件进行中线恢复测量，确保渠道中心线位置准确无误。恢复中心桩采用的方法要根据勘测设计单位移交的资料和现场控制点保留的状况来进行，一般来说与中线测量方法相似，对发现有疑问的中心桩，也可以根据附近的中心桩进行检测，以校核其位置的正确性。然后，将纵断面上所计算各中心桩的挖深和填高值，分别用红油漆写在中心桩上。与此同时，应对水准点进行校核，确保高程无误，为了施工的需要，还应增设一些施工水准点，这些施工水准点可用下述提及的施工控制桩来代替。

(二)测设施工控制桩

在渠道施工开挖填土过程中，渠道中心桩将要被挖掉或填埋，为了在施工中能控制中线位置和为以后测绘竣工图提供方便，需在渠道施工范围以外、不受施工破坏干扰、便于保存联测的地方，测设施工控制桩，测设的方法一般根据现场控制点保留的状况和地貌地物特征等情况灵活选择，施工控制桩布设的密度无严格规定，在直线段且通视良好的地段一般布设两个以上的点就可以了，在曲线段或通视困难的地段可适当多布设一些点，总体上来讲，以能够满足恢复中心线位置为原则。

(三)放样边坡桩

为了指导渠道开挖和填土，需要在实地标明开挖线和填土线。

渠道的横断面形式有三种，一是纯挖方型断面(当挖深达到5m时应修加平台)(图8-15)；二是纯填方型断面(图8-16)；三是半挖半填方型断面(图8-17)。

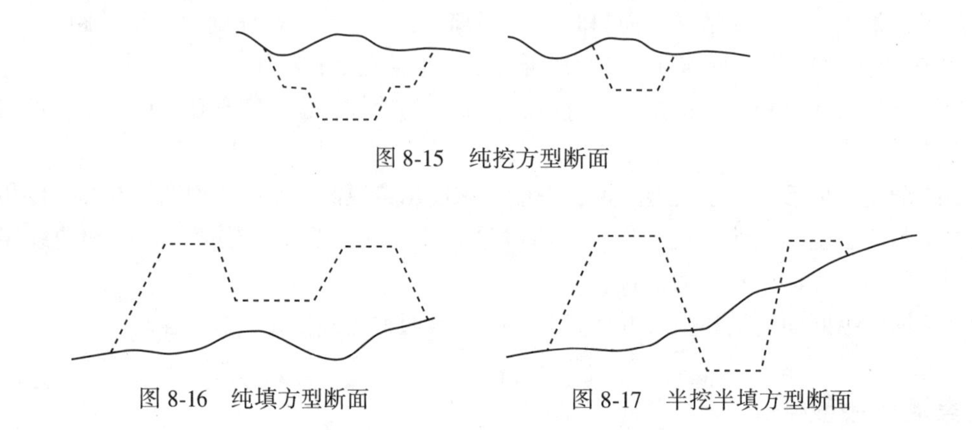

图8-15 纯挖方型断面

图8-16 纯填方型断面

图8-17 半挖半填方型断面

图8-15到图8-17中，实线为原地面线，虚线为渠道设计断面线。

纯挖方断面上需标出开挖线，纯填方断面上需标出填方的坡脚线，半挖半填方断面上既有开挖线也有填土线，这些挖、填线在每个断面处是用边坡桩标定的。边坡桩就是在设计横断面与原地面线交点处钉的标志桩(如图8-18中a、b、c、d等点处钉的标志桩)，在实地用标志桩标定边坡桩的工作称为边坡放样。边坡桩的位置与渠道的挖土深度、填土高度、边坡坡度及中桩位置的地形情况有关。

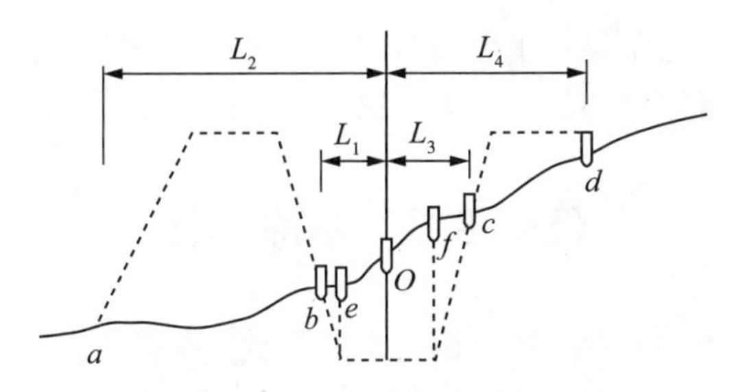

图 8-18　边坡桩放样示意图

图 8-18 表示一个半挖半填方型断面，一般需要标定的边坡桩有渠道左外边坡桩 a、左内边坡桩 b、右内边坡桩 c 和右外边坡桩 d 四个桩位。为了给施工提供方便，还应在地面上标出渠底左边线桩 e 和渠底右边线桩 f。边坡桩与中心桩间的水平距离就是标定边坡桩的放样数据，这些放样数据通常直接从土方计算时所绘的断面图上直接量取，为了方便放样和施工检查，在进行现场放样之前，应先在室内根据横断面图编制放样数据表，如表 8.3 所示。

表 8.3　**渠道施工断面数据表**　单位：m

桩号	地面高程	设计高程		中心桩		中心桩至边坡桩的距离				备注
		渠底	堤顶	挖深	填高	左外	左内	右内	右外	
K0+000	46.58	44.08	46.58	2.50		7.45	2.68	4.41	6.50	
K0+050	46.36	44.03	46.53	2.33		6.94	2.91	3.872	5.98	
K0+100	45.53	43.98	46.48	1.55		5.53	1.90	2.46	4.27	
…	…	…	…	…	…	…	…	…	…	

表内的地面高程、渠底高程、中心桩的挖深或填高等数据从纵断面图上查取，渠堤的堤顶高程为设计的水深、超高与渠底高程三者之和；左(内、外)、右(内、外)边坡桩距中心桩的水平距离等数据在横断面图上直接量取。

实地放样时，先在中心桩上用十字形方向架定出横断面方向，然后根据放样数据，在横断面方向上将边坡桩标定在地面上。如图 8-18 所示，以中心桩 O 为起始点，沿左侧方向量取 L_1 得左内边坡桩 b，量取 L_2 得左外边坡桩 a，量取 1/2 渠底宽度得渠底左边线桩 e，再沿右侧方向量取 L_3 得右内边坡桩 c，量取 L_4 得右外边坡桩 d，量取 1/2 渠底宽度得渠底右边线桩 f，在 a、b、c、d、e、f 处分别打下标志桩，即为中心桩 O 左右两侧的开挖、填筑界线的标志和渠底边线标志。将各横断面处相应的边坡桩、渠底边线桩相连接，撒上白灰线，即为渠道的开挖线、填筑线和渠底边线。

(四)验收测量

为了保证渠道的修建质量，在渠道修建过程中应经常进行检测，对已完工的渠道应及时进行检测和验收测量。

渠道的验收和检测，通常是用水准测量的方法进行，检测的主要内容是渠底高程、渠堤的堤顶高程、边坡坡度、中心线位置等，以保证建成的渠道符合设计要求。

任务 8.3　水库测量

为了兴修水库而进行的测量工作，称为水库测量。在设计水库时要确定水库蓄水后淹没的范围，计算水库的汇水面积和水库容积，在实地测定水库淹没界线，设计库岸加固和防护工程等。为此，需要搜集或测绘 1∶50000～1∶2000 的各种比例尺地形图，供设计时使用。

一、水库测量的任务与内容

水库测量的主要内容包括控制测量和地形测量，现将控制测量和地形测量的基本任务与内容介绍如下。

(一) 控制测量

1. 平面控制测量

在水库的规划设计阶段，需要布设平面控制网时，可以用 GPS 静态测量的方法布设，也可用常规的方法布设，分为三级，即第一级为基本平面控制，可采用二、三、四、五等 GNSS 网、导线网等方法布设，其三、四、五等基本平面控制最弱相邻点点位中误差不大于图上±0.05mm，各等级平面控制网均可作为测区的首级控制；第二级为图根平面控制，最后一次图根点相对于邻近基本平面控制点的点位中误差不大于图上±0.1mm；第三级为测站点平面控制，测站点对于邻近图根点的点位中误差不大于图上±0.2mm。

测区内或测区附近有国家平面控制网点时，应与其联测；如果没有国家平面控制网点，则可采用独立平面坐标系。作为独立平面坐标系的起算数据，可以从国家地形图上图解控制网中某一点概略坐标和某一边的方位角；也可以测定某一点和某一边的天文经纬度及方位角，然后换算为平面坐标系或者假定平面控制网中某一点的坐标，用罗盘仪测定某一边的磁方位角，但同一工程不同设计阶段的测量工作应采用同一坐标系统。

2. 高程控制测量

高程控制测量一般分为三级，即基本高程控制、图根高程控制和测站点高程控制。基本高程控制为五等以上水准测量和电磁波测距三角高程，它能满足大比例尺测图的基本控制需要，最弱点高程中误差不得大于$\pm\dfrac{h}{20}$（h 为地形图的基本等高距，单位 m）；当 $h=0.5$m 时，不得大于$\pm\dfrac{h}{6}$。图根高程控制测量，最后一次加密的高程控制点对邻近基本高程控制点的高程中误差不得大于$\pm\dfrac{h}{10}$，且最大不得大于±0.5m。测站点高程对邻近图根高程控制点的高程中误差不得大于$\pm\frac{h}{6}$。自国家水准点上引测高程作为起算数据时，若引测路线的长度大于 80km，应采用三等水准；小于 80km 时，可采用四等水准。引测时应进行往返观测，国家测绘局于 1987 年 5 月 26 日发布启用“1985 国家高程基准”。国家新的一等水准高程起算面，就是采用新的高程基准。“1985 国家高程基准”较“1956 黄海高程系”小 0.0289m，在联测工作中使用国家新的一等水准测量成果时，应知道这个差数，需要附合到其他等级的水准点上时，则应进行改正。

需要注意的是，不同地区的情况各异，如辽宁省曾遭遇海城大地震导致水准点发生变形；盘锦地区由于地质原因水准点也有沉降现象，而我国西部则存在分米级的“漏斗”现象。所以 1956 黄海高程系与 1985 国家高程基准的高程差值只是理论差值。实际工作中，应该使用由权威机构公布的同一水准点两种基准下的水准成果，由此确定两种基准的实际差值，进行必要的高程修正工作。

个别小型水库远离国家水准点，不便引测，这时可假定起算数据，但同一河流或同一工程的各阶段的测量工作，应当采用同一高程系统。

(二)地形测量

地形测量的成图方法包括航空摄影测量、地面立体摄影测量、白纸测图和数字测图，白纸测图目前已很少采用。水库测量测绘地物、地貌时应满足的几点要求如下。

(1)应详细测绘水系及有关建筑物。对河流、湖泊等水域，除了测绘陆地地形图外，还应测绘水下地形图。对大坝、水闸、堤防和水工隧洞等建筑物，除测绘其平面位置外，还应测注坝、堤的顶部高程；隧洞和渠道则应测量底部高程；过水建筑物如桥、闸、坝等，当孔口面积大于 $1m^2$ 时，需要注明孔口尺寸。根据规划要求，为了泄洪和施工导流需要，对于干涸河床和可能利用的小溪、冲沟等，均应仔细测绘。

(2)应详细测绘居民地、工矿企业等。在水库蓄水前必须进行库底清理工作。如果漏测居民地的水井，就不能在库底清理时把水井填塞住，水库蓄水后，就可能发生严重漏水，影响工程质量和效益。又如在测图时漏测了有价值的古坟、古迹、近代重要建筑等，则在库底清理工作中，有可能把这些文物漏掉，将会对研究祖国文化遗产造成损失。对工矿企业应该认真测绘，以便根据其平面位置与高程确定拆迁项目，估计经济损失等。

(3)正确表现地貌元素的特征。在描绘各种地貌元素时，不仅用等高线反映地面起伏，还应尽量表现地貌发育阶段，如冲沟横断面是 V 字形，还是 U 字形。鞍部不仅要表现长度和宽度，而且应测定鞍部最低点的高程，供规划设计时考虑工程布局。对于喀斯特地貌，尤应详细测绘，以防止溶洞漏水或塌陷。

(三)设计水电站工程时对库区地形图精度的要求

在天然河流中，拦河筑坝，将水流集中引导，利用水能冲动水轮机以带动发电机，就可将势能转换成电能，这就是水力发电。为水力发电而修建的一系列水工建筑物和安装的机电设备，总称为水电站。

水电站的发电能力是河流开发利用的主要指标之一，发电功率可按式(8-12)计算，即

$$N=9.81\eta QH \tag{8-12}$$

式中，N——水电站的有效功率，kW；

η——发电机的功率系数，大型水电站一般为0.8~0.9，中型水电站为0.75~0.8，小型水电站为0.65~0.75；

Q——通过水轮机的流量，m^3/s；

H——水头，m。

从式(8-12)可知，为了确定水电站的发电能力，除了功率系数 η 和水头 H 外，还需知道水的流量 Q。为了提高水电站的发电量，必须对河流的流量进行调节，这一任务将由水库来完成。水库在汛期蓄水，枯水季节按计划放出积存的水量，通过水轮机的总流量由河流的径流量 $Q_{河}$ 与水库蓄水泄放的流量 $Q_{库}$ 组成，即

$$Q=Q_{河}+Q_{库} \tag{8-13}$$

式中，$Q_{河}$——根据水文测验资料推算的径流量，其精度主要取决于水文测验，如测量水深、水位、流速和含沙量的精度以及测量资料的影响；

$Q_{库}$——与水库蓄水量的精度有关，蓄水量是根据其地形图精度与测图比例尺和图面质量有关，在地形图精度相同的情况下，$Q_{库}$ 的精度与量算体积的方法有关。

设正常高水位的水库库容为 V，水库的死库容为 U。故水库的有效库容为 $\mu=V-U$。也就是在时间 T 内通过水轮机泄空有效库容的流量。在泄空有效库容的同时河流来水体积为 ω，则总流量为：

$$TQ=\omega+\mu \quad 或 \quad Q=\frac{\omega+\mu}{T} \tag{8-14}$$

将式(8-14)代入式(8-12)中，并令 $9.81\eta=k$，于是得：

$$N=\frac{\omega+\mu}{T}\times H\times k \tag{8-15}$$

将式(8-15)微分，并令有效库容与水体积之比为 ρ，转为中误差形式后，水电站功率相对误差为：

$$\frac{m_N}{N}=\pm\sqrt{\left(\frac{m_H}{H}\right)^2+\left(\frac{m_\omega}{\omega}\right)^2\times\left(\frac{1}{1+\rho}\right)^2+\left(\frac{m_\mu}{\mu}\right)^2\times\left(\frac{\rho}{1+\rho}\right)^2} \tag{8-16}$$

现根据式(8-16)分析如下：

(1)式中第一项 $\frac{m_H}{H}$ 为河流或水轮机的水头相对中误差。当 m_H 一定时，H 愈大则比值愈小。在规划设计阶段，正常高水位的高差中误差 $m_H\leqslant\pm1m$；设计阶段，规定 $m_H\leqslant\pm0.5m$；高水头与中水头的水电站，由于 H 值较大，所以 $\frac{m_H}{H}$ 的数值较小。

(2)式中第二项 $\frac{m_\omega}{\omega}$ 为来水体积的相对中误差，它取决于长期水文测验资料及河流流量变化的幅度。在实际的水文计算工作中，根据多年观测所求得的流量均值，如果均值的

相对中误差在 3%~6%，就认为是可靠的，因此取其最大值，即 $\frac{m_\omega}{\omega}=6\%$。

(3)式中第三项 $\frac{m_\mu}{\mu}$ 为有效库容的相对中误差，它与计算库容时所用的地形图比例尺和图面精度有关，同时与计算死库容和水量损失的精度也有关系。$\frac{m_H}{H}$ 与 $\frac{m_\mu}{\mu}$ 两项误差的综合影响，在一般情况下，认为它等于来水体积相对中误差的 ±50%~100%，即 $\frac{m_\mu}{\mu}=$ 1.5%~6%。从式(8-16)可见，地形图质量与水文测验的误差，对水电站功率计算精度的影响是不同的，因为它们都与 ρ 值有关。

【例题 8.3】 设水头相对中误差 $\frac{m_H}{H}=2\%$，来水体积与有效容积相对中误差 $\frac{m_\omega}{\omega}=\frac{m_\mu}{\mu}=$ 6%；当 $\rho=\frac{\mu}{\omega}=4$ 时，求水电站功率的相对中误差。

解：由式(8-16)得

$$\frac{m_N}{N}=\pm\sqrt{(0.02)^2+(0.06)^2\times\left(\frac{1}{5}\right)^2+(0.06)^2\times\left(\frac{4}{5}\right)^2}=\pm 5.3\%$$

由计算可以看出，当水头相对中误差一定时，式中第二项即来水体积的相对中误差甚小，第三项有效库容的相对中误差占水电功率相对中误差的主要部分。为了提高水电站功率，必须减小有效库容的误差，因此对库区地形图提出了较高的精度要求。

当 $\rho=\frac{1}{4}$ 时，即为库容小、来水量大的低水头电站或径流电站时，则

$$\frac{m_N}{N}=\pm\sqrt{(0.02)^2+(0.06)^2\times\left(\frac{4}{5}\right)^2+(0.06)^2\times\left(\frac{1}{5}\right)^2}=\pm 5.3\%$$

此时，第二项即来水体积的相对中误差大于有效库容的相对中误差，占水电功率相对中误差的主要部分，要减小第二项误差的影响，必须提高水文测验精度，而对库区地形图精度要求可低一些。

由【例题 8.3】可见，对于水库库区测图质量的要求，应根据水库调节方式和水电站运营情况来决定，即水头高、库容大、来水量小的水电站，对库区地形图精度要求应当高一些；反之，水头低、库容小、来水量大的径流水电站，对地形图精度要求应当低一些。

二、水下地形测量

水下地形测量包含海洋水下地形测量、河湖水下地形测量等。海洋水下地形测量包括近海海岸线、海岛礁、港口等水下地形测量，通常情况下海洋地形图测量资料均属涉密测绘成果，相关工作务必严格遵守《中华人民共和国测绘法》、《中华人民共和国测绘成果管理条例》和国家保密法律法规的规定，切实做好涉密测绘成果保密工作，测绘从业人员必

须具有国家安全意识，党的二十大报告指出“坚决维护国家安全，防范化解重大风险”。

水下地形测量资料，是兴建水工建筑物必不可少的测量资料。在水利工程建设方面，利用水下地形测量资料，可以确定河流梯级开发方案、选择坝址、确定水头高度、推算回水曲线；在桥梁工程建设方面，用以研究河床冲刷情况，决定桥墩的类型和基础深度，布置桥梁孔径等；在河道整治和航运方面，为了保证船只安全行驶，用以了解河底地形，查明河中的浅滩、沙洲、暗礁、沉船、沉树等影响船只安全行驶的障碍物；在海港码头建设方面，为了在建港地区进行疏浚工作及停泊巨型轮船而要修建深水码头，需要进行水下地形测量，作为其设计和施工的依据；在科学研究方面，通过水下地形测量和有关河道纵、横断面测量，可以研究河床演变及水工建筑物前后的水文形态变化规律，监测水工建筑物的安全运营，观测水库的淤积情况。

(一)水下地形测量的特点

水下地形图在投影、坐标系统、基准面、图幅分幅及编号、内容表示、综合原则及比例尺确定等方面都与陆地地形图相一致，但由于水下地形测量是在水上进行的，其相对于陆地地形测量具有以下特点：

(1)陆地地形测量可以选择地形特征点进行测绘，而进行水下地形测量时，水下地形的起伏看不见，只能用断面法或散点法均匀地布设测点。

(2)陆地定位一般在静止状态下进行，并可通过多余观测来提高点位精度，而水域定位一般在运动载体上进行，重复观测几乎是不可能的。

(3)在进行地面数字测图时，测点的平面位置与高程是用同一种仪器(如全站仪或GNSS接收机)和方法同时测得的；而进行水下地形测量时，每个测点的平面位置与高程一般是用不同的仪器和不同的方法测定的，如测点的平面位置可通过无线电定位、全站仪定位或 GNSS 定位等方法确定，测点的高程可通过测深仪器测出水深后，由水面高程(水位)减去水深得到。

(4)进行水下地形测量时，地形点的平面位置和高程(水位和水深)的测定是分别进行的，此时应特别注意平面位置、水位和水深在时间上的同步性，以保证水下地形测量的精度。

由上述可知，水下地形测量的主要内容是：测定水下地形点的平面位置，并同时进行水深测量，以及在水深测量期间进行水位观测。水下地形点测定的精度，取决于平面定位、水深测量、水位观测的质量及三者的同步性。

(二)控制网的布设

控制测量是水下地形测量的基础，是纵、横断面测量的依据，在进行水下地形测量之前，必须在岸上建立河道控制网，如果测区内已有控制点，且其精度与密度均能满足纵、横断面测量的要求，可以不另布设新网。否则，应根据水下地形测量的精度要求，布设适当等级的控制网。

平面控制网应靠近且平行于岸边布设，并尽可能将各横断面的端点、水准基点及临时水准点，直接纳入基本平面和高程控制网内，以减少加密层次，提高测量精度。平面和高程控制系统与陆地测图控制系统一致。

常用的控制测量方法和陆地控制测量方法相同，主要是 GNSS 测量和导线测量等。

(三)测深断面和测深点的布设

在水下地形测量中，由于水下地形的起伏变化是看不见的，不可能像陆地上那样选择地形特征点进行测绘，因此只能按均匀分布的原则布设水下地形点(又称测深点)。测深点的布设方案，常采用断面法和散点法。

1. *断面法*

采用断面法布设测深点时，如图 8-19 所示，测深断面的方向应与河床主流或岸边垂直。对于河流转弯处的测深断面则布设成辐射线形状。测线间距应事先在室内设计确定。在断面延长线上设立两个临时断面点并设置醒目标志，作为测船航行的导标。当测船沿断面行驶时，根据定位间隔测量水深，并同时在岸上或船上测定该点的平面位置。

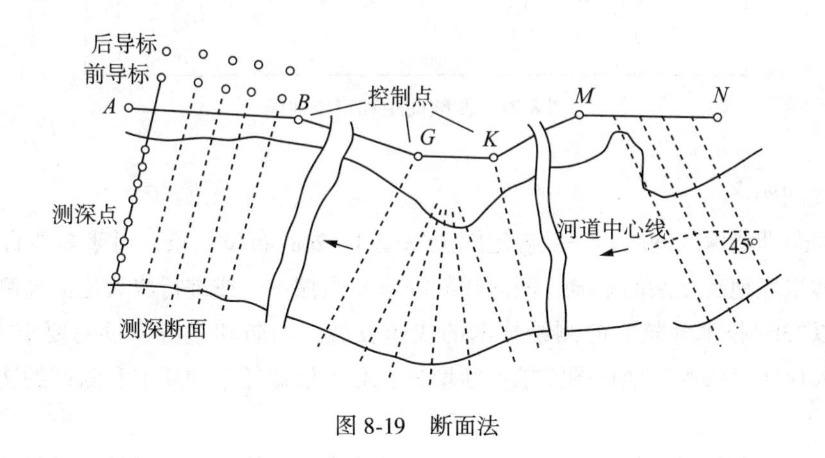

图 8-19　断面法

2. *散点法*

当河流较窄，流速大或者测量水库的时候，可采用图 8-20 所示的散点法。这时，由测船本身来控制测线间距和定位间隔。在测船上进行测深时，岸上或船上同时测定其平面位置。

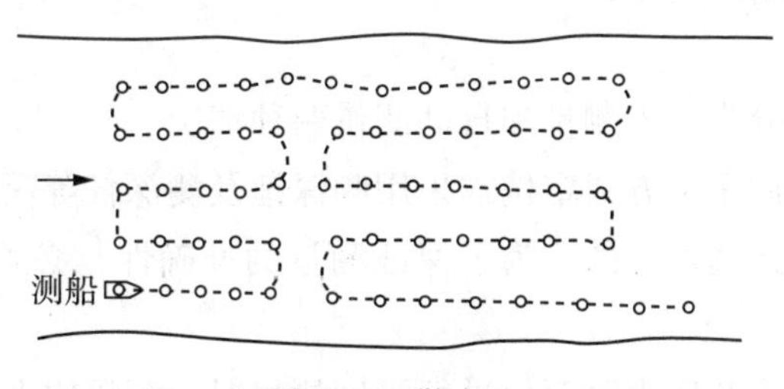

图 8-20　散点法

3. 测线间距与定位间隔

测深密度表示在水下地形测量工作中单位面积内获取的水深点数量。水底地貌显示的详尽程度由测深密度决定。在同一水域，密度越大，水底地貌的显示越完善。

目前，水深测量主要以水面测量船按预定测线进行断面测量，所以测深密度实际上由测深线上定位间隔和测线间距两部分确定。测线间距和定位间隔如图 8-21 所示。

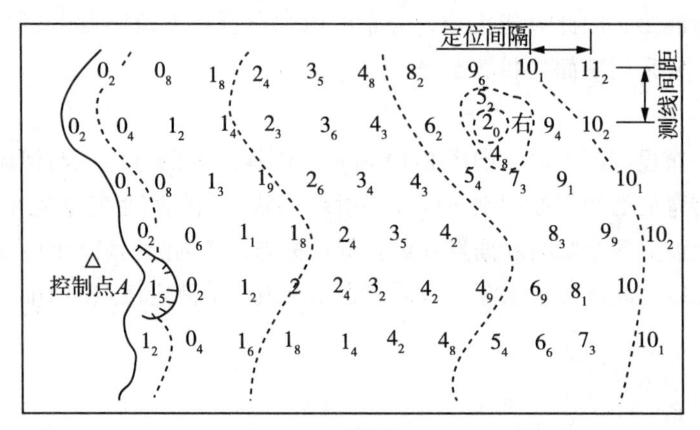

图 8-21　测线间距和定位间隔

1) 测线间距

测线间距即测深线间距，一般规定图上每隔 1~2cm 布设一条，对于需要详细探测的重要水域和水底地貌复杂的水域，测深线间隔应适当缩小，或进行放大比例尺测量。

随着以"3S"技术为核心的测绘技术的快速发展，国防和经济建设的要求不断提高，精度高和大比例尺的水下地形图需求不断增加，必须根据任务的要求和测区的实际情况来确定。

测深线除主测深线、加密线外，还必须布设检查线。检查线布设的方向尽量与主测深线垂直，分布均匀，并要求布设在较平坦处，能普遍检查主测深线。布设检查线的目的是通过检查线与主测深线在交叉点处的水深值进行比对，用于检查定位、测深和水位改正等误差，评估测量成果的质量。检查线总长度应不少于主测深线总长的 5%。检查线间隔通常不应超过主测深线间隔的 15 倍。

2) 定位间隔

定位间隔的确定可分为手工测量和自动测量两种情况。

在有些水区，当采用手工方式定位或采用测深锤及测深杆等简易测深工具进行深度测量时，定位或测深不是连续进行的，为了保证测量的准确性，必须对定位间隔进行限制，一般为图上 0. 6~0. 8cm。

当采用自动定位方式和回声测深仪进行深度测量时，测深线上定位和测深几乎是同步连续进行的，定位点之间的间隔可以根据时间(比如 1s)或距离(比如 3m)来确定。

目前，水深测量的定位、测深和数据采集系统大多采用自动测量方式，定位点之间的间隔都小于规范的规定，可以根据需要任意选取，所以测深密度主要由测线间距确定。

3)测深线方向

在测深线间隔一定的情况下，测深线方向的选择，应有利于完善地显示水底地貌，有利于发现航行障碍物，有利于提高作业效率。在水底平坦的水域，可根据方便工作选择测深线的方向，尽量避免经常换线。

(四)测深点平面位置定位

测定测深点平面位置的方法很多，有前方交会法定位、全站仪极坐标法定位、微波定位、GNSS 差分法定位等。

1. 前方交会法定位

传统的光学仪器定位，以行驶的测船上与测深点在同一铅直线的标志为观测目标，由岸上的两台经纬仪同时照准目标，实施前方交会法定位，并且做到与水深测量工作同步。为了达到上述要求，通常用对讲机报点号，记录测深点的交会角和水深值。如图 8-22 所示，以行驶的测船为观测目标，在岸上的两个控制点 A、B 上架设经纬仪，同时照准目标点按角度前方交会法，测量交会角 α、β，可按下面的公式求得待测点 P 的坐标：

$$\begin{cases} X_P = \dfrac{X_A\cot\beta + X_B\cot\alpha - Y_A + Y_B}{\cot\alpha + \cot\beta} \\ Y_P = \dfrac{Y_A\cot\beta + Y_B\cot\alpha + X_A - X_B}{\cot\alpha + \cot\beta} \end{cases} \tag{8-17}$$

注意：①用无线电联络，确保同步完成 α、β 的观测；②选好 A、B 点的位置，使 α、β 的值尽量保持在 30°~70°；③交会边边长不大于 1km，交会角宜在 20°~150°，交会方向不少于 3 个。

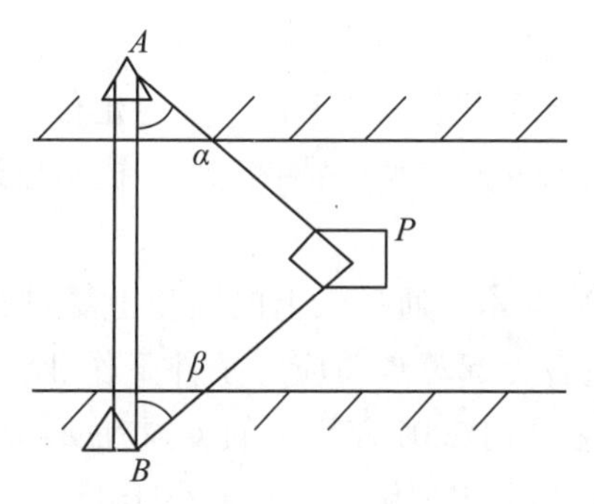

图 8-22　角度前方交会法

2. 全站仪极坐标法定位

近年来，随着全站仪的普遍使用，用传统的光学经纬仪前方交会法定位已很少采用。新的方法是直接利用全站仪，按极坐标法进行定位。观测值通过无线通信可以立即传输到测船上的便携机中，并立即计算出测点的平面坐标，与对应点的测深数据合并在一起，也可存储在岸上测站与全站仪在线连接的电子手簿中或全站仪的内存卡中，到内业时由数字测图系统软件，可自动生成水下地形图。这种定位及水下地形图自动化绘制方法，目前在港口及近岸水下地形测量中用得越来越多。它不但可以满足测绘大比例尺(如 1 : 500)水下数字地形图的精度要求，而且方便灵活，自动化程度高，精度高。

全站仪极坐标法适用于水面较宽、精度要求较高的水域。

3. 微波定位

微波定位，通过在岸上放置两台或多台微波发射器(副台)，船上的微波接收器(主台)接收岸上副台发射的信号，通过船上主机的自动处理，自动确定船台的实时位置。如原水利部珠江水利委员会勘测设计研究院 20 世纪 80 年代初引进美国摩托罗拉 MRS-Ⅲ微波自动定位测深系统，实现了大面积水域测量的自动定位、测深，并能给船台实时导航，按拟定测线行驶，克服了大面积水域测深定位导航的难题。该系统在珠江河口、长江河口等区域得到成功的应用，为当时最先进的水域测量设备，为珠江等河口的治理规划做出了重要贡献，取得了很好的经济和社会效益。

4. GNSS 差分法定位

20 世纪 90 年代以来，随着 GNSS 定位技术的普及应用，应用 GNSS 定位逐渐成为主流。GNSS 单点定位精度为几十米，这对于远海小比例尺水下地形测量来说，可以满足精度要求，但对于大比例尺近海(或江河湖泊)水下地形测量的定位工作就显得不够，需要用差分 GNSS (DGPS)技术进行相对定位。当定位精度符合工程要求时，也可采用后处理差分技术。

测量时将 GNSS 接收机与测深仪器组合，前者进行定位测量，后者同时进行水深测量，利用便携机(或电子手簿)记录观测数据，并配备一系列软件和绘图仪硬件，便可组成水下地形测量自动化系统。近 10 年来，国内外研制开发成了多种商品化的此类系统。如美国的 IMC 公司生产的 Hydro Ⅰ型自动定位系统，野外有两人便可以完成岸上和船上的全部操作。当天所测数据只用 1~2h 就可以处理完毕，并可及时绘出水下地形图、测线断面图、水下地形立体图等。

GNSS-RTK 技术在内河水域可代替人工验潮，实时定位并确定水面高。随着各省卫星连续运行参考站的建立(称为 CORS 技术)，网络 RTK 技术也逐渐成为水下地形测量、内河定位的主要手段之一。

近年来，出现了星链差分技术，通过天上的同步卫星进行差分，可以在全球南北纬 76°范围内单台作业，特别适合无起算点及应急条件下作业，就如同海事卫星电话一样。如中水珠江规划勘测设计有限公司 2009 年引进的美国 NavCom 公司 4 台套 StarFire 全球双频 GNSS 差分定位系统，星链差分定位精度：水平小于 15cm；高程小于 30cm。它是目前世界上第一个可以提供分米级实时精度的星基增强差分系统。该系统在委内瑞拉农业项目和云南香格里拉虎跳峡电力项目中，发挥了巨大作用。GNSS 实时差分定位方法适用于范围广阔的海、河、湖泊，定位中误差不超过±1m。

三、水下地形图的绘制

根据外业测量整理出的成果，通过展绘测深点的平面位置，并注记上相应的高程，绘出等高线或等深线，从而绘制出水下地形图。

(一)计算机绘图

在整理外业观测成果时，根据野外观测的数据编制程序，用计算机解算出测深点坐标。将坐标和相应的高程在计算机中利用工程绘图软件(如南方公司 CASS 等系列软件)自动绘制成图。

(二)图解法展点绘图

这是传统的作业方法，应根据外业定位方法、测图比例尺、测区大小及测深点距测站的远近，选用辐射线格网法、圆弧格网法、三杆分度仪法、量角器法、重叠法等进行展点。当用交会法或极坐标法定位展点时，利用带有直尺的量角器可以方便地根据前方交会法观测值和极坐标法观测值求得测深点 P 的平面位置。

在无线电定位系统中，若采用圆系统定位时，测出测船 P 到两个岸台的距离 D_1 和 D_2 后，就可以在预先绘制好的图板上确定其平面位置。

用双曲线系统定位时，也需要事先按照一定距离差的间隔，画出相应双曲线网络图(图 8-23)。实测时，根据每次测得的距离差在图板上用内插法求得待定点的位置。

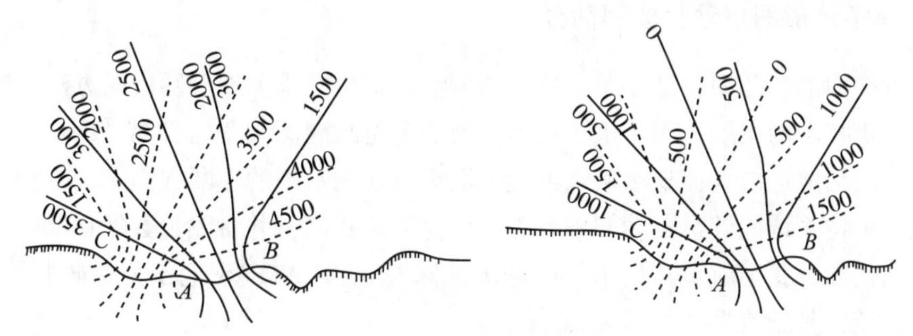

图 8-23　双曲线网络图

测深点的平面位置展位后，应立即注上水底高程。接下来的工作就是勾绘等深线或等高线，等深线的勾绘是水下地形测量中的最后一步工作，也是最重要的工作之一。当展好测深点后，便可根据这些点的高程展绘等深(高)线通过的位置，从而勾绘出等深(高)线。插求点的高程相对于临近图根点的高程中误差，不应大于表 8.4 的规定。

表 8.4　**水下地面倾角与等深距关系**

水下地面倾角	0°~2°	2°~6°	6°~25°	25°以上
高程中误差(等深距)	1/2	2/3	1	1.5

注：当作业困难，水深大于 20m 或工程要求不高时，其等高(深)线插求点的高程中误差可按表中规定放宽 1.5 倍。

图 8-24 是一幅 1∶2000 的水下地形图的一部分，从图中我们可以看出水下地形图中等高线的一些特点。岸边的等高线与河流方向大体一致，河底等高线凸向上游(山谷的形态)，等高线在最低处和岛礁处容易形成闭合(洼地和山顶的形态)。

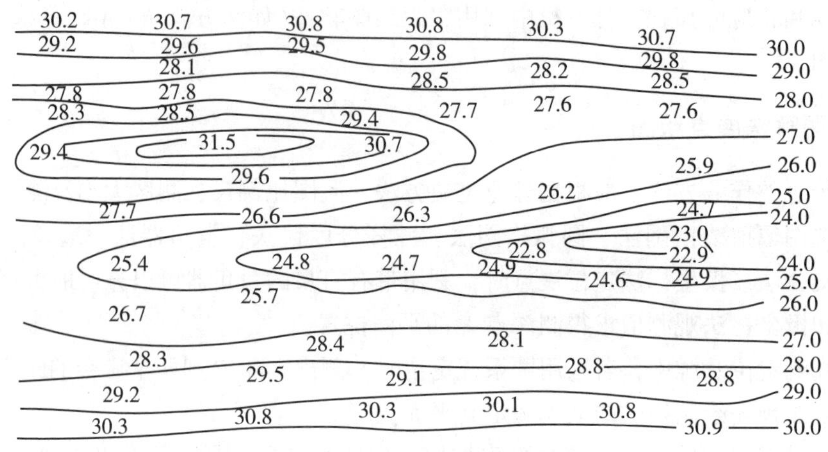

图 8-24　1∶2000 水下地形图

(三)水下地形图自动化成图简介

在本章前面的各节中，已介绍了传统的测深、定位与水下地形图成图方法。随着电子技术、计算机技术的发展，用于水下地形测量的定位与测深设备已日趋自动化，因此，促进了海道、内河航道与大面积水域水下地形测量自动化水平的不断提高。

目前，定位系统能够与自动回声测深仪同时定位测深，并将测量数据自动记录在磁带或磁盘上。例如，我国航道测量单位引进的德国 KRUPP ATLAS 电子公司研制的 SUSY30 水道测绘系统，其结构框图如图 8-25 所示。

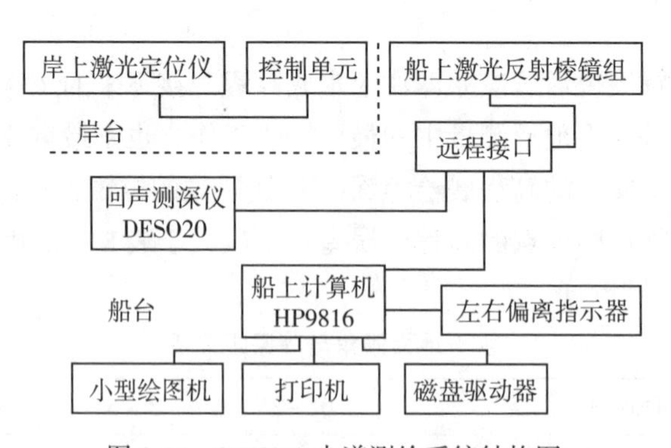

图 8-25　SUSY30 水道测绘系统结构图

20 世纪 80 年代国外又研制了一批新的海道测量自动化系统，如德国的 ATLAS POLARTRACK 系统、美国的 TRISPONDER 系统、法国的 SYLEDIS 系统以及荷兰的

AKTEMISMKIV 系统等。在国内，在航道测量研究单位研制了测量与疏浚自动化系统，它是以计算机为中心，用国产近导-4 型双曲线无线电定位系统在船台采集定位数据，利用日本的测深仪采集水深数据，同时记录在磁带上，组成自动化系统。在海军的研究单位研制了近海水深测量自动化系统，它是以 IBM-PC 计算机为中心，利用近导-4 型双曲线无线电定位系统和测深 3 型回声测深仪进行定位与测深数据采集，所采集的数据记录在磁盘上，由打印机打出全部数据，再由绘图仪绘图。内河航道测量单位也研制了微型水深测绘系统，它是由单位现有仪器设备组成的自动化系统。

该系统在岸台上，由电磁波测距仪、电子经纬仪、PC-1500 计算机、数据传输调制器等组成，可视为电子速测仪。在船台上，主要计算机是由改装后的便携式微机、测深仪、数据传输调制解调器等组成，便携式微机原有功能不变；船台与岸台配合使用，可组成极坐标式自动测深系统。定位与测深数据自动采集、自动处理，屏幕显示航迹进行导航。成果数据可存在计算机硬盘或软盘中。内业软件包可以进行水位改正、整理、编辑。便携式微机与打印机、绘图仪联机，可打印测量成果数据或绘制水深图、航迹图，或编制其他程序计算工程量和绘制断面图等。

由以上所介绍的国外、国内自动化成图系统看出，实现自动化成图的中心问题是如何使用电子计算机，同时，还要在理论上解决下面几个问题：数据怎样获取，怎样把水下地形图或海图上的内容表示为离散的数字，成为计算机能够识别和处理的形式，按怎样的制图要求在输出设备上输出图形。要实现自动化成图必须解决硬件和软件问题，构成水下地形图或海图成图自动化系统的框图如图 8-26 所示。

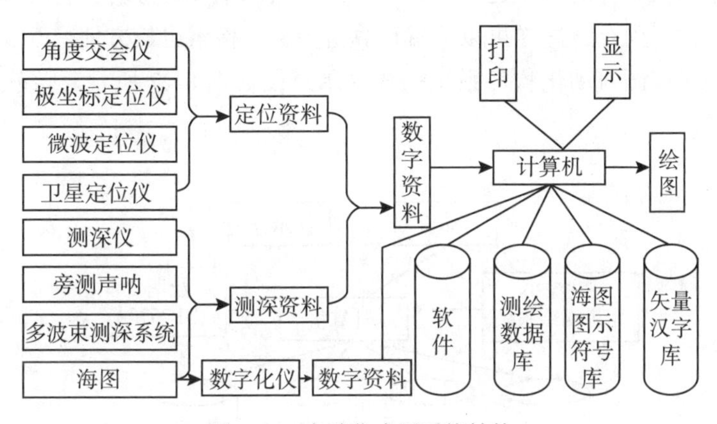

图 8-26 自动化成图系统结构

传统的水下地形图的绘制是在室内主要靠手工内插勾绘等深线，这是一项十分费时的工作。自动化成图首先应实现等深线的自动绘制。等深线是一种等值线，关于等值线的自动绘制方法有多种，常用的有三种：线插值光滑法、规则的矩形格网法与三角网法。

水下地形测量中，采用三角网法自动绘制等深线较合适。该法绘制等深线，是直接根据任意分布的数据点建立不规则形状的三角网，然后在各三角形的边上内插等值点，找等深线的起始点，进行等值点的跟踪，最后连接这些等值点绘成光滑曲线。

在水下地形图上的曲线有两大类：等深线与岸线。这些曲线图形多数是多值函数，呈大挠度、连续拐弯的图形特征。

自动绘制光滑曲线的基本思想，它是将一条曲线看成由一系列密集的点连接而成的，只要能计算出这些点列的平面位置，并确保这些点列上具有连续的一阶导数或二阶导数，就可以通过计算机绘出光滑的曲线。因为满足上述条件的数学方法是很多的，使用不同的方法绘出的曲线也不能完全重合，所以，应根据实际绘图对象对曲线图形的要求，选择合适的曲线光滑法。目前，制图上采用的曲线光滑法有：线性迭代法(抹角法)、分段三次多项式插值法(五点光滑法)、二次多项式平均加权法(正轴抛物线平均加权法)、斜轴抛物线平均加权法和张力样条函数插值法等。从试验的结果与绘图效果看，张力样条函数插值法获得的图形最佳，适用于等深线的光滑。

水下地形图上需要绘制大量的图式符号，为了实现成图自动化，必须使计算机控制绘图仪自动绘制图式符号。目前，水下地形测量图式符号的自动绘制多采用软件方法，为此，建立图式符号库是一项基础性的工作。

软件的方法可分为直接信息法与间接信息法两种。间接信息法又分为间接简单信息法与间接混合线性信息块法。综合考虑各种方法的优缺点之后，水下地形测量图式符号采用间接简单信息法自动绘制较为合适。该法是将所有的符号均看作由不同长短的直线段组合而成的，人工准备直线两端点的坐标数据，坐标原点通常放在符号定位点上，并且常取相对坐标。该法的优点是信息量少，速度较快。

由于符号库的信息量较大，而计算机内存容量有限，不可能全部用来存放符号信息，故在磁盘上采用随机文件的形式建立库文件。当要绘制某一符号时，打开库文件，只需将相应符号的信息读至内存，这样可以节省计算机内存，检索也较方便。

水下地形测量成图自动化软件系统构成的示意图如图8-27所示。该软件系统由以下五个程序块组成。

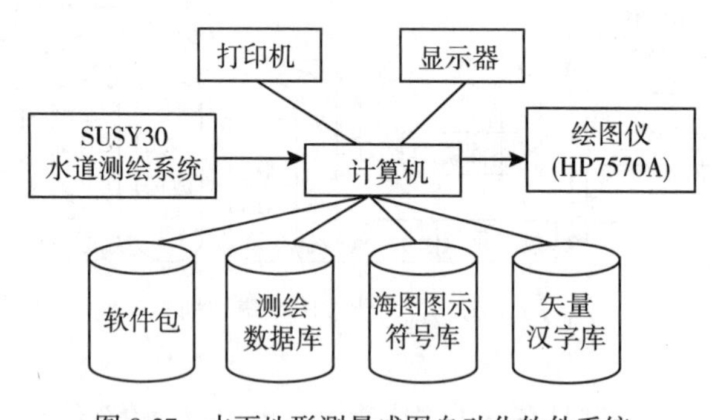

图8-27　水下地形测量成图自动化软件系统

模块1：将测量数据从SUSY30传入微型计算机，并进行必要的处理。

模块2：预处理、图廓整饰、岸线绘制模块。该模块的功能是从数据文件中检索出位于绘图区域内的数据并将测量坐标转换成绘图坐标，驱动绘图仪，画内、外图框、绘坐标格网、注记图廓坐标等。

模块 3：将绘图区域内离散的数据点自动连接成三角网，供内插等深点用。

模块 4：求内插等深点的位置、寻找等深线的起始点、进行等深点的跟踪。

模块 5：连接等深点绘制光滑的等深线，标定测深点并注记其深度值、绘制图式符号。

在运行该软件系统之前，只需建立三个数据文件，测深点坐标文件、图式符号信息文件和岸线绘制数据文件。数据文件可通过软件自动建立，也可通过键盘手工建立。

四、水库淹没界线的测量

测设移民线、土地征用线、土地利用线、水库清理线等各种水库淹没、防护、利用界线的工作称为水库淹没界线测量。水库的设计水位和回水曲线的高程确定之后，即可根据设计资料在实地确定水库未来的边界线。

水库边界线测设的目的在于测定水库淹没、浸润和坍岸范围，由此确定居民地和建筑物的迁移，库底清理，调查与计算由于修建水库而引起的各种赔偿，规划新的居民地，确定防护界线等。边界线的测设工作通常由测量人员配合水库设计人员和地方政府机关共同进行。其中，测量人员的主要任务是用系列的高程标志点将水库的设计边界线在实地标定下来，并委托当地有关部门或村民保管。

这些界线以设计正常蓄水位为基础，结合浸没、坍岸、风浪影响等因素综合确定，根据需要测设其中的一种、几种或全部。测设时，用界桩在实地标示出其通过的位置并绘在适当比例尺的地形图上，作为移民规划、迁移安置及库区建设的依据。界桩分为永久桩和临时桩两类。界线通过厂矿区或居民点时，在进出处各设一个永久桩，内部每隔若干米测设一个临时桩，主要街道标出界线通过的实际位置。大片农田及经济价值较高的林区一般每隔 100~200m 测设一个永久桩，再以临时桩加密到能互相通视。只有少量庄稼的山地可只测设临时桩显示界线通过的位置，经查勘确定不予利用的永久冻土地、大片沼泽地，陡峭坡地等经济价值很低的地区，可不测设界桩。

水库边界线测设的方法根据边界种类和现场条件而有所不同，各种边界线的测设精度要求也有一定的差异。通常情况下，一般采用几何水准测量法和全站仪高程导线法进行。

(一)准备工作

在水库设计书中，对应测设的各种界线的高程范围、各类界桩高程表、具体目的与要求，应有明确规定。执行库区测设任务的单位，应搜集资料并核查有关测绘资料的可靠程度，经过实地踏勘编制作业计划，并报主管部门审批后方可作业。其计划内容包括：测区概况及地区类别的分化、已有高程控制情况、施测界线的地段及其精度要求、施工工序和进度编排、工作量的估计、劳动力的组合、经费开支、仪器设备供应计划、仪器检定和有关安全措施等。

在进行水库设计时，如果大坝的溢洪道起点高程已定，则被溢洪道起点高程所围成的面积将全部被淹没。水库回水线是从大坝向上游逐渐升高的曲线，其末端与天然河流水面比降一致。在准备的测绘资料中，应将回水曲线及淹没线的高程分段注记在库区地形图上。表 8.5 为白河水库近期土地征用线和移民线的分段高程。

表 8.5　**白河水库近期土地征用线和移民线的分段高程**

分段编号	分段起点与终点	各段距离(km)	近期土地征用分段高程(m)	近期移民线分段高程(m)
1	白河坝—王庄镇	29.35	1532.0	1537.0
2	王庄镇—张集乡	39.05	1532.1	1538.6
3	张集乡—瓦窑镇	56.40	1532.2	1539.8

根据分段高程，在库区内选择几个有代表性的横断面，各段以本段上游横断面高程作为测设高程。如图 8-28 所示，从坝轴线至回水曲线末端，将库区分为 AB、BC、CD 三段，各段的起点与终点、各段间距离及各段高程作为测设时的基本数据。

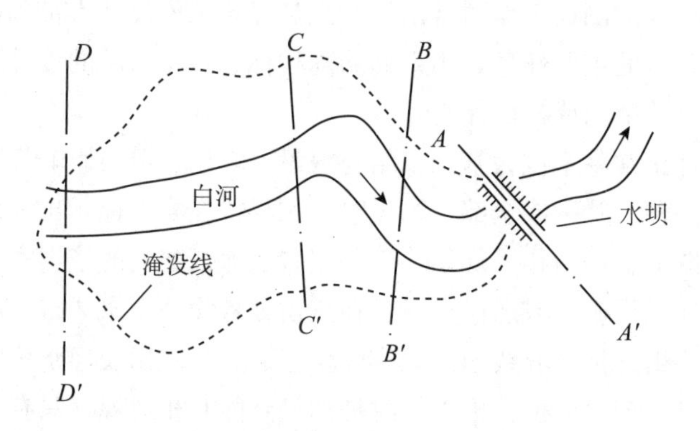

图 8-28　白河水库淹没线示意图

(二) 界桩的基本要求

1. 界桩的布设

平地和丘陵地区内大片的农田或经济价值较高的林区，需每隔 100~200m 布设一个永久性界桩；在永久性界桩之间用临时桩加密，一般加密到 50m 有一个点。城镇、居民地、工矿企业、名胜古迹，两端各布设一个，中部按其规模和地形布设；每隔 50m 一个桩，主要街道口处，应在建筑物上作明显标志。面积不大的山区耕地，稀疏的独立房屋、林地、荒地、草地，每隔 200~500m 布设一个永久桩；每处不少于两个临时界桩。塌岸、防护地区、风景区，相邻界桩互相通视，每处不少于两个桩，每隔 50m 设一个桩。

永久性界桩可现场埋设，其规格和尺寸等同于等级平高控制点的埋设桩。也可利用原有建筑物、构造物经改造而成。

2. 界桩测设的精度要求

界桩高程应以界线通过的地面或地物上标志的高程为准，为便于日后检测，还应测定界桩桩顶的高程。各类界桩高程对基本高程控制点的高程中误差，不得大于表 8.6 中的规定。

表 8.6 各类界桩高程中误差

界桩类别	界桩测设的地区	界桩高程中误差(m)
Ⅰ类	城镇、居民地、工矿企业、名胜古迹、风景区、铁路、重要建筑物、公路和地面倾斜角大于 2°的大片耕地	±0.1
Ⅱ类	地面倾斜角为 2°~6°的耕地和经济价值较大的地区，如大片森林、竹林、油茶林、果林药材场、牧场、木材加工厂等	±0.2
Ⅲ类	界线附近地面倾斜角大于 6°的耕地和其他具有一定经济价值地区，如一般树林、竹林地等	±0.3

注：①如测设水库边缘的土地利用线、库底清理线和分期移民线，其高程中误差可按表 8.6 相应类别的规定放宽半倍；②对近期可能开发地区的界桩和地面倾斜角度大于 25°的耕地、梯田、林地可按Ⅲ类的规定放宽半倍。

3. 高程控制测量

各种界桩的高程基准，必须与水库设计用的地形图及计算回水曲线所依据的河道纵横断面图的高程系统一致。界桩测量就是按水库淹没界线的高程范围，根据布设的高程控制点，在实地测设已知高程的界桩。测量界桩前，应先施测高程控制路线，其具体要求如下：

(1)基本高程控制测量。应根据界线的施测范围和各种水准路线的容许长度确定等级，进行布设。通常在二等水准点的基础上，布设三、四等闭合环线或附合水准路线。

(2)加密高程控制测量。可在四等以上水准点基础上，布设五等水准附合路线，允许连续发展三次，线路长度均不超过 30km。当布设起始于四等或五等的水准支线时，其路线长度不得大于 15km。

(3)在山区水库测设Ⅲ类界桩和分期利用的土地、清库及近期可能进行经济开发区等界线时，允许布设起止于五等以上水准点的经纬仪导线高程，其附合线路长度应小于 5km，支线长度应小于 1km，线路高程闭合差应小于 $0.45\sqrt{L}$ (m)(L 以 km 计)。

(4)凡在水库淹没线范围以内的国家水准点，应移测至移民线高程以上。为测设界桩的方便，可在移民线之上每隔 1~2km 利用稳固岩石或地物设置临时水准标志，并用五等水准测定其高程。

4. 界桩测设

界桩测设的程序为：布设高程作业线路，即根据界桩类别选取和布设高程测量路线；测定界桩位置；埋设界桩；测定界桩高程等。由于界桩类别不同，界桩精度要求也不同。

因此测设要求应根据界桩类别来确定，如表8.7所示。

表8.7　　**各类界桩测设要求**

界桩类别	界桩高程中误差(m)	测设要求
Ⅰ类	±0.1	应以图根级高程点作后视，用水准仪、电磁波测距仪，以间视法或支站法测设界桩。用电磁波测距仪时，边长不宜大于300m
Ⅱ类	±0.2	1. 用水准仪时，与Ⅰ类界桩测设方法相同； 2. 用电磁波测距仪时，边长不宜大于500m； 3. 当距离小于100m，垂直角小于10°时允许以图根级高程点作后视，用经纬仪支一站测设界桩
Ⅲ类 (包括Ⅱ类可放宽半倍测设的界桩)	±0.3	1. 同Ⅱ类方法，用电磁波测距仪时，边长不宜大于800m； 2. 当垂直角小于10°时，可用经纬仪视距高程转站点作后视，以间视法或支站法测设界桩
按Ⅲ类放宽半倍	±0.45	1. 垂直角小于15°时，可用全站仪或经纬仪视距高程转站点作后视，以间视法或支站法测设界桩； 2. 用电磁波测距仪以图根级高程点作后视时，用间视法或支站法测设界桩，边长不宜大于1000m

以高程作业路线上的任何立尺点(最好为偶数站点)为已知高程点，作为后视，然后用水准仪或视准轴位于水平位置的全站仪或经纬仪，设一测站，测设界桩的高程，该种方法称为支站法。超过一测站时，应往返测闭合于原已知高程点上。

用水准仪以间视法测设界桩高程，如图8-29所示，测设步骤如下：

(1)测设转点A、B。由水准点BM_{25}起，施测水准支线，当所测高程接近界桩设计高程时，在地面设两个立尺转点A、B。

(2)计算水准仪的视线高程。

将仪器安置于Ⅰ点，后视转点A或B，读得后视读数为a_1或a_2，则视线高程为$H_{ia}=H_a+a_1$或$H_{ib}=H_b+a_2$。其中H_a或H_b分别为A、B的高程。

(3)计算前视尺上的应有读数。设尺上的应有读数为b，界桩的设计高程为$H_{设}$，所以测设1号界桩时，前视尺上的应有读数为$b_1=H_{ia}-H_{设}$。

(4)测量员指挥扶尺员在地面时移动尺子，当视线在尺面截取的读数为b_1时，该点就是淹没界线上的一点，立即打木桩标定，然后测出界桩桩顶高程。依前述方法，即可测设2，3，4，…，9点高程。

鉴于界桩测量对高程精度要求不高，因此采用GNSS-RTK或网络RTK进行测量，不仅精度上能满足要求，而且能够大幅度降低作业员劳动强度，提高工作效率。

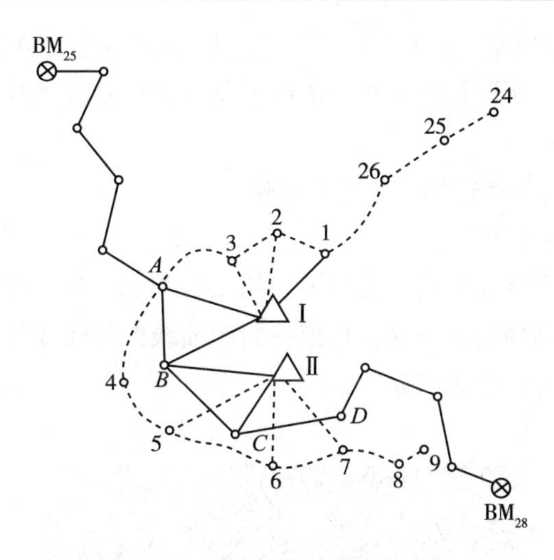

图 8-29　水准仪间视法测设界桩

(三) 水库库容的计算

水库的蓄水量称为库容量，简称为库容，以 m^3 为库容的基本计算单位，通常以亿 m^3 为单位。库容可以根据地形横断面图或地形图，采用适当的方法和工具量算。其中用地形横断面图量算的精度较低，适用于小型水库或大中型水库的概算。以中小比例尺地形图作为量算库容的资料，其精度较高，适用于大中型水库。

1. 汇水面积的确定

1) 在地形图上确定汇水面积

水库的汇水面积，可直接在地形图上量算，而库容则由截柱体的体积推算。水上筑坝形成水库，因此水库往往是一个狭长的盆地，它的边缘因支流、沟汊形成不规则的形状，但概略地可以将它看成一个椭圆截面体。下面以图 8-30 为例介绍如何确定汇水面积。

图 8-30　汇水面积范围线

在图 8-30 上，首先要判读坝 MN 处四周的地形起伏形态，分析降雨的流向范围，并标出降雨流向的范围线。所谓汇水面积范围线就是要找出其分水线。勾绘分水线应注意以下两点：

(1)分水线应通过山顶和鞍部，并与山脊相连。

(2)分水线应与等高线正交。

根据以上两点，自水坝 MN 的一段开始，沿着山脊线(分水线)经鞍部和山顶，以垂直于等高线的曲线连接到坝的另一端，构成一封闭曲线，封闭曲线所围成的面积即为汇水面积(图 8-31 中的虚线所包围的部分)。

图 8-31　水库的淹没面积

2)水库库容的计算

进行水库设计时，如坝的溢洪道高程已定，就可以确定水库的淹没面积，如图 8-31 中的阴影部分所示，淹没面积以下的蓄水量(体积)即为水库的库容。

计算库容一般用等高线法。先求出图 8-31 中阴影部分各条等高线所围成的面积，然后计算各相邻两等高线之间的体积，其总和即为库容。

设 S_1 为淹没线高程的等高线所围成的面积，S_2，S_3，…，S_n，S_{n+1} 为淹没线以下各等高线围成的面积，其中 S_{n+1} 为最低一根等高线所围成的面积，h 为等高距，h' 为最低一根等高线与库底的高差，则相邻等高线之间的体积及最低一根等高线与库底之间的体积分别为：

$$V_1 = \frac{1}{2}(S_1 + S_2) \times h$$

$$V_2 = \frac{1}{2}(S_2 + S_3) \times h$$

$$\vdots$$

$$V_n = \frac{1}{2}(S_n + S_{n+1}) \times h$$

$$V'_n = \frac{1}{3} S_{n+1} \times h' (\text{库底体积})$$

因此，水库的库容为：

$$V = V_1 + V_2 + V_3 + \cdots + V_n + V_{n+1} = \left(\frac{S_1}{2} + S_2 + \cdots + \frac{S_{n+1}}{2}\right) \times h + \frac{1}{3} S_{n+1} h' \quad (8\text{-}18)$$

如果溢洪道高程不等于地形图某一等高线高程时，就要根据溢洪道高程用内插法求出水库淹没线，然后计算库容。

注意：这时水库淹没线与其下的第一根等高线之间的高差不等于等高距。

水库库容计算还有多种其他方法，如三角桩计算法、基于 DEM 数据法、CASS 中的 DTM 土方计算——计算两期间土方功能来实现。

3) 在地形图上确定土坝坡脚线

土坝坡脚线是指土坝坡面与地面的交线。如图 8-32 所示，设坝顶高程为 73m，坝顶宽度为 4m，迎水面坡度及背水面坡度分别为 1∶3 及 1∶2。先将坝轴线画在地形图上，再按坝顶宽度画出坝顶位置。然后根据坝顶高程、迎水面与背水面坡度，画出与地面等高线相应的坝面等高线(图 8-32 中与坝顶线平行的一组虚线)，相同高程的等高线与坡面等高线相交，连接所有交点而得的曲线，就是土坝的坡脚线。

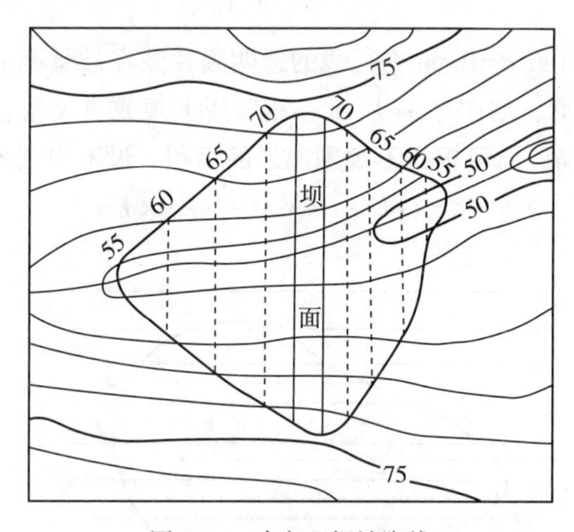

图 8-32　确定土坝坡脚线

2. 常用面积量算方法介绍

在工程建设中或地籍测量中往往要测定地形图上某一区域的图形面积。如江水面积计算、土地面积计算及宗地面积计算等，都有面积计算问题，面积计算的方法很多，主要有分割法、格网法、坐标法、求积仪法(电子求积仪、数字化仪等)几大类。

1) 分割法

分割法就是将不规则的几何图形分解为若干个三角形、矩形或梯形等，如图 8-33 所示。然后再进行面积计算，具体计算公式如下：

三角形　$S=\frac{1}{2}\times d\times h$（$S$ 为三角形面积，d 为三角形底边边长，h 为高）；

矩形　$S=a\times b$（S 为矩形面积，a、b 为矩形边长）；

梯形　$S=\frac{a+b}{2}\times h$（S 为梯形面积，a、b 为梯形的上下底边长，h 为高）。

各分块面积之和就是总面积。

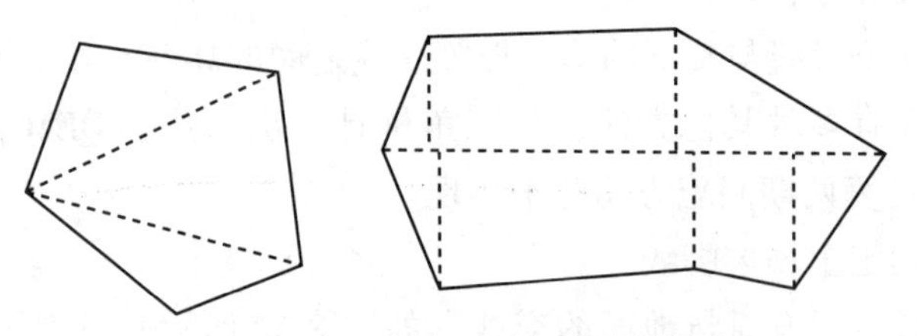

图 8-33　分割法求图形的面积

2）格网法

格网法就是利用事先绘制好的平行线、方格网或排列整齐的正方形网点的透明薄膜，将其蒙在要量测的图纸上，从而求出不规则图形的面积。

（1）平行线法。

将绘有间隔 $h=1$mm 或 $h=2$mm 平行线的透明膜片蒙在被量测的图形上，则整个图形被分割成若干个等高梯形，如图 8-34 所示。然后用卡规或直尺量各梯形中线长度，将其累加起来再乘以梯形高 h，即可求得不规则图形的面积。设不规则图形的面积为 P，则：

$$P=(ab+cd+ef+\cdots)\times h \tag{8-19}$$

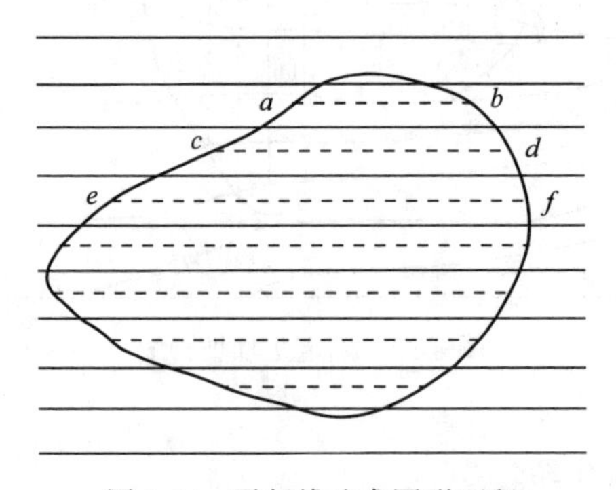

图 8-34　平行线法求图形面积

（2）方格网法。

将绘有边长 1mm 或 2mm 正方形格网的透明膜片蒙在被量测的图形上，然后查取方格数即可得到图形的面积。

3）坐标法

坐标法是利用多边形顶点坐标计算其面积的方法。首先从地形图上用解析的方法求出各顶点的坐标，然后利用这些坐标计算其面积的大小。

设多边形各顶点(多边形顶点按顺时针方向进行编号)的坐标为(x_i, y_i)，则多边形的面积设为P，则有

$$P = \frac{1}{2}\sum_{i=1}^{n} y_i(x_{i-1} - x_{i+1}) \tag{8-20}$$

或

$$P = \frac{1}{2}\sum_{i=1}^{n} x_i(y_{i-1} - y_{i+1}) \tag{8-21}$$

由于计算面积属闭合图形，所以第$n+1$点即为第一点。式(8-20)、式(8-21)可以进行检核计算。

【项目小结】

本项目单元主要学习水利工程测量技术知识，河道测量、渠道测量及水库测量的具体内容及其在规划设计阶段、施工阶段和运营管理阶段进行的测量工作。包括水位、水深、河道纵、横断面测量的方法；渠道和河堤测量的方法；水下地形图的测绘和淹没界线的测量等内容。

【课后习题】

一、名词解释

水深、水位、同时水位、测深仪、水利工程测量

二、简答题

1. 水深测量的方法有哪些？
2. 水位观测的目的是什么？
3. 渠道选线，需要遵循的一般要求是什么？
4. 什么是水库测量？水库测量的内容主要包括哪些？
5. 水下地形图测量，相比于陆地地形图测量，有哪些特点？

课后习题 8 答案

【课堂测验】

请同学们扫描以下二维码，完成本项目课堂测验。

课堂测验 8